21世纪测绘学科高职高专精品规划教材

测 量 学

主编 吴立军

黄 河 水 利 出 版 社

内容提要

本书共分十章，主要包括测量基本知识、水准测量、角度测量、距离测量、三角高程测量、误差理论基本知识、控制测量、数字化测图和地形图的应用等内容。

本书可作为高职高专工程测量技术、地理信息系统与地图制图技术、地籍测绘与土地管理技术等相关专业以及其他专业测绘类课程的教材，还可供相关专业的技术人员阅读参考。

图书在版编目(CIP)数据

测量学/吴立军主编. —郑州：黄河水利出版社，2006.9 (2012.6 重印)
21 世纪测绘学科高职高专精品规划教材
ISBN 7-80734-134-3

Ⅰ.测… Ⅱ.吴… Ⅲ.测量学-高等学校：技术学校-教材 Ⅳ.P2

中国版本图书馆 CIP 数据核字(2006)第 109451 号

组稿编辑：陶金志　电话：0371-66025273　E-mail：838739632@qq.com

出 版 社：黄河水利出版社
地址：河南省郑州市顺河路黄委会综合楼 14 层　邮政编码：450003
发行单位：黄河水利出版社
发行部电话：0371-66026940、66020550、66028024、66022620(传真)
E-mail：hhslcbs@126.com
承印单位：郑州龙洋印务有限公司
开本：787 mm×1 092 mm　1/16
印张：12.25　插页：1
字数：275 千字　印数：8 101—11 100
版次：2006 年 9 月第 1 版　印次：2012 年 6 月第 3 次印刷

书号：ISBN 7-80734-134-3/P·59　定价：32.00 元

前　言

《测量学》是21世纪测绘学科高职高专精品规划教材系列丛书之一，属测绘类专业重要的专业基础课，是学好后续专业课程的前提和保证，又是高职高专学生接触到的第一门专业课。根据“21世纪测绘学科高职高专精品规划教材”编委会的要求，结合本课程和测绘学科高职高专教学实际，编者根据多年的教学经验，从社会对人才要求的实际出发，编写了这本教材。既系统介绍了测量学的基本理论，又突出了能力培养和技能训练的职业教学特点。

本书由湖北国土资源职业学院吴立军、甘肃林业职业技术学院王晓春、甘肃工程职业技术学院杨爱琴共同编写。全书由吴立军主编和统稿。

本书在编写的过程中，参阅了大量的文献，引用了同类书刊中的一些资料，在此谨向有关作者表示谢意！同时对黄河水利出版社为本书的出版所做的辛勤工作表示感谢。

由于作者水平有限，虽然在编写的过程中做了大量认真细致的工作，书中仍会有错漏和不妥之处，恳请读者批评指正。

编　者

2006年8月

目　录

第一章　绪　论

第一节　测量学的研究对象和任务

测量学(survey)是研究如何测定地面点的平面位置和高程,将地球表面的起伏形态及各种固定物体测绘成图,以及确定地球的形状和大小的学科。随着整个社会生产的发展,测绘业务逐渐专门化,测量学随之分出各个分支,成为各个相对独立的学科,通常分为以下几个学科:

地形测量学(topographic survey):研究测绘地形图的基本理论、技术和方法的学科。其任务是应用各种测量仪器或利用地面航摄像片,将地球表面测绘成图。

大地测量学(geodesy):研究地球形状、大小和重力场及其变化,通过建立区域和全球三维控制网、重力网及利用卫星测量、甚长基线干涉测量等方法测定地球各种动态的理论和技术的学科。

摄影测量与遥感学(photogrammetry and remote sensing):研究利用电磁波传感器获取目标物的几何和物理信息,用以测定目标物的形状、大小、空间位置,判释其性质及相互关系,并用图形、图像和数字形式表达的理论和技术的学科。

工程测量学(engineering surveying):研究工程建设和自然资源开发中各个阶段进行的控制测量、地形测量、施工放样、变形监测及建立相应信息系统的理论和技术的学科。

地图制图学(xartography):研究地图的信息传输、空间认知、投影原理、制图综合和地图的设计、编制、复制以及建立地图数据库等的理论和技术的学科。

第二节　测量学的发展历史概况

测量学和其他学科一样,是在人类生产活动过程中产生和发展起来的。它是一门古老的科学。在世界上,早在纪元前18世纪,古埃及就进行过土地丈量。纪元前6世纪,埃及人民在建设尼罗河与红海之间的运河及尼罗河灌溉系统之类的工程中,已经应用了测量学的知识。公元7世纪,阿拉伯人将中国的指南针传入欧洲,对测量中的定向问题作出了重要的贡献。公元17世纪,哥白尼、伽利略、开普勒及牛顿等科学家在科学上的发现与发明,如:望远镜、显微镜和水准器等光学上和力学上的成就,以及三角学在测量上的应用,对于测量学的发展曾经作出了重大的贡献。19世纪,德国人高斯,在地图投影和测量平差方面也作出了重大的贡献。20世纪20年代,航空摄影测量的应用,开始了测量工作的机械化时代。60年代以来,由于近代光学、电子学、人造卫星摄影和航天技术的迅猛发展,为测量技术的自动化、电子化及数字化开辟了广阔的前景,而且在某些方面已将这些先进成果应用在测量工作中。例如,利用遥感资料编制近海区域的海洋地图,以及电子计算机、电磁波测距的广泛应用，显著地提高了测绘工作的效率，并大大减轻了作业中的繁重体力劳动。全球卫星定位技术、数字地形图技术的发展，引起了传统测绘技术的革命性变化，现代测量技术正处在一个革新和不断发展的新阶段。

我国是世界文明古国，由于生活和生产的需要，测量工作开始得很早。春秋战国时编制了四分历，一年为365.25日，与罗马人采用的儒略历相同，但比其早四五百年。南北朝时祖冲之所测的朔望月为29.530588日，与现今采用的数值只差0.3秒。宋代杨忠辅编制的《统天历》，一年为365.2425日，与现代值相比，只有26秒误差。测量技术的发展与数理知识紧密关联。公元前问世的《周髀算经》和《九章算术》都有利用相似三角形进行测量的记载。三国时魏人刘徽所著的《海岛算经》，介绍利用丈杆进行两次、三次甚至四次测量（称重差术），求解山高、河宽的实例，大大促进了测量技术的发展。我国古代的测绘成就，除编制历法和测绘地图外，还有很多实例。唐代在僧一行的主持下，实量了从河南白马，经过浚仪、扶沟到上蔡的距离和北极高度，得出子午线一度的弧长为132.31km，为人类正确认识地球作出了贡献。北宋时沈括在《梦溪笔谈》中记载了磁偏角的发现。元代郭守敬在测绘黄河流域地形图时，"以海面较京师至汴梁地形高下之差"，是历史上最早使用"海拔"观念的人。清代为统一尺度，规定二百里合地球上经线1°的弧长，即每尺合经线上百分之一秒，一尺等于0.317m。

中华人民共和国成立后，我国测绘事业有了很大的发展。建立和统一了全国坐标系统和高程系统；建立了遍及全国的大地控制网、国家水准网、基本重力网和卫星多普勒网；完成了国家大地网和水准网的整体平差；完成了国家基本图的测绘工作；完成了珠穆朗玛峰和南极长城站的地理位置和高程的测量；配合国民经济建设进行了大量的测绘工作。例如进行了南京长江大桥、葛洲坝水电站，北京正负电子对撞机等工程的精确放样和设备安装测量；出版发行了地图1 600多种，发行量超过11亿册。特别是近年来，我国测绘科技发展更快，例如GPS全球定位系统已得到广泛应用，全国GPS大地网即将完成；地理信息系统方面，我国第一套实用电子地图系统（全称为国务院国情地理信息系统）已在国务院常务会议室建成并投入使用。这说明我国目前的测绘科技水平，虽与国际先进水平相比还有一定的差距，但只要发愤图强、励精图治，是能迅速赶上和超过国际测绘科技水平的。

第三节　测绘工作在国民经济建设中的作用

测绘工作是一项具有战略意义的基础性工作，在国民经济建设中具有重要作用。在地质矿产勘查中，测绘工作是一项重要的先行性、基础性并具有精确性特点的工作。现已成为一门专业测绘——地勘测绘。它为地质矿产资源勘查、矿山建设、环境地质监控和治理等方面，提供基础信息资料和科学技术方法。例如，为地矿资源勘查区（陆地、海洋、空间）提供大地定位基础；为描述勘查区各种地形、地质、矿产分布形态规律和赋存关系，测绘或编制各种地质图、地形图、专题地图；为防治地质灾害，监测地面沉降、滑坡、泥石流等及时提供各种形变数据；为矿山开发建设提供测绘保障。

在农业和林业中，正确地进行土地整理以及森林的建设与经营，改良土壤、整理土地、资源调查、开垦荒地以及实现许多旨在发展农业和林业的其他措施时,不仅需要利用地图和地形图,更需要进行精确的测量工作。

在交通运输业中,当修建铁路、公路、通航运河及它们的附属建筑工程时,初步方案要根据地形图来制定;在勘察、设计和施工的各个阶段,都要进行各项工程测量工作。

在水利工程建设中,例如举世闻名的葛洲坝和正在兴建的三峡水利枢纽工程时,首先要根据地形图作出初步方案研究,然后进行勘察、设计、施工。测量工作应在勘察过程中为工程设计提供原始资料;在施工过程中,应保证正确地将设计转移到实地。即使工程已经建成交付使用后,仍然要进行精确的测量工作,以观察和发现工程建筑物所产生的变形、下沉和偏移,并提出准确的资料。

在城市建设中,科学地规划和整理居民地、城市的扩充与改建计划、建设城市交通路线,敷设地下管线、兴建地下铁道等,都必须有地形图和地图,并进行专门的测量工作。

人类赖以生存的土地如何科学地利用和管理,是每个国家都必须解决的问题。而为了解决这一问题,首先就要进行地籍测量工作。

测绘工作在国防方面也是不可缺少的,地形图有“军人的眼睛”、“指挥官的参谋”之称。在现代战争中,研究地形、制定作战计划、指挥各兵种和军种的联合作战以及发射远程炮弹和导弹等,都需要各种类型的地形图,并进行精密的测量工作。

综上所述,测绘工作在国民经济和国防建设方面有着重大的意义和作用。随着国民经济的不断发展,测绘工作在国家建设事业中所承担的任务也就愈来愈大。人们把测量工作者称做各项建设事业的“尖兵”,这是对测绘事业崇高的评价。

第四节　测量学的展望

世界高新技术领域的突飞猛进,尤其是与社会信息化相关的高新技术取得的突破,加速了全球信息化的进程。特别是20世纪90年代以来,国家信息基础设施(NII)概念的提出与建设及互联网(Internet)的风靡全球,更是人类朝信息时代迈出的坚实步伐。1998年1月31日,美国副总统戈尔提出的“数字地球”(Digital Earth)的概念则为信息时代人类的生活与工作方式描绘了一个清晰的轮廓。数字地球的建立将彻底改变人类科研、生产和生活的各个领域,必将使人类对自己星球的过去、现在和将来有更加深刻的认识。作为与数字地球密切相关的测绘科学将成为地球科学的重要组成部分,并将融入建立以数字地球为核心的国际信息产业之中,并将作为该产业的主导之一发挥重要作用。一级学科“测绘科学与技术”将从工学转入理、工并用的地球数字信息工作。

21世纪的大地控制测量,以GPS为主的空间定位将是建立大地控制测量的唯一手段,GPS作为一个常规定位手段在测量中的应用将更加普及。我国拟将建立自己的空间定位系统。

大比例尺数字地图与CAD、GIS相结合的一体化系统是工程测绘的发展方向。全站仪数字测图系统、航空数字摄影测量系统,其成果为二维数字地图、DEM、DTM、三维立体影像,景观图和透视图。它与计算机辅助设计系统相结合,可进行交通、大坝、桥梁等工程设计和三维可视化规划设计等。根据数字测绘成果,可直接建立城市、土地管理、森林、矿产、植被、水土流失等地理信息系统，为各项建设工程提供决策依据。

航空航天摄影与遥感将成为获取地球地理信息的主要手段，为数字地球及各 GIS 系统的建立和更新提供及时、准确、标准化、数字化的基础空间信息，并提供技术服务。随着遥感卫星和遥感技术的发展，将获得优于 1m 的空间分辨率的遥感数据，从而实现对地球资源、环境、农业、林业等的监测；利用 GIS 和计算机模拟技术，通过对灾害发生时获得的遥感数据和地面监测数据进行综合分析，可以对灾害造成的损失、灾害发展的势态以及灾害对生态环境和社会发展造成的影响进行评估。

数字地图动态三维可视化虚拟现实（VR）技术的实现，将扩展人们的空间认识手段和范围，改变传统的仿真与模拟方式，生成以 VR 技术为支撑的环境工作平台。人们不再仅仅用视觉感知地图，可以身临其境，用触觉、听觉、嗅觉等全方位认识地理事物。人们可以虚拟搬动房间中的陈设以体察变化后的景况；可以在河流上虚拟修建堤坝，观察水流状态的改变，模拟河流的侧蚀和堆积；可以"开车"、"飞行"到任意想去的地方，去感知那里的环境状态。电子地图将进入百姓家中，你可以在电子地图上指定目的地后，经过数字地图分析，给你建议几条可行的路线；汽车行进中可随时提醒你应在前面多少米处向左或向右转弯；地图可显示通路两旁地物的立体影像；还可告知你行车困难或事故发生地段，你可根据电子地图的提示改变行车路线。

展望测量学的未来，我们应当充满信心，努力学好测绘技术，用智慧的双手去拥抱"数字地球"！

第二章　测量学的基本知识

第一节　地球的形状和大小的概念

测量工作的主要研究对象是地球的自然表面，即岩石圈表面，它很不规则，高低起伏，最高的珠穆朗玛峰高出海面 8 844.43m，而在太平洋西部的马里亚拉海沟深达 11 022m。尽管有这样大的起伏，但相对于平均半径为 6 371 000m 的地球而言，最大起伏不到半径的 1/320，完全可以忽略不计。根据大量的观测资料表明，海洋表面约占地球面积的 71%，而陆地面积仅占 29%。因此，人们把地球总的形状当做是被海水包围的球体，如图 2-1所示，设想用一个平均海水面，向陆地延伸而形成一个封闭的曲面。

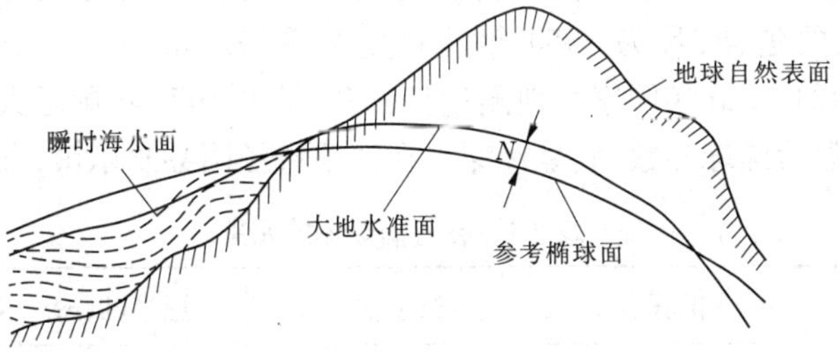

图 2-1　大地水准面、自然表面、参考椭球面关系图

地球上的任一质点，同时受地球引力和因地球自转所产生的离心力作用。因此，一个质点实际所受到的力是地球引力与离心力的合力，这个合力称为重力，重力作用的方向为铅垂方向。在测量上，以通过地面上某一点的铅垂线作为该点的基准线。

水面在静止的时候，表面上的每一个质点都受到重力的作用，在重力位相同的情况下，这些水分子便不流动而成静止状态，形成一个重力等位面，这个面称为水准面，它处处与重力方向正交。由于高度的不同，水准面有无数个(在某点与水准面相切的平面，称为水平面)。一个假想的与处于液体静平衡状态的海洋面(无波浪、潮汐、海流和大气压变化引起的扰动)重合并延伸向大陆且包围整个地球的重力等位面，称为大地水准面。在测量上，把大地水准面作为高程起算的基准面。同时，把大地水准面所包围的形体，叫做大地体。

地球的引力与内部的质量有关，由于质量分布不均，势必引起地面上各点的引力大小和方向不一致，同时离心力随纬度的变化而变化。所以，大地水准面实际上是一个不规则的曲面，在这个不规则的曲面上，无法进行测量数据处理。

经过长期的测量和研究表明，大地水准面是一个沿赤道稍微大而两极略扁平的椭球体，它与一个以椭圆短轴为旋转轴的旋转椭球体的形状十分近似。而旋转椭球体是可以用数学公式严格表示的，因此测量中便取大小和形状与大地体最为密合的旋转椭球体代替大地体。定位后的旋转椭球体叫做参考椭球体(一个国家和地区为处理测量成果而采用的一种与地球大小、形状最接近并具有一定参数的地球椭球),其表面称为参考椭球面。参考椭球面具有数学性质,测绘工作取参考椭球面作为基准面进行各种计算工作。但在实际工作中,当对测量成果的要求不是十分严格时,则不必改正到参考椭球面上,加之实际工作中十分容易得到大地水准面和铅垂线,因此大地水准面和铅垂线便成为实际测量工作的基准面和基准线。

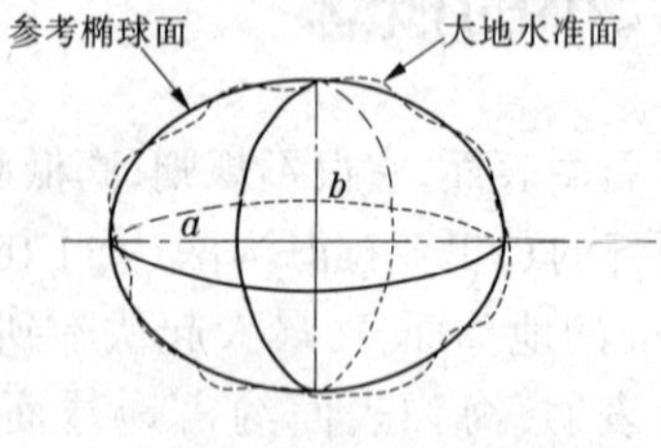

图 2-2 参考椭球体与大地水准面

如图 2-2 所示,旋转椭球体的形状和大小主要由以下基本元素决定:

长半轴 a;

短半轴 b;

扁率 $\alpha = \dfrac{a-b}{a}$。

几个世纪以来,许多学者曾分别测算出参考椭球体的元素,见表 2-1。1954 年我国决定采用的国家大地坐标系,实质上是由苏联普尔科沃为原点、以克拉索夫斯基参数为椭球参数的(1942 年)坐标系的延伸,称为 1954 年北京坐标系(Beijing Geodetic Coordinate System 1954)。目前采用的 1980 年国家大地测量坐标系,是以 1975 年国际大地测量与地球物理联合会推荐的参数为椭球参数,其坐标原点在陕西省泾阳县永乐镇,称为国家大地原点。

表 2-1 参考椭球体的元素

年份	国家	推算者	长半轴(m)	短半轴(m)	扁率
1800	德国	德布尔	6 375 653	6 356 564	1:334.0
1841	德国	贝塞尔	6 377 397	6 356 079	1:299.2
1880	英国	克拉克	6 378 249	6 356 515	1:293.5
1909	美国	海福特	6 378 383	6 356 912	1:297.0
1940	苏联	克拉索夫斯基	6 378 245	6 356 863	1:298.3
1975	国际大地测量与地球物理联合会		6 378 140	6 356 755	1:298.3

由上述可知,地球表面除自然面之外,如图 2-1 所示,尚有大地水准面和参考椭球面。大地水准面和参考椭球面是不一致的,其差值最大不超过 0 ± 150m,在两极不超过 ± 30m。

由于参考椭球体的扁率很小(约$\dfrac{1}{300}$),因此在某些测量计算工作中,可以近似地把地球作为圆球看待,此时其半径则采用与椭球体积等体积的圆球半径:

$$R = \sqrt[3]{b \times a^2} \approx 6\ 371\text{km}$$

第二节　点的高程

为了确定点的空间位置，需要建立坐标系。一个点在空间的位置需要 3 个坐标量来表示。在一般的测量工作中，常将地面点的空间位置用点的高程和点的平面位置表示。

1　高程

地面点到大地水准面的铅垂距离称为该点的绝对高程，简称高程，又称海拔用 H 表示。如图 2-3 所示，A 点的绝对高程为 H_A，B 点的绝对高程为 H_B。

由于高程系统是以大地水准面作为高程的起算面，为了确定大地水准面，我国在青岛设立了验潮站。通过 1953 年至 1979 年验潮资料计算确定的平均海水面，作为基准面的高程基准，叫做 1985 国家高程基准。并在青岛建立了国家高程控制网的起算点，即水准原点，用精确的方法联测，求得该原点高程为 72.260m。全国各地的高程均以它为基准进行测算，而以青岛验潮站 1950～1956 年的验潮资料计算确定的平均海面作为基准面的高程基准，叫做 1956 年黄海高程系统，该高程系统的水准原点的高程为72.289m(已由国测[1987]198 号文通知废止)。

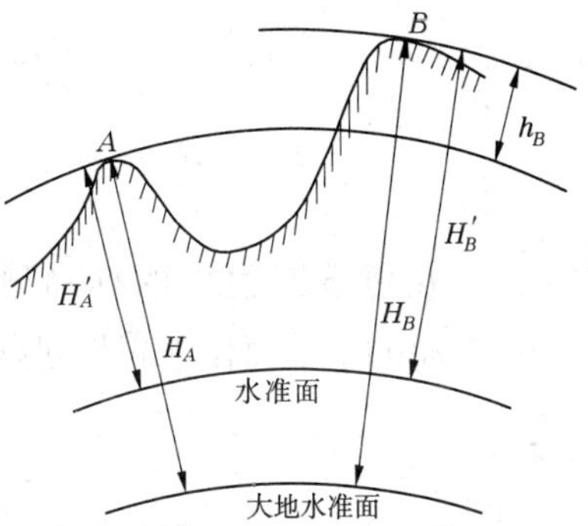

图 2-3　绝对高程与相对高程

验潮站是用来了解当地海水潮汐变化规律而设置的。为确定平均海面和建立统一的高程基准，需要在验潮站上长期观测潮位的升降，根据验潮记录求出该验潮站海面的平均位置。

验潮站标准设施包括验潮室、验潮井、验潮仪、验潮杆和一系列的水准点，如图 2-4 所示。

验潮室通常建在验潮井的上方，以便将系浮筒的钢丝直接引到验潮仪上，验潮仪自动记录水面的涨落。验潮井设置在海岸上，用导管通到开阔海域。导管保持一定的倾斜，在海水进口处装上金属网。采取这些措施，可以防止泥沙和污物进入验潮井，同时也抑制波浪的影响。

验潮站上安置的验潮杆，是作为验潮仪记录的参考尺。验潮杆被垂直地安置在码头的柱基上，所在位置须便于精确读数，也要便于与水准点之间的联测。读数每日定时进行，并要立即将此读数连同读取的日期和时刻记在验潮仪纸带上。

为了保持由验潮所确定的潮位面，在验潮站附近设置一个永久性和可靠性方面都是最佳的点作为水准原点。我国的水准原点在青岛市观象山上。

2　相对高程

地面点的高程若以某一假定水准面作为起算面，这种高程称为相对高程，见图 2-3 中

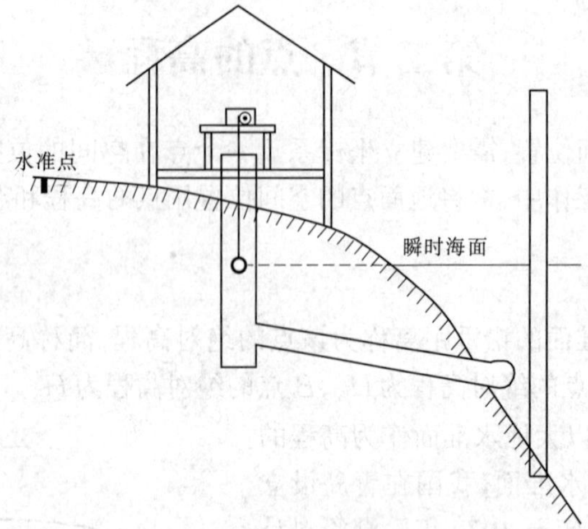

图 2-4　验潮站

的 H'_A、H'_B。在建筑工程中的标高通常就是采用的相对高程，一般以通过室内地面 ±0.000这个面的水准面作为高程起算面。

3　高差

两点的高程之差，称为高差，用 h 表示。

设 A 点高程为H_A，B 点高程为H_B，则由 A 点到B 点的高差记为h_{AB}：

$$h_{AB} = H_B - H_A = H'_B - H'_A \tag{2-1}$$

由 B 点到A 点的高差为h_{BA}：

$$h_{BA} = H_A - H_B = H'_A - H'_B \tag{2-2}$$

显然：$h_{AB} = -h_{BA}$。即 A 点至B 点的高差h_{AB}与B 点至A 点的高差h_{BA}，大小相等，符号相反。

上述表明，两点间的高差与起算面无关，仅仅体现两点间的高低关系。所以，高差总是带有与测量方向相对高低的有关符号。若 h_{AB} 为正，则说明 B 点高于A 点；若 h_{AB} 为负，则说明 B 点低于A 点。

第三节　点在投影面上的坐标

测量上确定地面点在投影面上的位置的坐标系统有地理坐标、高斯平面直角坐标和平面直角坐标三种。

1　地理坐标系

表示地面点在参考椭球面上投影位置的经度和纬度，叫做地理坐标。它是一种球面坐标，坐标值都是角值。如图 2-5 所示，地理坐标系统是利用地球上可以被统一认定的点、线、面来建立的，所以有必要来研究这些点、线、面。

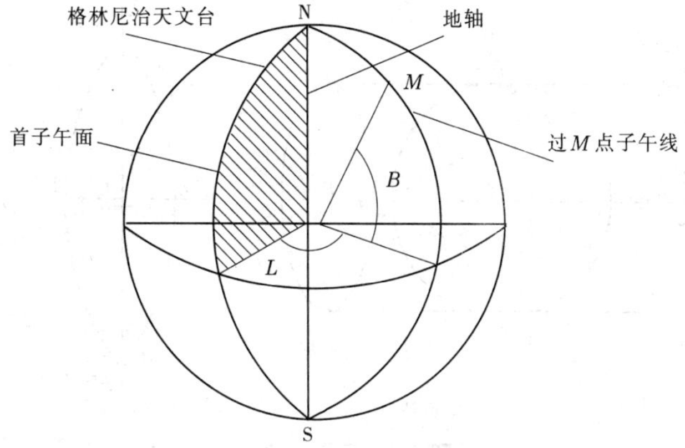

图 2-5　地理坐标系

地轴、两极：地球的自转轴即旋转椭球体的短轴叫地轴；地轴与地球椭球面相交的两点 N、S 叫做北极和南极。

子午面、子午线、经度：过地面点 M 且包含地轴的平面称为子午面，子午面与椭球面的交线叫子午线。世界各国统一将通过英国格林尼治天文台的子午面，叫首子午面。首子午面与旋转椭球面的交线，称为首子午线。过地面上任意一点 M 的子午面与首子午面的夹角 L 叫做 M 点的经度。由首子午面向东量称为东经，向西量称为西经。其取值范围均为 0°～180°。

赤道、纬度：过地心且垂直于地轴的平面称为赤道面。赤道面与旋转椭球面的交线称为赤道。M 点的法线与赤道面交角 B 叫做 M 点纬度。由赤道向北度量叫北纬，由赤道向南度量叫做南纬。其取值范围均为 0°～90°。

例如：北京某地一点的地理坐标为东经 116°28′，北纬 39°54′。

2　高斯－克吕格平面直角坐标系

2.1　高斯－克吕格投影

地理坐标只能用来确定地面点在旋转椭球面上的位置，但测量上的计算和绘图，要求最好在平面上进行。而旋转椭球面是一个曲面，如何建立一个平面直角坐标系统呢？主要应用一定的投影方法来解决这个问题。我国采用的是横切圆柱投影——高斯－克吕格的方法来建立平面直角坐标系，称为高斯－克吕格平面直角坐标系，简称高斯平面坐标系。高斯投影是德国测量学家高斯于 1825～1830 年首先提出的，实际上直到 1912 年，由德国另一位测量学家克吕格推出实用的坐标投影公式后，这种投影才得到推广。

高斯投影又称横圆柱正形投影，为了方便说明问题，将地球当成圆球，设想将一个横置的空心圆柱套在地球的外面，如图 2-6 所示，使圆柱的轴心通过球心，同时使地球上某子午线(称为中央子午线)与圆柱面相切。若以地心为投影中心，将中央子午线两侧一定经差(3°)范围内的点、线及图形投影到圆柱上。将圆柱沿着通过南北极的母线剪开后展平，便可得到整个投影带在高斯投影面上的投影，如图 2-6 所示。

2.2　高斯投影的特点

(1)如图 2-7 所示，中央子午线投影后为一直线且长度保持不变；其他子午线投影后

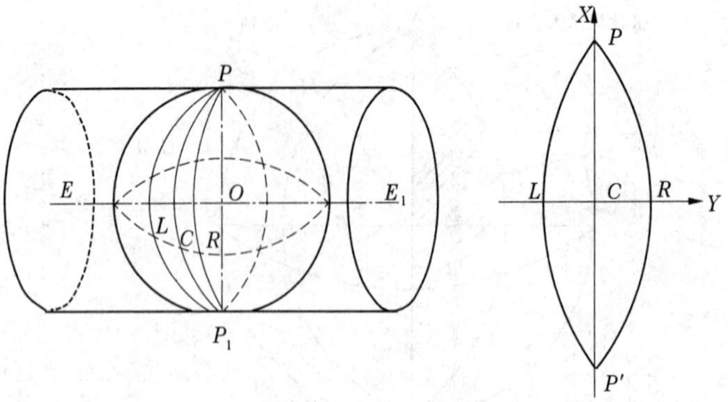

图 2-6　高斯投影

均为曲线，对称地凹向中央子午线，且距中央子午线越远投影后弯曲程度越大，长度变形越大。

(2)赤道 LR 投影后亦为一直线，但长度变长，并与中央子午线正交。

(3)对称于赤道的纬圈，投影后仍成为对称的曲线，并与子午线的投影曲线互相垂直，即角度在投影前后保持不变。所以高斯投影又称为保角投影。

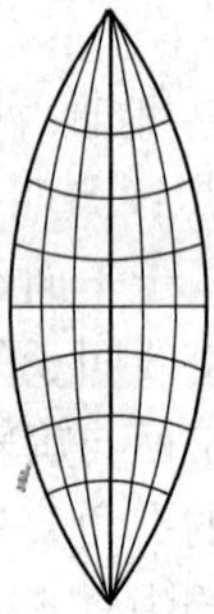

图 2-7　投影带

2.3　高斯平面直角坐标系

顾及投影后中央子午线与赤道正交，取中央子午线为纵坐标轴，用 X 表示，赤道为横轴，用 Y 表示，交点为原点 O，这样便构成了高斯平面直角坐标系。

2.4　投影带

高斯投影中，除中央子午线外，各点均存在长度变形，且距中央子午线越远，长度变形越大。为了控制长度变形，将地球椭球面按一定的经度差分成若干带，称为投影带，带宽一般为 6°和 3°，分别称为 6°带和 3°带。

6°带是从首子午线起自西向东按经差每 6°分一带，带号依次为 1、2、3、…、60，每带中央的子午线，叫做该带的中央子午线。6°带中央子午线的经度 L_6 与其带号 N 之间存在下述关系：

$$L_6 = 6^\circ \times N - 3^\circ \tag{2-3}$$

我国领土跨 11 个 6°投影带，即 13 带～23 带。

如前所述，由于在高斯投影中，离中央子午线愈远，变形愈大，且两侧对称。当要求投影变形更小时，可采用 3°带投影。

3°带是从东经 1.5°开始，自西向东按经差 3°划分一带，全球共分为 120 带。3°带的中央子午线经度 L_3 与带号 N 之间的关系如下：

$$L_3 = 3^\circ \times N \tag{2-4}$$

我国领土跨 22 个 3°投影带，即 24 带～45 带。

计算结果表明，在离开中央子午线两侧经差各 3°的范围内，长度变形不超过 1/1 000，若将高斯平面直角坐标系的 6°带一个个连接起来，便得到全球的形象，见图 2-8。

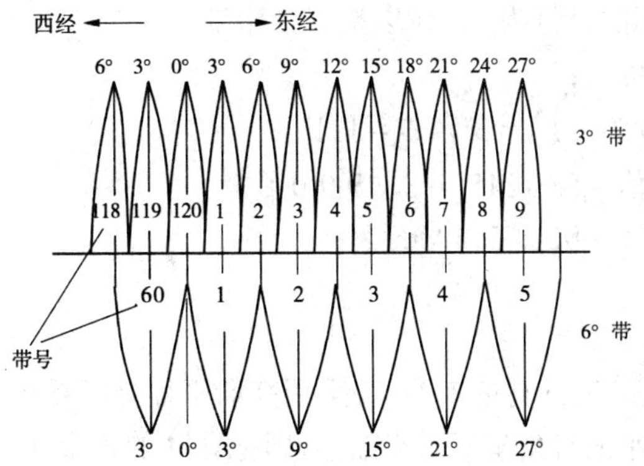

图 2-8　投影带

我国位于北半球，在高斯平面直角坐标系中，X 坐标值均为正值，而 Y 坐标则有正、有负。为了计算方便，避免横坐标出现负值，如图 2-9 所示，规定将纵轴向西平移 500km，这样 Y 坐标就是一个恒为正值的 6 位数。由于高斯－克吕格投影每一个投影带的坐标都是对本带坐标原点的相对值，所以各带的坐标完全相同，为了区别某一坐标系统属于哪一带，在横坐标前加上带号组成横坐标的通用值

$$通用值 = [带号] + 500\,000 + 自然值 \tag{2-5}$$

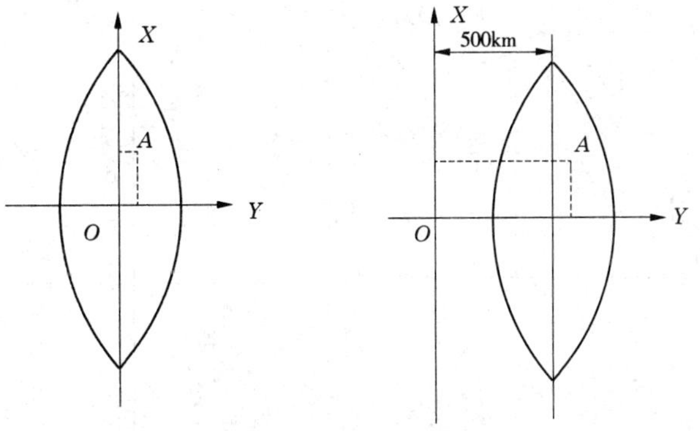

图 2-9　高斯平面直角坐标系 X 轴平移

【例 2-1】 某点在中央子午线的经度为 117°的 6°投影带内，且位于中央子午线以西 1 006.45m，求该点横坐标的自然值和通用值。

解：(1)该 6°带的中央子午线的经度为 117°，则该带的带号为

$$N = (117 + 3)/6 = 20 \text{ 带}$$

(2)该点位于中央子午线以西 1 006.45m，所以该点横坐标的自然值为 －1 006.45m。

(3) 依据通用值 = [带号] + 500 000 + 自然值，该点的横坐标通用值为 20 498 993.55m。

【例 2-2】 已知某点的坐标为(3 325 748.046，37 581 245.498)。求：

(1)是几度投影带？投影带的带号及中央子午线的经度；

(2)横坐标的自然值。

解:(1)因为横坐标的带号为37,所以是3°投影带。

依据 $L_3 = 3° \times N$ 可知:

中央子午线的经度为 $L_3 = 3° \times 37 = 111°$

(2)横坐标的自然值 = 581 245.498 − 500 000

= 81 245.498m

3 平面直角坐标系

在小区域内(100km)进行测量工作,若采用高斯平面坐标系统来表示地面点的位置是不方便的,通常采用平面直角坐标系来描述,即把地球的投影面看做平面,从而可以采取直角坐标来表示地面点在投影面上的位置。如图2-10(a)所示,测量工作中,以 X 轴为纵轴,用来表示南北方向;以 Y 轴为横轴,用来表示东西方向。在测量工作中,坐标方位角是以北方向为基准按顺时针方向定义的。

如图2-10(b)所示,在数学平面直角坐标系中,以 X 轴为横轴,以 Y 轴为纵轴。角度是从 X 轴(横轴)正向开始按逆时针方向来定义角度的。所以,按上述规定互换后,数学中的三角公式在测量中就都能应用。

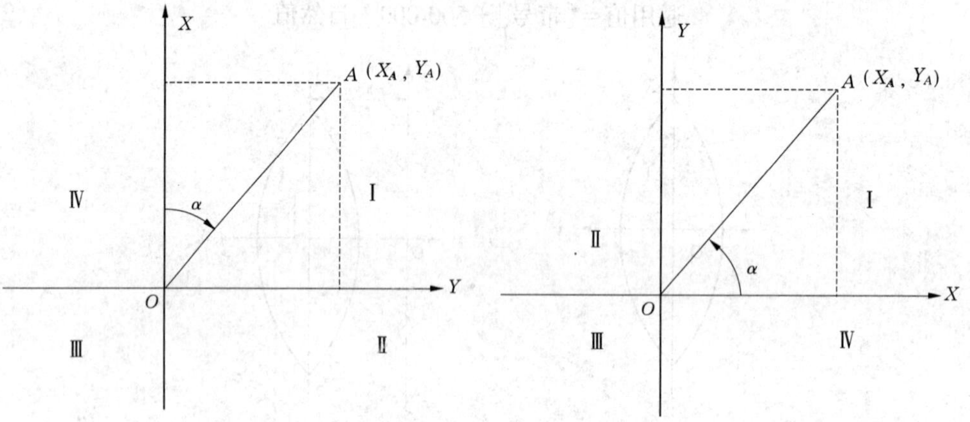

(a)测量平面直角坐标系　　(b)数学平面直角坐标系

图2-10　测量平面直角坐标系及数学平面直角坐标

在小范围的测量中,一般建立独立的坐标系,为使测区内所有各点的纵、横坐标值均为正值,坐标原点大都设定在测区的西南角,使测区全部落在第Ⅰ象限内。

在建筑工程中,为了计算和施工方便,采用的平面直角坐标系的坐标轴与建筑物主轴线重合、平行或垂直,此时建立起来的坐标系,是为建筑施工而设立的,故称之为施工坐标系。在计算测设数据时,需要进行坐标换算。如图2-11所示,设 XOY 为测量坐标系,AOB 为施工坐标系,(x_o, y_o) 为施工坐标系原点 O 在测量坐标系中的坐标,α 为施工坐标系的纵轴 A 在测量坐标系中的方位角。若 p 点的施工坐标为 (A_p, B_p),可按下式将其换算为测量坐标 (x_p, y_p)

$$\left.\begin{aligned} x_p &= x_o + A_p\cos\alpha - B_p\sin\alpha \\ y_p &= y_o + A_p\sin\alpha + B_p\cos\alpha \end{aligned}\right\} \tag{2-6}$$

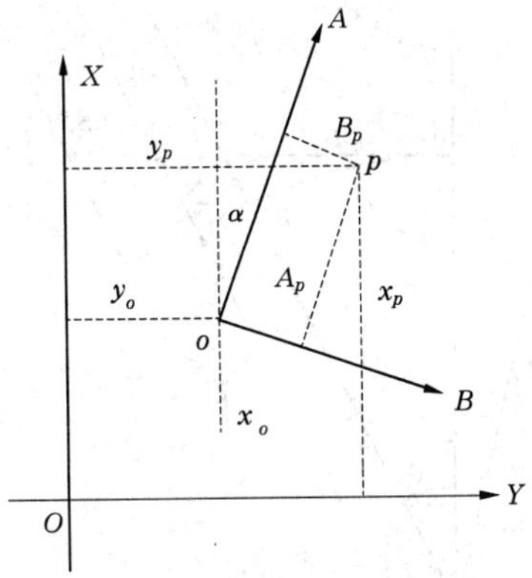

图 2-11　施工坐标系与测量坐标系换算

第四节　用水平面代替水准面的限度

当测区范围较小时,可以把水准面看做水平面。本节探讨用水平面代替水准面对距离、角度和高差的影响,以便给出限制水平面代替水准面的限度。

1　对水平距离的影响

在平面直角坐标系中,以水平面代替水准面,并将地面点垂直投影到水平面上来确定地面点的位置。那么在多大的范围内允许水平面代替水准面呢?

如图 2-12 所示,地面上 A、B 两点在大地水准面上的投影点是 a、b,用过 a 点的水平面代替大地水准面,则 B 点在水平面上的投影为 b'。

设 ab 的弧长为 D,ab'的长度为 D',球面半径为 R,D 所对的圆心角为 θ,则以水平长度 D'代替弧长 D 所产生的误差 ΔD 为

$$\Delta D = D' - D = R\tan\theta - R\theta = R(\tan\theta - \theta)$$

将 $\tan\theta$ 用级数展开为

$$\tan\theta = \theta + \frac{1}{3}\theta^3 + \frac{5}{12}\theta^5 + \cdots$$

因为 θ 角很小,取前两项代入得

$$\Delta D = R(\theta + \frac{1}{3}\theta^3 - \theta) = \frac{1}{3}R\theta^3$$

又因 $\theta = \dfrac{D}{R}$,则

$$\Delta D = \frac{D^3}{3R^2} \tag{2-7}$$

$$\frac{\Delta D}{D} = \frac{D^2}{3R^2} \tag{2-8}$$

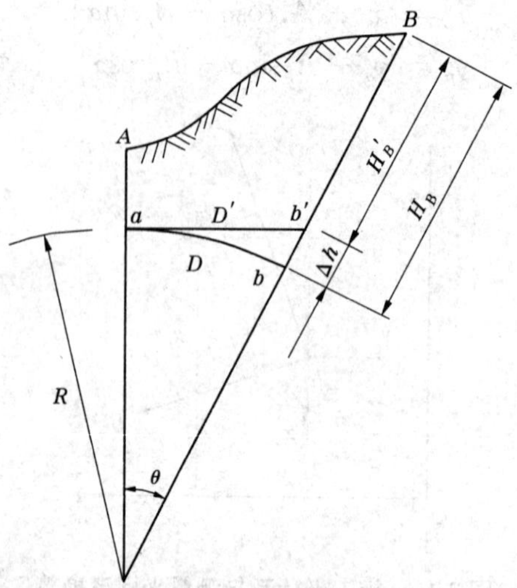

图 2-12　水平面代替水准面的限度

取地球半径 $R=6\ 371\text{km}$，并以不同的距离 D 值代入式(2-7)和式(2-8)，则可求出距离误差 ΔD 和相对误差 $\Delta D/D$，如表 2-2 所示。

表 2-2　水平面代替水准面的距离误差和相对误差

距离 D(km)	距离误差 ΔD(mm)	相对误差 $\Delta D/D$
10	8	1:1 220 000
25	128	1:200 000
50	1 026	1:49 000
100	8 212	1:12 000

结论：在半径为 10km 的范围内，进行距离测量时，可以用水平面代替水准面，而不必考虑地球曲率对距离的影响。

2　对高程的影响

如图 2-12 所示，地面点 B 的绝对高程为 H_B，用水平面代替水准面后，B 点的高程为 H_B'，H_B 与 H_B' 的差值，即为水平面代替水准面产生的高程误差，用 Δh 表示，则

$$(R+\Delta h)^2 = R^2 + D'^2$$

$$2R\cdot\Delta h + \Delta h^2 = D'^2$$

$$\Delta h = \frac{D'^2}{2R+\Delta h}$$

顾及 $\Delta h \ll R$，则

$$\Delta h = \frac{D^2}{2R} \qquad (D' = D) \tag{2-9}$$

以 $R=6\ 371\text{km}$ 和不同的 D 值代入上式，结果如表 2-3 所示。

表 2-3　计算结果

D(m)	10	20	30	50	70	100	500
Δh(mm)	0.007	0.03	0.07	0.20	0.38	0.78	19.62

当 $S=500$m 时，$\Delta h=19.62$mm；在以毫米计算的高程测量中，19.62mm 是一个不可忽略的小数。由此可见，地球曲率对高程的影响比较大，即使距离较短，也应顾及地球曲率的影响。

3　对水平角的影响

从球面三角可知，球面上三角形内角之和比平面上相应三角形内角之和多出一个球面角超 ε，其值可用多边形面积求得，即

$$\varepsilon = \frac{P}{R^2}\rho \tag{2-10}$$

式中　ε——球面角超；

P——球面多边形面积；

R——地球半径；

ρ——206 265″。

计算结果表明(见表 2-4)，当测区在 100km² 时，用平面代替水准面时，对角度影响仅为 0.51″，在普通测量工作中可以忽略不计。

表 2-4　计算结果

球面面积(km^2)	10	50	100	500
ε(″)	0.05	0.25	0.51	2.54

第五节　比例尺

在测量工作中，不可能按真实大小把地面上的地物和地貌描绘到图纸上去。只有将实际尺寸缩小若干倍之后来描绘。图上某直线的长度 l 与地面上相应线段的水平长度 L 之比，称为图的比例尺。比例尺一般分为数字比例尺和图示比例尺两大类。

1　数字比例尺

数字比例尺一般用分子为 1 的分数形式表示。依比例尺的定义有

$$\frac{l}{L} = \frac{1}{M} \tag{2-11}$$

值得注意的是，比例尺的大小不是以缩放的倍数来决定，而是依分数值的大小来比较，即比例尺的分母 M 愈小(例如 $M=500$)，分数值愈大，则比例尺愈大；反之，分母 M 愈大(例如 $M=5\ 000$)，分数值愈小，则比例尺愈小。

数字比例尺可以写成$\frac{1}{500}$、$\frac{1}{1\ 000}$、$\frac{1}{5\ 000}$等形式，可以写成 1∶500、1∶1 000、1∶5 000 等形式，也可以写成 1/500、1/1 000、1/5 000 等形式。

1∶500、1∶1 000、1∶2 000、1∶5 000、1∶10 000 为大比例尺；1∶25 000、1∶50 000、1∶100 000为中比例尺；1∶250 000、1∶500 000、1∶1 000 000 为小比例尺。

【例 2-3】 在比例尺为 1∶1 000 的地形图上，两点间距离为 5.2cm，试求其实地水平长度。

解：依比例尺的定义可知，$M=1\ 000$，$l=5.2$cm，则有

$$\frac{l}{L}=\frac{1}{M}$$

即 $L=l\times M=5.2\times 1\ 000=52$m

反之，若已知实地水平长度为 96.4m，则相应图上长度 l 为

$$l=L/1\ 000=96.4/1\ 000=9.64\text{cm}$$

2 图示比例尺

在地形图的测绘和使用过程中，都要依上述定义将图上长度和实地相应水平长度进行计算，十分不便，此时可采用一种较直观和方便的比例尺——图示比例尺。图示比例尺又分为直线比例尺和斜线比例尺。

2.1 直线比例尺

在地形图的下方，先绘一段直线，并截取若干相等的线段，称为比例尺的基本单位，一般为 1cm 或 2cm，再将最左边的一个基本单位等分为 10 个小段，如图 2-13 所示。

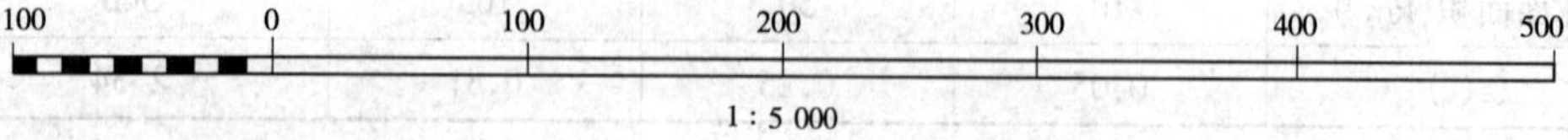

图 2-13 直线比例尺

以 1∶5 000 的直线比例尺为例，基本单位的长度为 2cm，相应的实地长度 $L=2\times 5\ 000=100$m，最左边的每一小段 2mm，相应长度为 10m，为方便使用，把相应的实地水平长度直接标在直线比例尺的上方(见图 2-13)。

直线比例尺多绘在图幅的下方处，具有随图纸同样伸缩的特点，故用它量取同一幅图上的距离时，在很大程度上减少了图纸伸缩变形带来的影响。

应用时用两脚规的两脚尖对准图上需要量距的两点，然后把两脚规移至直线比例尺，使一只脚尖对准 0 点右边一个适当的大分划线(如 100 分划线)，使另一只脚尖落在 0 线左边的基本单位内，估读小分划的零头数就能直接读出长度(如 100 + 75 = 175m)无需计算。直线比例尺，只能读到基本分划的 1/10，不够准确。为了量距更准确，可以用另一种比例尺——斜线比例尺。

2.2 斜线比例尺

斜线比例尺可以将基本单位的 1/100 准确读出来。

斜线比例尺的绘制方法如图 2-14 所示。其中右端是将一个基本单位分成 10 等份，

然后上下错开一格用斜线连起来，便得到斜线比例尺。

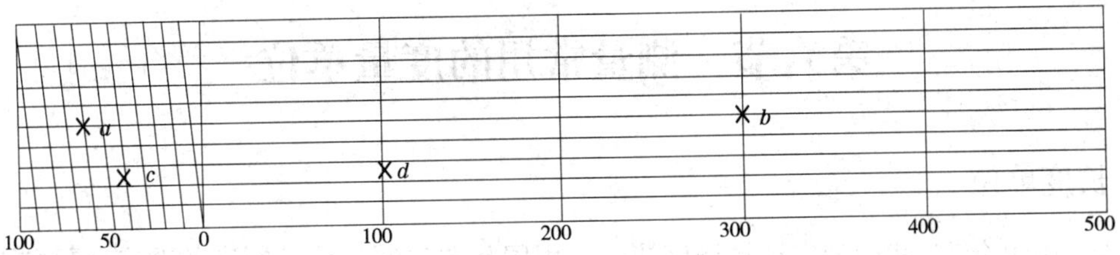

图 2-14 斜线比例尺

根据相似三角形原理可以证明，对于每一斜线而言，任意两相邻横线之间斜线与横线的交点相差均为基本单位的 1/100。

【例 2-4】 在 1∶5 000 的斜线比例尺（见图 2-14）上，试量取相应于实地水平长度 365m 和 142.4m 的图上长度。

解： 在图 2-14 的 1∶5 000 的斜线比例尺上，用两脚规的一个脚尖对准 0 线左边注有 60 的斜线和第 5 条水平行线的交点 a 上，将另一脚尖对在 0 线右边注有 300 的垂直线和第 5 条平行线的交点 b 上，则 ab 之间的长度就是所求的 365m 在 1∶5 000 的图上长度。

对于 142.4m，用一只脚尖对准 0 线左边注有 40 的斜线和第 2 条线的交点往上移 0.4 格的 c 点，而另一脚尖则平行地放在 100 的垂线上的 d，注意 d 点也应该在第二条水平线和第三条水平线之间的 0.4 格的位置上，则 cd 长度就是所求 142.4m 的图上长度。

在实际工作中，我们也可以把 1∶5 000 的斜线比例尺当做 1∶500 的比例尺用，只需将每个数据缩小 10 倍即可。

3 比例尺的精度

正常的人眼可以将图上 0.1mm 的两点区分开。所以，在图上 0.1mm 的长度以某种比例尺求算得的相应实地上的长度，叫做该比例尺的精度。

按定义就很容易求得各种比例尺的精度，见表 2-5。

表 2-5 各种比例尺的精度

比例尺	1∶500	1∶1 000	1∶2 000	1∶5 000	1∶10 000
比例尺精度(m)	0.05	0.10	0.20	0.50	1.00

有了比例尺的精度概念后，在实地丈量地物边长，或丈量地物与地物间的距离，只要精确到按比例尺缩小后，相当于图上 0.1mm 即可。因此，根据比例尺精度概念，有两点可以参考：

(1)按工作需要，多大的地物须在图上表示出来，或测量地物要求精确到什么程度，由此可参考决定测图的比例尺。

(2)当测图比例尺决定后，可以推算出测量地物时应精确到什么程度。

例如：要使地面上大于 0.5m 的一切状态都能在图上表示出来，则可以选取比例尺为 1∶5 000 来测图。反之，当测图比例尺为 1∶5 000 时，对于轮廓尺寸小于 0.5m 的地物就可以忽略或者采用规定的符号表示。

第六节　测量常用的度量单位

1　长度单位

自 1959 年起，我国规定计量制度统一采用国际单位制。计量制度的改变，需要有一定的适应过程，所以在一定时期内，许可使用我国原有惯用的计量单位，叫做市制，并规定了市制与国际单位制之间的关系。

国际(IS)单位制中，常用的长度单位的名称和符号如下：

基本单位为米(m)，除此之外，还有千米(km)、分米(dm)、厘米(cm)、毫米(mm)、微米(μm)。

其关系如下：

1m = 10dm = 100cm = 1 000mm = 1 000 000μm

1km = 1 000m

长度的市制单位有：里、丈、尺、寸，其间关系为：

1 里 = 150 丈 = 1 500 尺 = 15 000 寸

1m = 3 尺

长度的市制单位规定用到 1990 年为止。

2　面积单位

测量中面积的国际单位是平方米，符号是 m^2。除此之外，还有平方分米(dm^2)、平方厘米(cm^2)、平方毫米(mm^2)，以及公顷(hm^2)和平方公里(km^2)。农业上习惯用市亩、分、厘作面积单位。

$1km^2$(平方公里) = $10^6\ m^2$(平方米) = 100 hm^2(公顷)

$1km^2$(平方公里) = 1 500 市亩

1 市亩 = 666.7m^2(平方米)

3　角度单位

3.1　度、分、秒

我国采用的角度单位为 360°制的度(°)、分(′)、秒(″)。即将一圆周角作 360 等分，每一等分为 1°。

$1° = 60′ = 3\ 600″$

度、分、秒不是国际单位，但属于我国的法定计量单位，它是测量中常用的角度单位。

3.2　弧度

表示角度的国际单位是弧度，符号为 rad。

如果圆角上一段弧长 L 与该圆半径 R 的长度相等，则此时 L 所对应的圆心角 α 的大小就叫做 1 弧度(见图2-15)。通常以 α(rad)表示，即

$$\alpha = \frac{L}{R} \qquad (2\text{-}12)$$

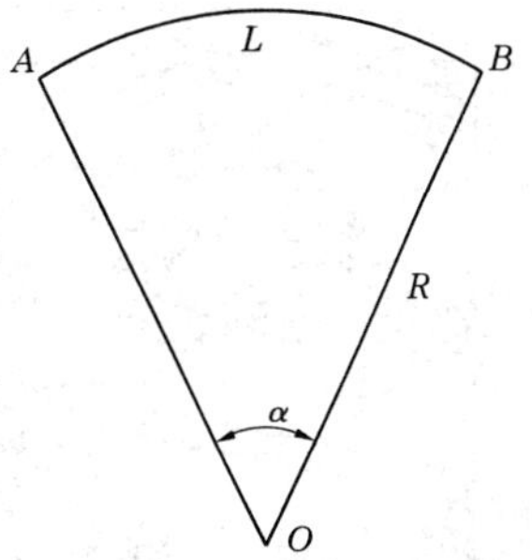

图 2-15 弧度的定义

因为圆的周长是 $2\pi R$，所以一个圆周角的弧度值是：$2\pi R/R=2\pi$，平角是 π，直角是 $\pi/2$。

3.3 度、分、秒与弧度制之间的换算关系

$$180^\circ = \pi\ \text{弧度(rad)}$$

$$1^\circ = \frac{\pi}{180}\text{弧度} \approx 0.017\,453\,3\ \text{弧度}$$

反之：

$$1\ \text{弧度}(\rho^\circ) = \frac{180}{\pi} \approx 57^\circ17'45'' \approx 3\,438' \approx 206\,265''$$

3.4 冈

欧洲一些国家角度采用百进制，单位是冈，符号为 gon。将圆周 400 等分，每一等分所对应的圆心角值为一冈，简记为 1g，也称为新度(g)，更小的单位有新分(c)、新秒(cc)。

1g = 100c = 10 000cc

360° = 400g

第七节 测量工作概述

测量就是根据一定的目的，遵照规范要求，测绘成具有相应精度的，能真实反映地物和地貌的地形图。

如图 2-16 所示，房子的平面位置是由角点 1、2、3、4，用折线连接而成，道路的平面位置由转向点 5、6、7、8、9、10，分别用光滑曲线组成。所以，只要确定了房屋角点和道路转向点的平面位置和高程，那么房屋和道路也就确定了。

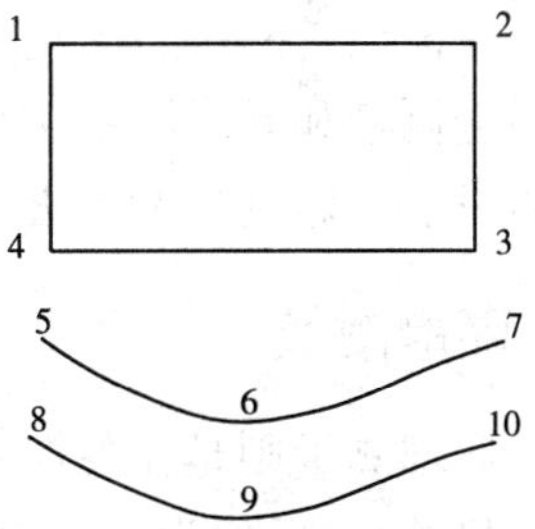

图 2-16

对于地貌而言，虽然起伏变化复杂，但仍是由许多方向变化点和坡度变化点组成。同样，只要确定了这些特征点的平面位置和高程，地貌的形状和大小也就确定了。上述特征点也称为碎部点，测绘地形图时，主要是测绘碎部点的平面位置和高程。

由于任何一种测量工作都会产生不可避免的误差，如果以一个地物点测量另一个地物点，测量误差将会传递，逐渐积累，最后将导致图形变形，达不到应有的精度。为了避免误差的积累，在实际测量工作中遵循“从整体到局部，先控制后碎部”的程序，先在测区内选择一些有控制意义的点(如图 2-17 所示)。这些点称为控制点，以较精确的方法是先测出这些控制点的平面位置和高程，再在控制点上施测其附近的碎部点。

如上所述，控制测量的目的：①可以控制误差的积累和传播；②可以分组，同时在不同的控制点上进行碎部测量，既保证整个测区有相同的精度，同时也节约时间，缩短成图周期，并能保证图幅的拼接。

图 2-17　导线测量和碎部测量

整个测量工作分为建立控制网和以控制网为基础的碎部测量。

1　控制网的建立

对于大比例尺地形测图，在基本平面控制网和基本高程控制网的基础上建立测区的首级控制网（点），并遵循“从整体到局部、分级布网”的原则，进行加密，以满足不同比例尺测图的需要。

平面控制网（点）的建立可采用全球定位系统（GPS定位）、三角测量、各种形式的边角组合测量和导线测量。平面控制测量方法的选择应因地制宜，既满足当前需要，又兼顾今后发展。做到技术先进、经济合理、确保质量、长期适用。

2　碎部测量

碎部测量则是在各控制点上测绘周围的地物和地貌的特征点的平面位置和高程，并加以描绘，最后成为一幅完整的地形图。测绘完的地形图必须经过检查，相邻图幅的拼接、整饰及验收后，再进行清绘。

第三章　水准测量

测定地面点高程常用的方法，一般有以下三种：

(1)几何水准测量(简称水准测量)：主要是利用水准仪提供的水平视线，求得两点之间的高差，再推算出地面点的高程。

(2)三角高程测量(间接高程测量)：测定两点间倾斜视线的垂直角和两点间的水平距离，应用三角学原理推算出两点间的高差，从而求得地面点的高程。

(3)气压高程测量(物理高程测量)：根据地面上空大气压力随高度变化而变化的原理，用气压计测定两点间的大气压力的变化，求得两点的高差以推算地面点的高程。

上述三种测量地面点高程的方法中，以水准测量的精度最高，它是建立高程控制的一种主要方法。三角高程测量由于受外界环境和地球曲率的影响，其测定高程的精度较低，但其方法简单，不受地形条件的限制。当精度要求不太高时，也可用于测定控制点的高程。气压高程测量观测方法简单，但受外界条件影响较大，所以精度很低，一般只能用于某些勘察工作或登山工作中。

用水准测量方法测定的高程控制点，叫做水准点，其作用、密度和高程精度因施测目的不同而有所不同。通常将水准测量分为国家水准测量、图根水准测量(等外水准测量)和工程水准测量几类。

国家水准测量的目的是建立全国统一的高程控制网，为测绘地形图和工程建设提供高程控制基础。它是经济建设和国防建设中不可缺少的一项基本工作。为了适应不同的需要，国家水准测量共分为一、二、三、四等水准测量。

一等水准路线以构成网状布设，一等水准网是国家高程控制网的骨干，同时也是研究地球形状、地壳的垂直运动及有关科学的主要依据。二等水准路线是在一等水准环内布设成网状。一、二等水准点又是三、四等水准测量及其他高程测量的起算基础。

三、四等水准测量是直接提供地形测图和各种工程建设所必需的高程控制点，同时又是全国高程控制网的进一步加密。

图根水准测量的目的主要是测定图根点高程，也是作为测区基本高程控制。但其精度低于四等水准测量，所以又称为等外水准测量。

工程水准测量是为满足各种工程建筑对高程的要求而进行的，其施测精度按需要而定。

本章主要介绍水准测量的原理，水准测量仪器，三、四等水准测量的基本作业方法及内业计算和其他有关问题。

第一节　水准测量原理

1　水准测量的原理

水准测量原理(实质)就是利用仪器获得的水平视线,来测定两点间的高差,依据已知点高程,求待定点的高程。

如图 3-1 所示,A 点的高程 H_A 已知,要想获得 B 点的高程 H_B,可以在 A、B 两点之间安置一台可以得到水平视线的水准仪,设水平视线截在两标尺上的读数分别为 a、b(标尺的零点在底部)。顾及 A、B 两点间的距离很短,可用水平面代替大地水准面。过 A 点作一条水平线,由图可知 A、B 两点的高差为

$$h_{AB} = a - b \tag{3-1}$$

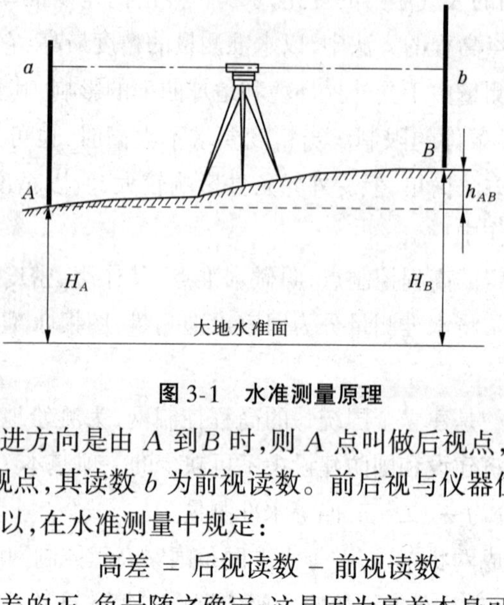

图 3-1　水准测量原理

当水准测量的前进方向是由 A 到 B 时,则 A 点叫做后视点,其上的标尺读数 a 为后视读数;B 点叫做前视点,其读数 b 为前视读数。前后视与仪器位置无关,只与水准测量的前进方向有关。所以,在水准测量中规定:

$$\text{高差} = \text{后视读数} - \text{前视读数} \tag{3-2}$$

这一规定已使高差的正、负号随之确定,这是因为高差本身可正、可负,但由图 3-1 可知,若 A 点低 B 点高,相应地后视读数(a)大,前视读数(b)小,因此高差 h_{AB} 值为正。反之为负。

为了避免在计算中发生正、负符号的错误,在书写高差 h_{AB} 的符号时,必须注意 h 的下标。h_{AB} 表示由 A 到 B 的高差,h_{BA} 则是由 B 到 A 的高差。

水准测量的方法分为中间水准测量和向前水准测量。

将仪器安置在两标尺之间进行水准测量,叫做中间水准测量,主要用于高程控制测量,图 3-1 就是中间水准测量。将仪器安置在 A、B 两点中的任何一点上来进行测量时,叫做向前水准测量,这一方法多用于工程测量的高程放样中。

2　转点、测站、测段

在水准测量中,当两点间距离较远或高差较大时,仅安置一次仪器不能求得其高差。

这时需要加设若干临时的立尺点，作为传递高程的过渡点（P_1、P_2、…、P_n），称之为转点。每安置一次仪器，叫做一个测站。在水准路线中，从已知点到待定点或从待定点到待定点之间，称为一个测段。如图 3-2 所示，欲求 A、B 两间点的高差 h_{AB}，选择一条施测路线，用水准仪依次测出每一测站的高差 h_i。

$$h_{AB} = h_{AP1} + h_{P1P2} + \cdots + h_{P_nB} \tag{3-3}$$

连续应用中间水准测量以求得两点间高差的方法，叫做复合水准测量。水准测量在绝大多数情况下都是按这种方法进行的。

如图 3-2 所示，每一测站上的视线方向与水准面切线方向平行，所以整个水准路线上水平视线与大地水准面一致，所以又称水准测量为几何水准测量。

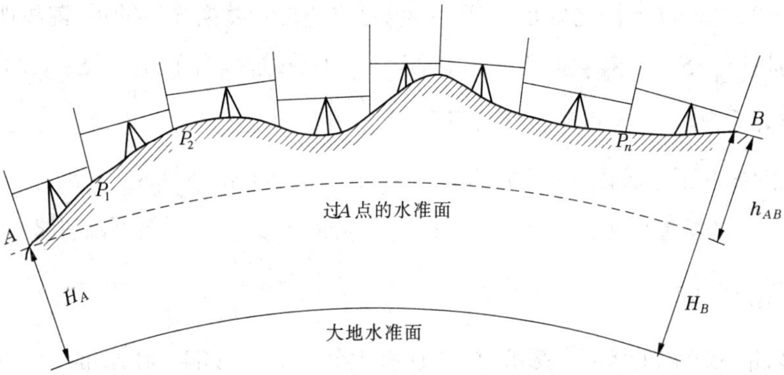

图 3-2　路线水准测量

3　地球曲率的影响

在图 3-1 中，将大地水准面当做水平面，因而可以用式(3-1)计算高差。但实际上大地水准面是一个曲面，一个测站上的水准测量应如图 3-3 所示，图中用圆弧表示过 A 点的大地水准面。因 θ 角很小（AB 相距 200m 时，$\theta \approx 6''$），故在 A、B 两点竖立的水准尺接近于平行，实际此时的高差 h_{AB} 为

$$h_{AB} = a - b - \Delta h_{AB}$$

式中　Δh_{AB}——地球曲率的影响值。

从过 A 点的水准面与测站垂线的交点处作切线，由图 3-3 可见

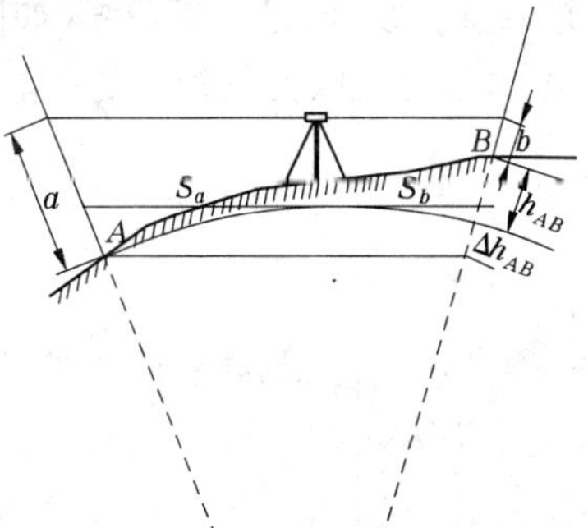

图 3-3　地球曲率的影响

$$\Delta h_{AB} = \delta_a - \delta_b$$

按式(2-8)可知

$$\delta_a = \frac{1}{2R}S_a^2 \qquad \delta_b = \frac{1}{2R}S_b^2$$

则 $$\Delta h_{AB} = \frac{1}{2R}(S_a^2 - S_b^2) = \frac{1}{2R}(S_a - S_b)(S_a + S_b) \tag{3-4}$$

式(3-4)为地球曲率对一个测站的影响。若 $S_a = S_b$,则 $\Delta h_{AB} = 0$,说明当后、前视距相等时,地球曲率对一个测站的高差影响可以相互抵消。

对一条水准路线而言,如图 3-2 所示的情形,则有:

$$\Delta h = \sum \left\{ \frac{1}{2R}(S_{后} - S_{前})(S_{后} + S_{前}) \right\}$$

设每一测站的 $S_{后} + S_{前}$ 相等:

$$\Delta h = \frac{1}{2R}(S_{后} + S_{前}) \sum (S_{后} - S_{前}) \tag{3-5}$$

式(3-5) 和式(3-4) 不同之处是,用后、前视距差的总和替换每站的后、前视距离之差。实际工作中均将 $\sum (S_{后} - S_{前})$ 加以限制,以使 Δh_{AB} 不致过大。由于 $S_{后} - S_{前}$ 表示每一测站的后视距离减去前视距离,它可正、可负,只要作业中随时注意它的积累,将 $\sum (S_{后} - S_{前})$ 限制在某一范围内并不十分困难。例如 $S_{后} + S_{前}$ 平均为 200m,$\sum (S_{后} - S_{前}) \leqslant 10$m 时,$\Delta h_{AB} \leqslant 0.16$mm,以普通水准测量对成果的精度要求而言,这样的误差可以忽略不计。

4 大气折光的影响

除了地球曲率对水准测量有影响之外,还有大气折光的影响。在水准测量的原理中,我们是以直线来描述视线的,然而由于空气的密度从上至下不均匀,受大气折光的影响,视线不是一条直线,而是一条曲线(如图 3-4 所示)。当后、前视距离相等时,大气折光的影响是 $\Delta_A \approx \Delta_B$,所以大气折光的影响可以相互抵消。

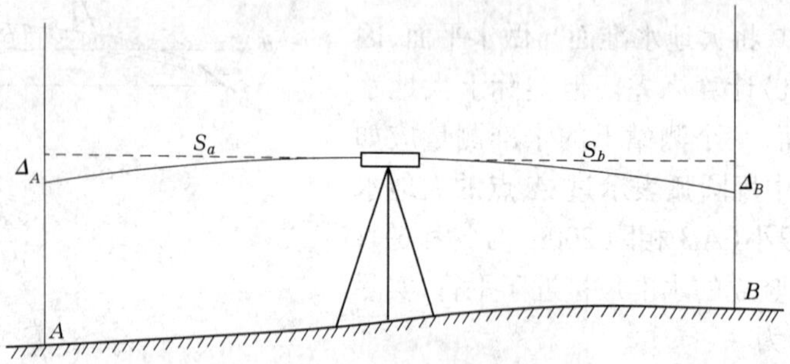

图 3-4 大气折光的影响

第二节 水准测量的仪器及工具

水准测量所用的仪器称为水准仪,所用工具有标尺、尺垫。

1 DS_3 水准仪的构造

水准仪按精度不同,分为 DS_{05}、DS_1、DS_3、DS_{10} 等几个级别。其中:DS_{05}、DS_1 级水准仪

为精密水准仪，主要用于高等级水准测量；DS_3、DS_{10}级水准仪为普通水准仪，主要用于一般工程测量和地形测量。“D”和“S”分别为“大地测量”和“水准仪”的汉语拼音第一个字母，下标是该类仪器进行水准测量时，每公里往返测高差中数偶然中误差。例如 DS_3 中的 3 代表这一类仪器每公里往返测高差中数偶然中误差≤±3mm。

水准仪主要由望远镜、水准器及基座三部分组成，图 3-5 为普通的 DS_3 水准仪的外形和各部件名称。

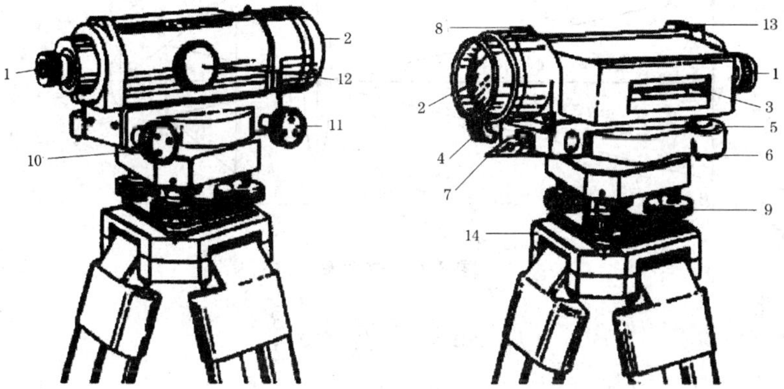

1—目镜；2—物镜；3—水准管；4，11—微动螺旋；5—圆水准器；
6—圆水准器校正螺丝；7—制动扳钮；8—准星；9—脚螺旋；
10—微倾螺旋；12—对光螺旋；13—缺口；14—三脚架

图 3-5　DS_3 水准仪

望远镜由物镜、目镜、调焦透镜和十字丝分划板组成。

物镜：采用复合透镜组，其作用是将远处的目标在十字丝附近形成缩小而明亮的实像。

目镜：其作用是将物镜所成的实像与十字丝一起放大成虚像。

调焦透镜：安装在物镜与十字丝分划板之间的凹透镜，它与物镜组成了复合透镜，当旋转调焦螺旋，前后移动凹透镜时，可以改变等效焦距，从而使目标的影像落在十字丝分划板平面上。再通过目镜的作用，就可以清晰地看到放大的十字丝和目标影像。

十字丝分划板：是一块圆形并刻有分划线的平板玻璃，互相垂直的两条长丝称为十字丝，其中横丝是用于测高差的，而上下两条短丝称为视距丝，用于测量距离。

通常简称中间的横丝为中丝，上、下视距丝为上丝和下丝。

视准轴：望远镜的物镜光心与十字丝中心的连线，称为视准轴，又称照准轴。延长视准轴并使之水平，即得水平视线。

2　望远镜的性能

2.1　放大倍率

望远镜的放大倍率(v)，是从望远镜内所看到的物体的视角 β 与未通过望远镜直接观察物体的视角 α 之比。

$$v = \frac{\beta}{\alpha} \tag{3-6}$$

如图 3-6 所示，由于望远镜镜筒的长度相对于望远镜与物体的距离而言是很短的，所以眼睛在目镜处看物体与在物镜处看物体的两处视角可以认为是相等的，即物镜处的 α 为没有通过望远镜直接看到物体的视角。当物体位于无限远时，物体的实像正位于物镜的焦点上。

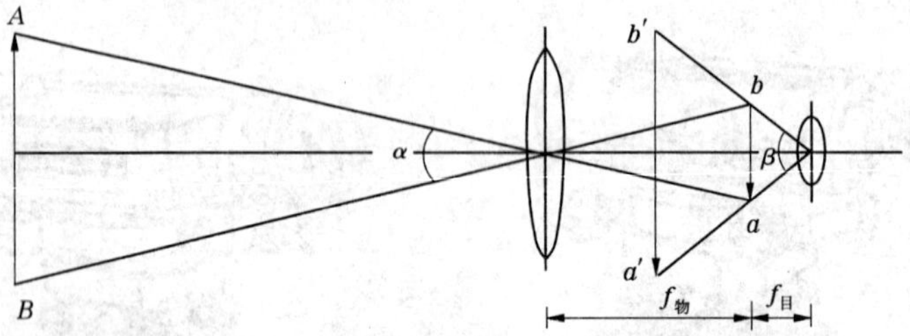

图 3-6　放大率

所以有

$$f_{物} \tan\frac{\alpha}{2} = f_{目} \tan\frac{\beta}{2}$$

由于视角很小，$\tan\frac{\alpha}{2} \approx \frac{\alpha}{2}$，$\tan\frac{\beta}{2} \approx \frac{\beta}{2}$。

将上述结论代入式(3-6)得

$$v = \frac{f_{物}}{f_{目}} \tag{3-7}$$

由此可见，为了要得到较大的望远镜放大率，必须尽可能用长焦距的物镜与短焦距的目镜。但由于内调焦望远镜的 $f_{物}$ 是一个等效焦距，由式(3-7)可知是一个可变量，通常以物体在无限远处的放大率作为内调焦望远镜的放大率。

2.2　视场

望远镜静止不动时，通过望远镜所能看到的空间，称为视场，视场是一个圆锥体。常用圆锥体的顶角 ε 来表示视场的大小。

$$\varepsilon \approx \frac{2\,000}{v} \tag{3-8}$$

可见，望远镜的视场与放大率成反比，而与物镜的孔径无关。望远镜的放大率愈大，则愈能看清远处的目标，但视场则愈小，因而寻找目标愈不容易。因此，望远镜的放大率应与仪器的使用目的相适应。

2.3　分辨率

图 3-7 中，A、B 为两个发光点，光线经过光学系统之后，它们的像 a、b 也为两个点。若 A、B 渐渐靠近，则 a、b 也渐渐靠近。当 A、B 靠近至某一距离时，将无法分辨 a、b 为两个点子，此时的 θ 角称为光学系统的分辨率。由光学理论知：

$$\theta = \frac{140''}{D} \tag{3-9}$$

此 θ 角经目镜放大之后应与人眼的最小分辨率(60″)相适应。若有一望远镜物镜的

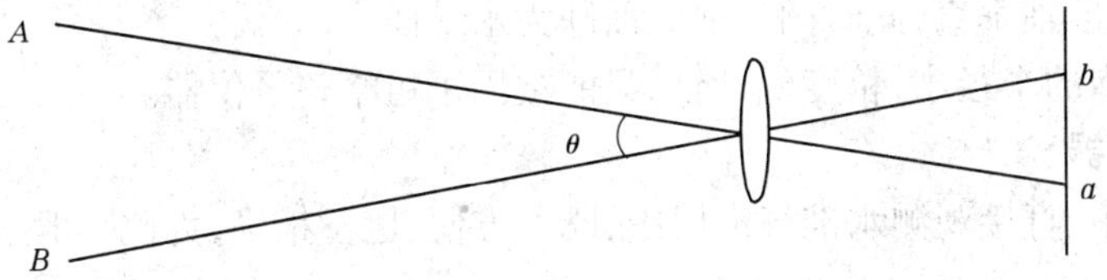

图 3-7 分辨率

有效孔径为 50mm，算得 $\theta=2.8''$，即此时图 3-7 中 A、B 两点的像已不能明显地分离为 a、b 两个点了。此像经目镜放大 40 倍后，对人眼构成 112″的角度，它远远大于 60″，但是人眼仍不能清楚地分辨出 A、B 两点，得到的像只能是一个较大而模糊的斑点。相反，如果日镜的放大倍数过小，那么，本来可以分辨的两点，因人眼分辨率的限制而不能分辨。因此，在制造望远镜时，既要注意放大率，又要注意分辨率两个方面。

2.4 视差

有时会出现这种情况，当望远镜瞄准目标后，眼睛在目镜处上下、左右作少量的移动，发现十字丝和目标有着相对运动，这种现象称为视差。

产生视差的原因是目标通过物镜之后的像没有与十字丝分划板重合，即十字丝分划板没有调清楚。消除视差的方法，首先将望远镜对向明亮的背景，转动目镜进行调焦，使十字丝的分划线能看得十分清楚。

3 水准器

水准器是能够标出水平线(面)和铅垂线(面)的一种设备。它是利用液体受重力作用后气泡居最高处的特性，使水准器的一条特定的直线位于水平或铅垂位置的装置。

3.1 管水准器(水准器)

管水准器的管子用玻璃制成，如图 3-8 所示，其纵向剖面的内表面为具有一定半径的圆弧。精密管水准器的圆弧半径一般为 80～100m，最精确的可达到 200m。管内注入质轻易流的液体，并留有一个充满液体蒸气的空间，即水准气泡。

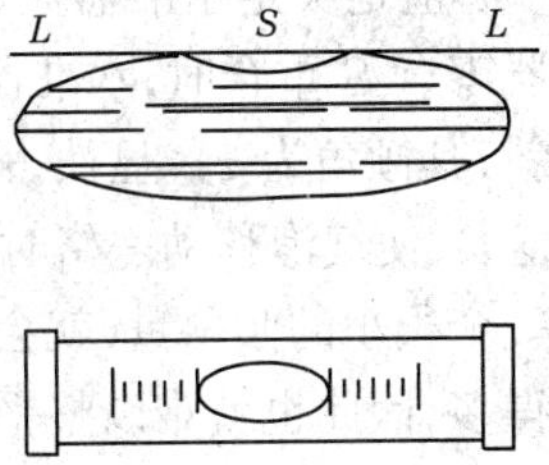

图 3-8 管水准器

在水准管上刻有 20mm 宽的分划线，分划线以中间的 S 点为对称。S 点称为水准管的零点，零点附近无分划，零点与圆弧相切的切线 LL 称为水准管的水准轴。根据气泡在管内占有最高位置的特性，当气泡中点位于零点位置时气泡居中，此时水准轴与水平轴平行。气泡中点的精确位置依气泡两端相对称的分划线位置确定。

3.2 圆水准器

圆水准器玻璃盒上表面的内面为球面，其半径为 0.2～2m。连接水准器中心点与球心的直线叫做圆盒水准器轴，如图 3-9中的 OC。当圆水准气泡中心与水准器中心点重合时，则圆水准器轴就处于铅垂位置。

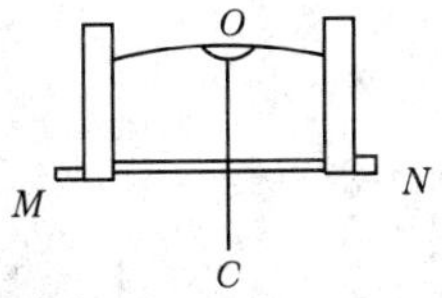

图 3-9 圆水准器

在结构上，圆水准器轴与圆水准器底面是正交的。所以，当气泡居中时，水准轴垂直，此时圆气泡底面即为水平面。

由于圆气泡的半径小，精度低，所以只能被用于粗略整平仪器。

3.3 符合水准器

水准测量中，直接观测水准气泡居中，既不方便、也不精确，为此一般采用符合水准器装置。

符合水准器就是在管水准气泡的上方装设一组棱镜，如图 3-10 所示，通过棱镜系统的连续折光作用，把管水准器气泡两端各一半的影像，传递到望远镜目镜旁的显微镜内，使观测者很方便就能看到管水准气泡两端的符合影像。由于气泡两端影像的偏移是实际偏移值的 2 倍，从而也提高了居中精度。若呈现图中所示情况，则表示气泡尚未居中。

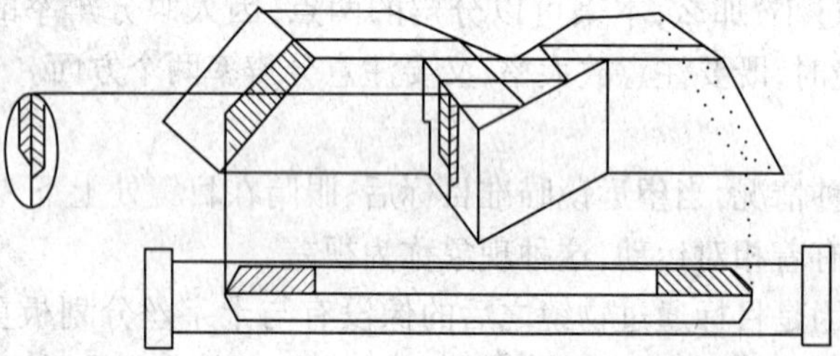

图 3-10 符合水准器

3.4 分划值及灵敏度

用水准器将直线或平面整置到水平位置所能达到的精度，叫做水准器的灵敏度。

水准器上相邻两分划线间的圆弧(2mm)所对应的圆心角，称为分划值，用 τ 表示。

τ 的大小与圆弧的半径成反比

$$\tau = \frac{2}{R(\mathrm{mm})} \times \rho'' \tag{3-10}$$

τ 值是决定水准器灵敏度的一个很重要因素，如图 3-11 所示，当水准气泡中心与水准器零点 S 重合时，水准器轴 LL 处于水平位置。当气泡偏移一格，则水准轴随之产生倾斜，其倾角为 τ。显然，τ 值越小，则使气泡移动一格时，水准轴倾斜的角度越小；反之，τ 越大，使气泡移动一格时，水准轴倾斜的角度越大。这就意味着当 τ 值很小时，水准轴有一个很小的倾斜量，就会使水准气泡产生一个很大的位移量，当然使气泡居中的难度就大得多，因此也就难以整平。

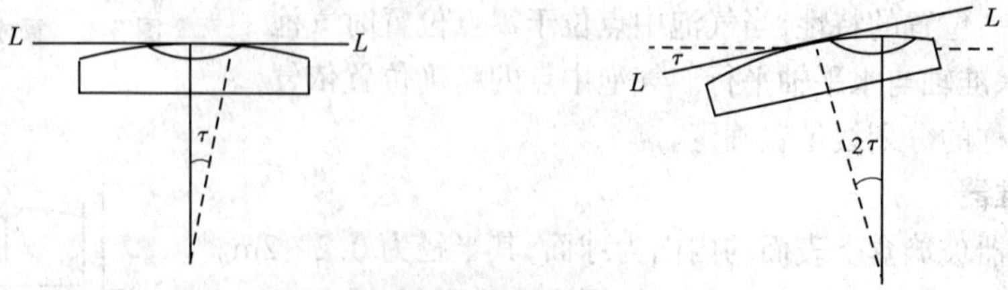

图 3-11 分划值及灵敏度

τ 值是水准器灵敏度的一个很重要的因素，τ 值小，灵敏度高，τ 值大，灵敏度低。因此，圆气泡的半径小，τ 值小，精度低，只能作为粗略整平之用。

当然,气泡的灵敏度不仅决定于 τ 值,还有一些因素也影响着水准器的灵敏度,如水准器内壁的研磨质量、管内液体的性质、气泡的长度及气温,等等,都会影响气泡移动的灵敏度。

4 水准标尺和尺垫

水准标尺的型式很多,有折尺、塔尺、直尺。其中折尺和塔尺都可以缩短,便于运输,但由于两种尺子经过长期使用后,连接处磨损较大,尺长发生变化,难以满足精度要求。

直尺长 3m、厚 2cm,用变形小的木质做成。为了避免尺子弯曲变形,尺子的两侧镶以木条,做成“I”字形。尺面每厘米涂有黑白或红白相间的分划;每分米注记一个米和分米的两位数字。为倒像望远镜读数方便,有的标尺字体为倒写,且字头与该分划线齐平。尺子的黑面(主尺)的底部起始数是“0”,尺子的红面(辅尺)的底部不是零,而是 4 687mm 或 4 787mm。也就是说,对于同一水平视线而言,红面读数要比黑面读数多 4 687mm (4 787mm),标尺红面底部第一格的长度不是 10mm,而是 13mm,底部注记第一个数字分别为 47 和 48。黑、红面之间存在尺常数的目的是易于发现读数错误,避免作假。

尺垫:主要用于水准测量的转点,相当于一个平台。测量中应将尺垫踩稳,将标尺直立在尺垫中央突起的半圆顶处。

第三节 水准仪的使用

1 安置水准仪

张开三角架,调节其长度,使架头大致水平,压紧脚架,将仪器从箱中取出,放在脚架上,并把连接螺旋拧紧。

2 粗平

先将三个脚螺旋的高度调成一样,并处于适中的位置,然后用右手前后左右移动脚架的一条腿,使圆气泡大致居中,旋转脚螺旋,使气泡居中。旋转脚螺旋的方法:先观察气泡位置,如图 3-12 所示,左手旋转脚螺旋 A,让气泡左右移动,右手食指旋转脚螺旋 B,右手大拇指旋转脚螺旋 C,右手大拇指和食指同时相对旋转,让气泡前后移动。两手大拇指的旋转方向就是气泡要移动的方向。

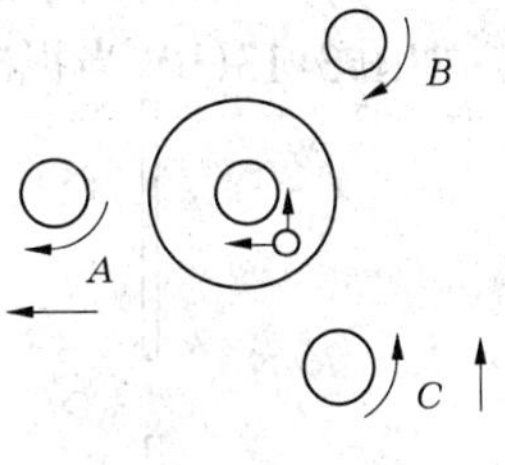

图 3-12 圆气泡的整平

3 精平

读数之前,应用微倾螺旋调整管水准气泡居中,使视线精确水平。由于气泡的移动有惯性,所以转动微倾螺旋的速度不能快,特别在符合水准器的两端气泡影像将要对齐的时候更要注意,只有当气泡已经稳定不动并完全符合时候才达到精平的目的。

4　读数

(1)转动目镜调焦螺旋,使十字丝清晰。

(2)转动仪器,用仪器的粗瞄器瞄准标尺,拧紧制动螺旋。

(3)转动物镜调焦螺旋,使水准尺分划清晰,再旋转水平微动螺旋,使十字丝的竖丝贴近水准尺的边缘。

(4)转动微倾螺旋,使符合水准器气泡影像严格符合,即精平。

(5)先估读毫米数,然后将米、分米、厘米共四位数一起读出,以毫米为单位,如1 345、0 028、1 500。

精平与读数是两个不同的操作步骤,但在水准测量中,两者是紧密相连的,只有精平后才能读数,读数后应及时检查精平。只有这样才能准确地读得视准轴水平时的尺上读数。

第四节　自动安平水准仪

前面介绍了普通 DS_3 水准仪的使用,在读数之前必须使管水准器严格居中来获取水平视线。然而影响气泡移动的因素很多,如光照、温度、压力,等等。所以要整平符合气泡既要花费较大的精力,又会因观测时间过长极易疲劳而影响观测精度和速度。

从20世纪40年代开始,人们就着手研究自动获得水平视线的手段,从而产生了自动安平水准仪。在操作的时候,只须整平圆气泡就可以读数,大大提高了观测的速度。

目前,自动安平水准仪的种类很多,但原理大体相同,都是在水准仪望远镜的光学系统中,装置可利用地球重力作用进行补偿,进而改变光路,即使视准轴微倾时,在十字丝中心仍能接收到水平视线,满足水准测量要求。

如图3-13(a),当水准仪的视准轴水平时,可以获得正确读数 Z。

如图3-13(b),当视准轴不水平,还存在一个微小的倾斜时,过物镜中心的水平光线

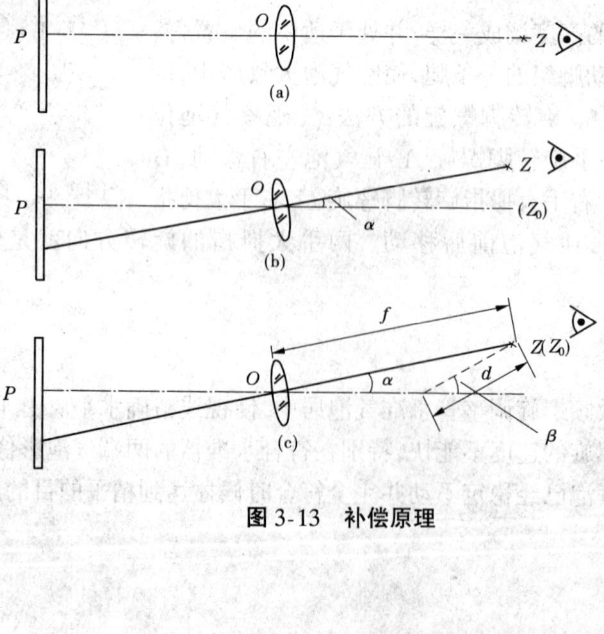

图3-13　补偿原理

就不可能到达十字丝的中心,因而无法获得正确的读数 Z_0,只能读到一个不正确的读数 Z(此时的实际读数比正确读数小)。

如图 3-13(c),若在镜筒中心安置一个补偿器,使水平光线偏转一个 β 角,从而恰好通过十字丝中心,由于 α、β 都很小,则有关系式 $\beta \cdot d = \alpha \cdot f$,即:$K = \beta/\alpha = f/d$,此式即为自动安平水准的实质。当 K 不变时,α 增大,β 则相应增大,从而达到自动安平的目的,此类补偿器叫做光学补偿器。

值得注意的是,补偿器只能在一定的范围内($\pm 5''$)起作用。

第五节　数字水准仪

数字水准仪与普通水准仪和自动安平水准仪不同,它在望远镜中装置了一个由光敏二极管构成的行阵探测器。水准尺的分划用二进制代码分划代替厘米间隔的米制长度分划。行阵探测器将水准尺上的代码图像用电信号传送到信息处理机,信息经处理后即可求得水平视线的水准尺数值和视距值。因此,数字水准仪将原有的由人眼观测读数彻底改变为由光电设备自行探测水平视准轴的水准尺数值。由于行阵探测器的信号直接用电缆向计算设备传输,所以数字水准仪使水准测量作业向自动化方向前进了一大步。下面以 Wild NA2000 数字水准仪为例对它的一般结构和工作原理作一介绍。

1　光学和机械部件

图 3 14 为光学和主要部件的结构略图。图中的部件较自动安平水准仪多了调焦发送器、补偿器监视、分光镜和行阵探测器 4 个部件。可见 NA2000 亦可作为一般的自动安平水准仪使用。

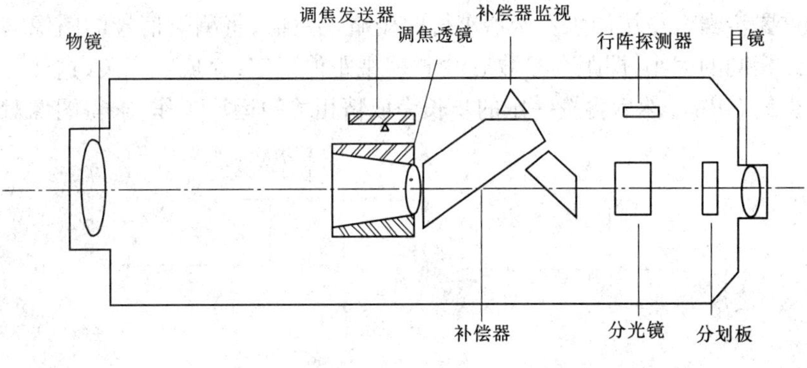

图 3-14　NA2000 数字水准仪示意图

调焦发送器的作用是测定调焦透镜的位置,由此计算仪器至水准尺的概略视距值。补偿监视的作用是监视补偿器在测量时的功能是否正常。分光镜则是将经由物镜进入望远镜的光分离成红外光和可见光两个部分。红外光传送给行阵探测器作为标尺图像探测的光源,可见光则穿过十字丝分划板经目镜供观测员观测水准尺。行阵探测器是仪器的核心部件之一,长约 6.5mm,由 256 个光敏二极管组成。每个光敏二极管的口径为 25μm,构成图像的一个像素。这样水准尺上进入望远镜的代码图像将被分成 256 个像素,并以模拟的视频信号输出。NA2000 仪器至水准尺距离的工作范围为 1.8～100m。

2 水准尺

与 NA2000 配套的水准尺由膨胀系数小于 10×10^{-6} 的玻璃纤维合成材料制成。尺子由三节 1.35m 的短尺插接使用。尺子的分划一面为二进制代码,其外形类似一般的商品上使用的条形码,用于数字测量。另一面为长度单位的分划线,用于常规测量。

3 处理图像信号的原理

由于行阵探测器获得的水准尺上的代码图像信号(测量信号),是通过与仪器内预置的“已知的”信号(参考信号)相比较来获得水平视准轴在水准尺上的数值。两种信号相比较的理论基础是信号相关。图 3-15 表示了由参数 d 确定的两个信号 $A(d)$ 和 $B(d)$ 相关运算的原理。图中(a)为测量信号 $A(d)$,(b)为参考信号 $B(d)$,若两个信号的参数 d 不相同,则乘积 $A(d)\times B(d)=0$,两者不相关。改变 $A(d)$ 的 d 一个 Δd,使 $d+\Delta d$ 与 d_0 相接近,此时 $A(d+\Delta d)\times B(d_0)$ 的信号如图(d)所示。将 $A(d+\Delta d)\times B(d_0)$ 求积分得图(e)图形,图中 $P(\Delta d)$ 最大峰值对应的 Δd 即为 $A(d)$ 和 $B(d)$ 有最大相关的位置。对于 NA2000 仪器而言。必须有测量信号与参考信号在图形大小上一致,即应有相同的“比例”这个参数。此外,测量信号和参考信号在视线高度上也应一致,即还应有“视线高”这个参数。前者与仪器到水准尺的距离(参数 d)有关,后者为水平视线在水准尺上的数值(参数 h)。因此,这是一个二维(d 和 h)的离散相关运算,距离可在 1.8～100m 之间变化,视线高在 0～4.05m 之间变化。在这样一个大范围内搜索最大相关值大约要计算 50 000个相关系数,较为费时。NA2000 采用了粗相关和精相关两个运算阶段来完成此项工作。由于仪器距水准尺的远近不同时,水准尺图像在视场中的大小也不相同,因此粗相关的一个重要步骤就是用调焦发送器求得的概略视距值,将测量信号的图像缩放到与参考信号大致相同的大小,即距离参数 d 由概略视距值确定,完成粗相关,这样可使相关运算次数减少约 80%。然后再按一定的步长完成精相关的运算工作,求得图像对比的最大

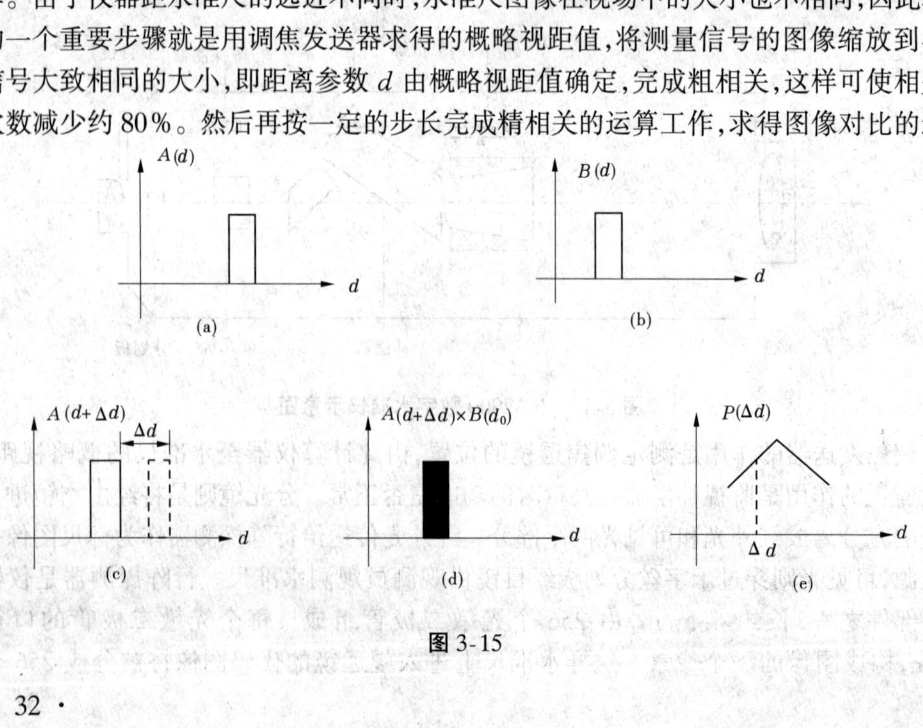

图 3-15

相关值 h_0，即水平视准轴在水准尺上的数值。同时也求得精确的距离 d_0。

第六节 三、四等水准测量

1 水准路线的布设形式

水准路线的布设形式分为单一水准路线和水准网两大类。单一水准路线包括附合水准路线、闭合水准路线和支水准路线；水准网包括附合水准网、独立水准网。

水准路线以起止地名的简称定为线名，起止地名的顺序为“起西止东”或“起北止南”，环线名称，取环线内最大的地名后加“环”字命名。三、四等水准路线的等级，各以Ⅲ、Ⅳ书写于线名之前表示。水准支线以其所测高程点名称后加“支”字命名。

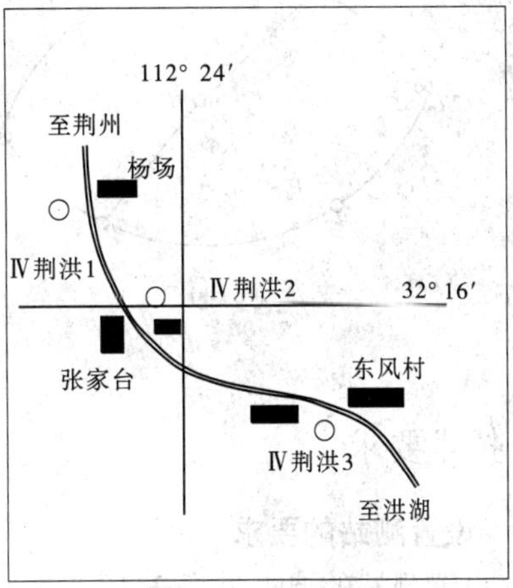

图 3-16 水准路线图

路线上的水准点，应自该线的起始水准点起，以数字 1、2、3……顺序编定点号。在水准簿的第二页画上水准路线图，如图 3-16 所示。

1.1 附合水准路线

从一个已知高程的水准点 A 起，沿一条路线进行水准测量，以测定另外一些水准点（P_1、P_2、P_3）的高程，最后联测到另一个已知高程的水准点 B（见图 3-17(a)），称为附合水准路线。

1.2 闭合水准路线

从一个已知高程的水准点 A 出发，沿一条路线进行水准测量，测定沿线若干水准点（P_1、P_2、P_3）的高程，最后又回到该已知水准点上（如图 3-17(b)），称为闭合水准路线。

1.3 支水准路线

从一个已知高程的水准点 A 出发，沿一条路线进行水准测量，测定沿线若干水准点（P_1、P_2、P_3）的高程，最后既不联测到另一已知点上去，也不回到该已知点上（如图 3-17(c)），则这种水准路线称为支水准路线。由于支水准路线没有检核条件，因此必须往返测量。当支线长度在 20km 以内时，按四等水准测量精度施测；支线长度在 20km 以上时，按三等水准测量精度施测。

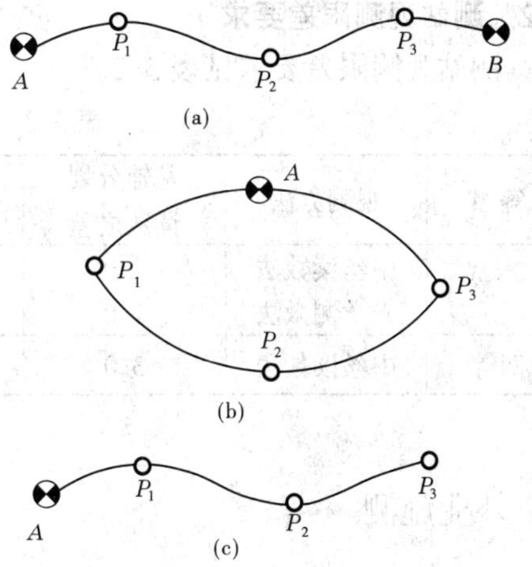

图 3-17 水准路线的布设形式

1.4 附合水准网

若干条单一水准路线相互连接构成的形状，称为水准网。相互连接的点称为结点。

有两个以上已知高程水准点的水准网，如图 3-18(a)，称为附合水准网。

1.5　独立水准网

最多只有一个已知高程水准点的水准网，如图 3-18(b)，称为独立水准网。

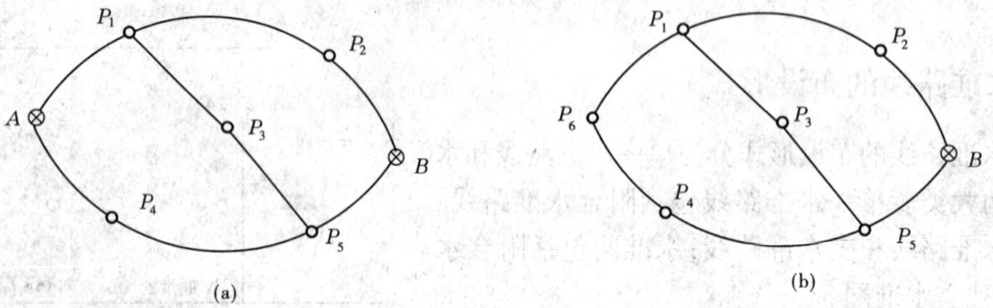

图 3-18　水准网

2　技术要求

2.1　设置测站的要求

设置测站的要求见表 3-1。

表 3-1　设置测站的要求　　（单位：m）

等级	类型	视线长度	前后视距差	视距累积差	视线高度
三等	DS_3 DS_1、DS_{05}	≤75 ≤100	2.0	5.0	三丝能读数
四等	DS_3 DS_1、DS_{05}	≤100 ≤150	3.0	10.0	三丝能读数

2.2　测站观测限差要求

测站观测限差要求见表 3-2。

表 3-2　测站观测限差要求　　（单位：mm）

等级	观测方法	基辅分划读数之差	基辅分划所测高差之差	单程双转点法观测时左右路线转点差	检测间歇点高差之差
三等	中丝读数法	2.0	3.0	—	3.0
	光学测微法	1.0	1.5	1.5	
四等	中丝读数法	3.0	5.0	4.0	5.0

3　外业施测

三等水准测量采用中丝读数法进行往返测。当使用有光学测微器的水准仪和线条式铟瓦水准尺观测时，也可以进行单程双转点观测。

四等水准测量采用中丝读数法进行单程观测。

3.1　三等水准测量的观测顺序为：后—前—前—后

(1)水准仪照准后视标尺的黑面、粗平，读取上、下丝，记入表 3-3 的(1)(2)栏。

表 3-3　三、四等水准测量观测手簿

测自　　　　　　至　　　　　　　　　　　　　　　　　年　　月　　日

开始时刻　　　　时　　　　分　　　　　　　　　　　　天气:晴

结束时刻　　　　时　　　　分　　　　　　　　　　　　呈像:清晰

测站编号	后尺 下丝	前尺 下丝	方向及尺号	标尺读数		K + 黑 − 红	高差中数	备注
	后尺 上丝	前尺 上丝						
	后距	前距		黑面	红面			
	视距差 d	$\sum d$						
	(1)	(5)	后	(3)	(8)	(10)		
	(2)	(6)	前	(4)	(7)	(9)		
	(12)	(13)	后 − 前	(16)	(17)	(11)	(18)	
	(14)	(15)						
1	1 571	0 739	后	1 384	6 171	0		
	1 197	0 363	前	0 551	5 239	−1		
	37.4	37.6	后 − 前	0 833	0 932	+1	0 832.5	
	−0.2	−0.2						
2	2 121	2 196	后	1 934	6 621	0		
	1 747	1 821	前	2 008	6 796	−1		
	37.4	37.5	后 − 前	−0 074	−0 175	+1	−0 075.4	
	−0.1	−0.3						
3	1 915	2 055	后	1 726	6 513	0		
	1 539	1 678	前	1 868	6 554	−1		
	37.5	37.7	后 − 前	−0 142	−0 041	+1	−0 141.5	
	−0.2	−0.5						
4	1 965	2 141	后	1 832	6 519	0		
	1 700	1 874	前	2 007	6 793	+1		
	26.5	26.7	后 − 前	−0 175	−0 274	−1	−0 174.5	
	−0.2	−0.7						
5	1 540	2 813	后	1 304	6 091	0		
	1 069	2 357	前	2 585	7 272	0		
	47.1	45.6	后 − 前	−1 281	−1 181	0	−1 281	
	+1.5	+0.8						
6			后					
			前					
			后 − 前					
∑			后					
			前					
			后 − 前					

注:手簿最后一格中的每一栏用来统计前面 7 格中的对应栏数据之和。

(2)旋转倾斜螺旋，使符合气泡严格居中，稳定后读取中丝读数，记入表3-3的(3)栏。

(3)转动望远镜，照准前视标尺的黑面，确认符合气泡居中后，读取前视黑面中丝读数，记入表3-3的(4)栏。

(4)读取前视黑面上、下丝读数，分别记入表3-3的(5)、(6)栏。

(5)转动标尺，照准前视标尺的红面，读取红面中丝读数，记入表3-3的(7)栏。

(6)转动望远镜，照准后视标尺的红面，确认符合气泡居中后，读取红面中丝读数，记入表3-3的(8)栏。

3.2 四等水准测量的观测顺序为：后—后—前—前

(1)水准仪照准后视标尺的黑面、粗平，读取上、下丝，记入表3-3的(1)(2)栏；也可以不读上、下丝，直接读视距，记入表3-3的(12)栏。

(2)转动倾斜螺旋，使符合气泡严格居中，稳定后读取中丝读数，记入表3-3的(3)栏。

(3)后视标尺转为红面，确认符合气泡居中，读取红面中丝读数，记入表3-3的(8)栏。

(4)转动望远镜，照准前视标尺，依上述1、2、3步骤读取前视黑面上、下丝，前视黑面中丝读数和红面中丝读数，分别记入表格的(5)、(6)、(4)、(7)栏。

对于采用单程双转点法观测时，在每一转点处，安置左右相距0.5m的两个尺台，相应于左右两条水准路线。每一测站按规定的观测方法和操作程序，首先完成右路线的观测，而后进行左路线的观测。

3.3 间歇与检测

工作间歇时，最好能在水准点上结束观测。否则，应选择两个坚稳可靠、光滑突出、便于放置标尺的固定点，作为间歇点。间歇后，应进行检测，检测结果符合限差要求即可起测。如无固定点可选择，测间歇前最后两测站的转点处打入带帽钉的木桩作间歇点。间歇后进行检测，比较任意两转点间歇前后所测高差，若符合限差要求，即可由此起测。否则，须从前一水准点起测。检测高差不予采用。

3.4 读数位数

读数位数见表3-4。

表3-4

等级	中丝读数法		光学测微法	
	视距丝	中丝	视距丝	中丝
三等	1	1	1	0.1
四等	1	1	1	1

4 测站上的计算及检核

依据三、四等水准测量的测站观测要求，记录者应迅速地进行以下计算和检核。

4.1 前后视距差及视距累积差的计算及检核

(1)后视距离：(12)=(1)-(2)=后视下丝-上丝

(2)前视距离：(13)=(5)-(6)=前视下丝-上丝

(3)视距差：(14)=(12)-(13)=后视距离-前视距离

(4)视距累积差：(15)＝本站的(14)＋前站的(15)

4.2 高差计算及检核

(1)红、黑面读数之差：

(9)＝(4)＋K－(7)＝前视黑面中丝＋K－红面中丝

(10)＝(3)＋K－(8)＝后视黑面中丝＋K－红面中丝

顾及到 K 值参与计算时，影响计算速度，所以对(9)和(10)的计算作如下的规定：

(9)＝(4)的后两位尾数－[(7)的后两位尾数＋13]

(14)＝(3)的后两位尾数－[(8)的后两位尾数＋13]

例如：51－[39＋13]＝－1，84－[71＋13]＝0。

(2)红、黑面高差：

(16)＝(3)－(4)＝后视黑面中丝－前视黑面中丝

(17)＝(8)－(7)＝后视红面中丝－前视红面中丝

(3)红、黑面高差之差：(11)＝(10)－(9)

(4)高差中数：(18)＝[(16)＋(17)±100]/2

注意：高差中数取位到0.1mm。

只有当记录者经过以上计算，并且确认各项指标合格之后，方可通知观测者和立尺员移到下一站进行观测。切记，只有仪器移动，后尺尺垫才能动。

5 观测中应遵守的事项

(1)观测时须用测伞遮蔽阳光。

(2)在连续各站上安置水准仪的三脚架时，应使其中两脚与水准路线的方向平行，第三脚轮换置于路线的左、右侧。

(3)除路线转弯处外，每一站上仪器和前、后尺的三个位置，尽量接近一条直线。

(4)同一测站上观测时，一般不得两次调焦。

(5)每一测段的往测与返测，其测站数均应为偶数，由往测转为返测时，两只标尺须互换位置，并应重新整置仪器。

6 水准测量的内业计算

当水准测量的外业结束之后，应计算水准路线上各待定点的高程。开始计算之前，必须认真地、全面地对外业观测手簿进行200%的检查。确认无误后，相关责任人签上名字，方可进行计算。

6.1 计算工作的数值取位

数值取位参见表3-5。

表3-5 计算工作的数值取位

等级	往返测距离总和(km)	测段距离中数(km)	各测站高差(mm)	往返测高差总和(mm)	测段高差中数(mm)	高程(mm)
三	0.01	0.1	0.1	0.1	1	1
四	0.01	0.1	0.1	0.1	1	1

6.2 求各待定点间的距离和高差

如图 3-19 所示，先绘一条水准路线的略图，然后把已知点高程和各待定点间的距离及高差分别标示在略图上，并将相应的数据填写在高程配赋表中，见表 3-6。

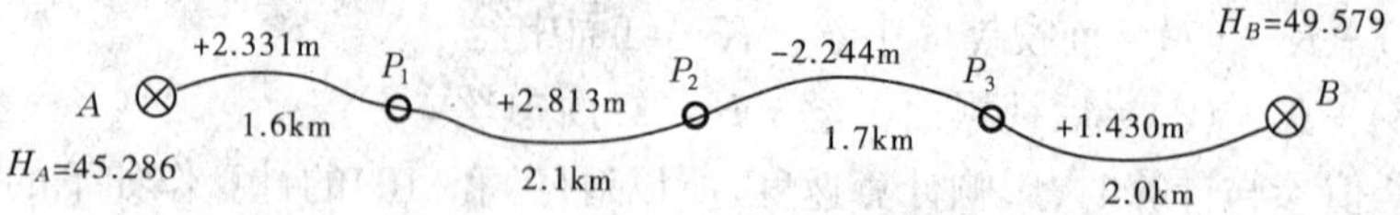

图 3-19　附合水准路线的内业计算

表 3-6　高程误差配赋表

计算者：　　　　　　　检查者：

点名	距离	平均高差	改正数	改正后高差	点之高程(m)	备注
A	km	m	mm	m	45.286	已知高程
	1.6	+2.331	−8	+2.323		
1	2.1	+2.813	−11	+2.802	47.609	
2	1.7	−2.244	−8	−2.252	50.411	
3	2.0	+1.430	−10	+1.420	48.159	
B					49.579	已知高程

注：表格中的高差和高程必须以米为单位。

6.3 求水准路线的闭合差和容许闭合差

闭合差：就是高差观测值与理论值之间的不符值，用 f 表示。

$$f = \sum h_{观测值} - h_{理论值} \tag{3-11}$$

(1)闭合水准路线：是从一个已知点出发，又回到这个已知点，所以高差理论值 $h=0$。

$$f = \sum h \tag{3-12}$$

(2)附合水准路线：是从一已知点出发，附合另一个已知点，所以高差理论值：

$$h_{理} = H_B - H_A = 终点高程 - 起点高程$$

代入式(3-11)得

$$\begin{aligned} f &= \sum h_{观测值} - h_{理论值} = \sum h_{观测值} - (H_B - H_A) \\ &= 观测高差之和 - (终点高程 - 起点高程) \end{aligned} \tag{3-13}$$

或者

$$f = 起点高程 + 观测高差之和 - 终点高程$$

(3)支水准路线：因为支水准路线是进行了往返观测，因此不符值是每测段的往测高差与返测高差之和，称为往返测高差的较差。因为考虑了往返测高差理论上大小相等、符号相反，所以在计算较差时是往返测高差之和，而不是往返测高差之差。

$$f = h_{往} + h_{返} \tag{3-14}$$

规范规定三、四等水准测量的往返测高差不符值与环线闭合差的限差如表 3-7 所示，依上述一系列公式求出的水准路线的闭合差(不符值)，若不超限，则成果合格。否则应查明原因，重新观测。

表 3-7　往返测高差不符值与环线闭合差的限差

等级	测段、路线往返测高差不符值	测段、路线的左右路线高差不符值	附合路线或环线闭合差	
			平原	山区
三等	$\pm 12\sqrt{K}$	$\pm 8\sqrt{K}$	$\pm 12\sqrt{L}$	$\pm 15\sqrt{L}$
四等	$\pm 20\sqrt{K}$	$\pm 14\sqrt{K}$	$\pm 20\sqrt{L}$	$\pm 25\sqrt{L}$

注：L 为附合路线（环线）长度，以 km 为单位；K 为路线或测段的长度，以 km 为单位；山区指高程超过 1 000m 或路线中最大高差超过 400m 的地区。

例如：依图 3-19 所示

$$L = 1.6 + 2.1 + 1.7 + 2.0 = 7.4\text{km}$$

$$f_{容} = 20\sqrt{7.5} = 54\text{mm}$$

$$\begin{aligned} f &= \sum h_{测} - h_{理} \\ &= 2.331 + 2.813 - 2.244 + 1.430 - (49.579 - 45.286) \\ &= 0.037\text{m} = 37\text{mm} \end{aligned}$$

$$f < f_{容}$$

说明此观测成果合格。

6.4　计算高差改正数及改正后的高程

由于闭合差主要是由各测站观测误差累积而成。路线越长，测站数越多，则误差积累所形成的闭合差就会越大。所以，可将闭合差按距离（或按测站数）成正比且反号分配到各测段中去，以消除闭合差。各测段所分配的值叫做高差改正数。

各测段高差改正数

$$V_i = \frac{-f_h}{\sum S} \times S_i = -\frac{路线闭合差}{路线总长} \times 相应测段长 \tag{3-15}$$

$$V_i = \frac{-f_h}{\sum n} \times n_i = -\frac{路线闭合差}{测站总数} \times 该测段测站数 \tag{3-16}$$

一般来说，在比较平坦的地区测量时，由于第一测站的距离大致相等，所以可以按式(3-15)计算高差改正数。当地形起伏较大时，则按式(3-16)来计算。

各段改正数之总和应与闭合差数值相等，符号相反。由于在计算的过程中存在 4 舍 5 入，所以可能会出现改正数之和与闭合差数值不相等的现象，有可能多（或少）1mm，这时就必须强制性地改正到某一测段上。

各测段改正后的高差 = 平均高差 + 改正数

各测段改正后的高差总和应与理论值相等。

三、四等水准测量，每公里水准测量的偶然中误差和全中误差见表 3-8。

表 3-8　每公里水准测量的偶然中误差和全中误差

等级	偶然中误差 M_Δ(mm)	全中误差 M_W(mm)
三等	3.0	6.0
四等	5.0	10.0

每公里水准测量偶然中误差 M_Δ 按下式计算：

$$M_\Delta = \pm\sqrt{\frac{1}{4n}\left[\frac{\Delta\Delta}{R}\right]}$$

式中 Δ——测段往返测不符值，mm；

R——测段长度，km；

n——测段数。

每公里水准测量全中误差 M_W 按下式计算：

$$M_W = \pm\sqrt{\frac{1}{N}\left[\frac{WW}{F}\right]}$$

式中 W——经过各项改正后的水准环闭合差，mm；

F——水准环线长，km；

N——水准环数。

第七节 水准仪的检查校正

1 圆水准器的水准轴应平行于仪器的垂直轴

图 3-20 中的 VV 为仪器的旋转轴，LL 为圆水准器的水准轴。

设 VV 和 LL 不平行，存在一个夹角 α，那么当圆水准气泡居中时，水准轴 LL 是竖直的，而旋转轴 VV 是倾斜的，如图 3-20(a)。当仪器旋转 180°时，圆水准器也绕旋转轴转 180°。很显然，水准轴与旋转轴之间存在一个夹角 α。加之旋转轴本身与垂直轴之间的夹角为 α，此时水准轴与垂直轴之间的夹角为 2α。

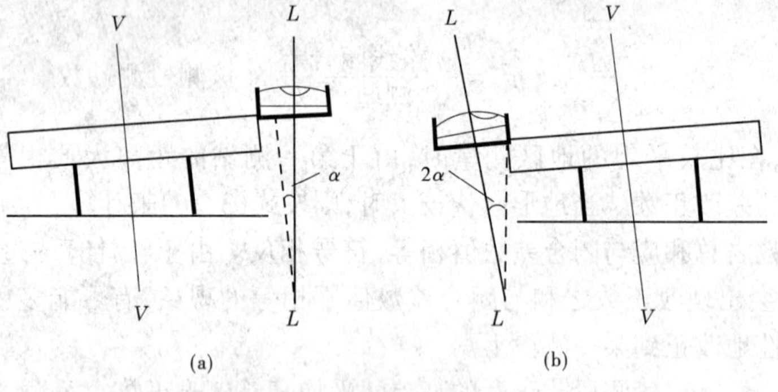

图 3-20 圆气泡的校正

检验与校正方法(对于普通水准仪可借助管气泡校正)：

先将管水准器平行于任意两个脚螺旋，将圆气泡整平，用微倾螺旋将符合气泡符合。然后旋转 180°，若符合气泡不符合，旋转微倾螺旋，使符合气泡移动偏差的一半，再相对旋转与管气泡平行的两个脚螺旋，使符合气泡移动偏差的另一半，即符合气泡符合。

上述调整，由于操作中不可能十分准确地估计气泡偏差的一半，所以需要反复操作，即将仪器旋转 180°，用微倾螺旋和与管气泡平行的两个脚螺旋各让气泡移动一半，使气泡符合。直至仪器旋转 180°前、后气泡仍严格符合。最后将管气泡旋转 90°，旋转第三个脚螺旋，使符合气泡符合，此时表明仪器的旋转轴处于铅垂状态。

完成以上操作之后，再来看圆气泡的偏差情况。若不居中，则需要校正圆气泡底部的三个校正螺丝。

以上是对水准仪有管水准器而言，若是自动安平水准仪，它的校正方法就更直接。即先整平圆气泡，将仪器旋转 180°，若圆气泡不居中，用三个脚螺旋让气泡移动一半，另一半则通过圆气泡旁边的校正螺丝来完成，以上工作也要反复进行。

2　十字丝的横丝应水平

水准测量是用横丝读数的，因此横丝应严格水平，否则当用横丝的不同位置读数时，会有不同的结果，从而影响观测的精度。

检核的方法：由于横丝与竖丝垂直。先整平仪器，在 10～20m 处悬挂一个吊锤。然后观测竖丝是否与吊锤线完全重合。若不重合，则应校正。

校正方法：旋下十字丝校正螺丝的护盖。旋松十字丝环上的校正螺丝。转动十字丝，使竖丝与吊锤线完全重合。拧紧螺丝，盖上护盖。

3　望远镜的视准轴应与管水准器的水准轴平行（i 角的检核）

根据水准测量的原理可知。水准测量是用水准仪所提供的水平视线来测定两点间的高差。而水平视线的获得是靠水准仪的管水准器（对于自动安平水准仪而言是补偿器），也就是说，仪器的视准轴和管水准器的水准轴二者必须平行。当管水准器气泡居中时，水准轴和视准轴都是水平的。当二者不平行，存在一个很小的夹角 i 时，显然，管水准器整平时，视准轴并没有水平，而与水平线有一个很小的夹角 i。

如图 3-21 所示，当视准轴和水准轴间存在一个夹角 i 时，按水准仪的操作方式，将管气泡居中时，正确的读数应为 a。但实际上由于视准轴不水平，此时的读数为 a'，二者之间的差值 $\Delta = a - a'$。

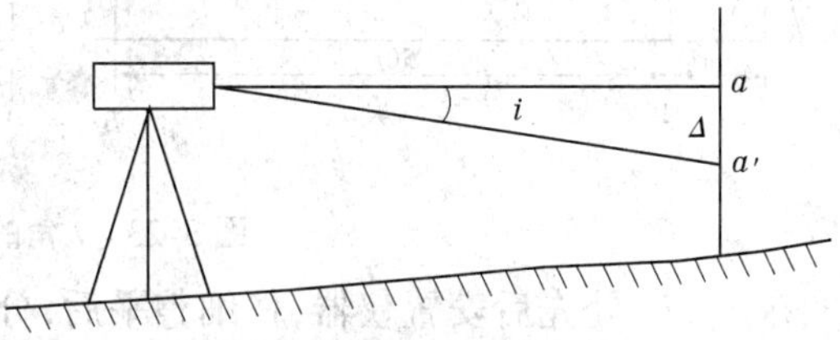

图 3-21　i 角产生的原因

很显然，Δ 不仅与 i 有关，而且与仪器到标尺间的距离 S 有关。当 i 角一定时，S 越大，Δ 越大。这是因为：

$$\Delta = S \cdot \tan i \tag{3-17}$$

由于 i 角很小，所以有 $\tan i \approx i$，则有：

$$\Delta = S \cdot \frac{i}{\rho} \qquad (\rho = 206\,265'') \tag{3-18}$$

那么，i 角对测定两点高差的影响怎么样呢？

如图 3-22 所示，设仪器到前后标尺的水平距离为 S_1、S_2，由式(3-18)可知：

$$\Delta_1 = a - a' = S_1 \cdot i/\rho$$

$$\Delta_2 = b - b' = S_2 \cdot i/\rho$$

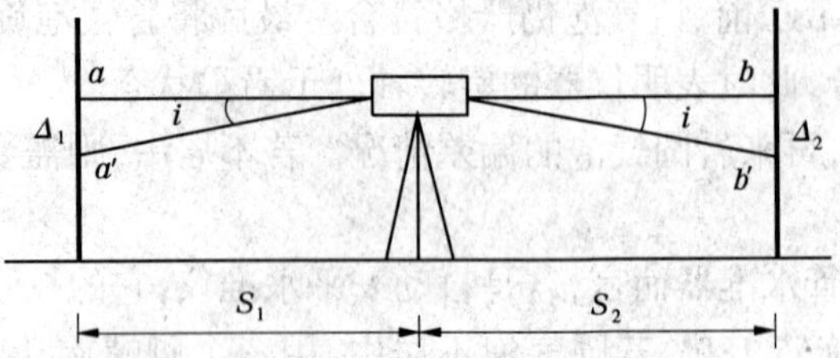

图 3-22　*i* 角对测高差的影响

当　　$S_1 = S_2$

则有　　$\Delta_1 = \Delta_2$

也就是说，当 $S_1 = S_2$ 时，无论 i 角多大，对测定两点间的高差 h_{AB} 的理论值 h 影响可以相互抵消，这是因为：

理论高差　$h_{AB} = a - b$

$= (a' + \Delta_1) - (b' + \Delta_2)$

$= a' - b'$

$= h'_{AB}$（观测高差）

3.1　检核方法一

在平坦的场地上，依次量取一直线 I_1ABI_2，它们的距离分别为 $I_1A = 4 \sim 5\text{m}$、$AB = 40 \sim 50\text{m}$、$BI_2 = 4 \sim 5\text{m}$（见图 3-23）。在 A、B 两点打上木桩（或放置尺垫）。

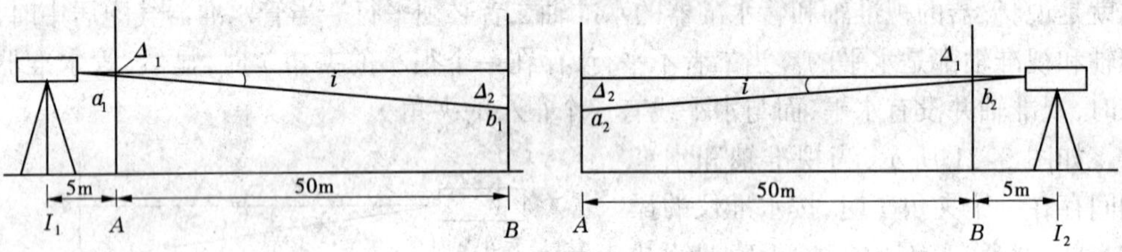

图 3-23　*i* 角的检校(1)

在 I_1、I_2 处先后安置仪器，仔细整平后，分别在 A、B 标尺上各照准基本分划四次。将观测数据及计算数据填于表格 3-9 中。

3.2　计算方法

当 $i = 0$ 时，视准轴水平，在 I_1 处和 I_2 处所测的高差 h_{AB} 相等。

当 $i \neq 0$ 时，视准轴不水平：

仪器在 I_1 处时，读数分别为 a_1、b_1，所得 A、B 两点的高差

$$h_1 = a_1 - b_1$$

仪器在 I_2 处时，读数分别为 a_2、b_2，所得 A、B 两点的高差

$$h_2 = a_2 - b_2$$

显然 $h_1 \neq h_2$。

表 3-9　i 角的检校

仪　器：　　　　　　　　　　标　尺：　　　　　　　　　　日　期：
观测者：　　　　　　　　　　记录者：　　　　　　　　　　检查者：

仪器位置	I_1		I_2	
观测次序	A 尺读数 a_1	B 尺读数 b_1	A 尺读数 a_2	B 尺读数 b_2
1	1 484	1 489	1 510	1 517
2	1 485	1 487	1 511	1 516
3	1 484	1 488	1 510	1 517
4	1 484	1 487	1 512	1 517
中数	1 484.2	1 487.8	1 510.8	1 516.8
高差($a-b$)(mm)	−3.6		−6.0	

顾及到仪器的 i 角不变，那么仪器在 I_1 处时

$$h_{AB}=(a_1-\Delta_1)-(b_1-\Delta_2)=(a_1-b_1)-(\Delta_1-\Delta_2)=h_1-(\Delta_1-\Delta_2)$$

仪器在 I_2 处时

$$h_{AB}=(a_2-\Delta_2)-(b_2-\Delta_1)=(a_2-b_1)+(\Delta_1-\Delta_2)=h_2+(\Delta_1-\Delta_2)$$

所以有

$$h_1-(\Delta_1-\Delta_2)=h_2+(\Delta_1-\Delta_2)$$

$$2(\Delta_1-\Delta_2)=h_1-h_2$$

又因为

$$\Delta=S\cdot\frac{i}{\rho}$$

所以有

$$\Delta_1=\frac{i}{\rho}\cdot S_1\qquad\Delta_2=\frac{i}{\rho}\cdot S_2$$

那么

$$i=\frac{h_1-h_2}{2(S_1-S_2)}\cdot\rho\tag{3-19}$$

对于一般的地形测图而言，可以按上式求 i 角。而对于一些要求较高的工程而言，则按下式计算 i 角：

$$i=\frac{h_1-h_2}{2(S_1-S_2)}\cdot\rho-1.61\times10^{-5}\cdot(S_1+S_2)\tag{3-20}$$

这是因为在式(3-19)的三角函数展开中，我们只取了第一项，所以不够严密。

按式(3-19)或式(3-20)计算结果，当 $i>20''$时，仪器应校正。

3.3　校正方法

在 I_2 处，用倾斜螺旋将望远镜视线对准 A 标尺上应有的正确读数 a'_2。a'_2 按式(3-21)计算：

$$a'_2=a_2-\frac{S_2(h_1-h_2)}{2(S_2-S_1)}\tag{3-21}$$

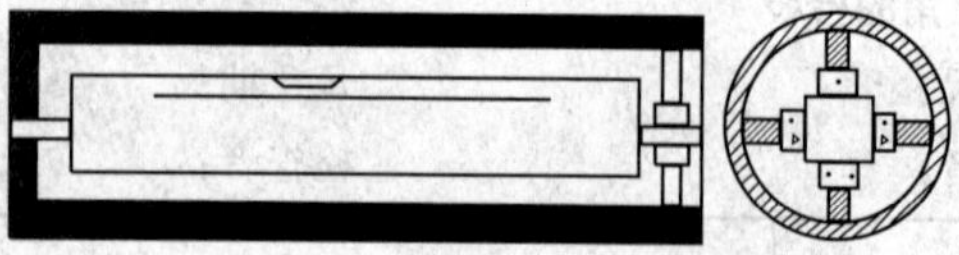

图 3-24　管气泡校正

此时，符合气泡并不符合，那么可以调节如图 3-24 所示的上下两个校正螺丝，使符合气泡符合。

3.4　检校方法二

如图 3-25(a)所示，在平坦的场地上，选择长度 80m 的 A、B 两点，打上木桩(或放置尺垫)，在 A、B 的中间安置仪器($S_1=S_2=40$m)，测出 A、B 两点的高差 h_{AB}。由于此时前后视距相等，所以 i 角对高差的影响相互抵消，测得 AB 两点的高差 h_{AB} 与理论值一致。将观测数据及计算数据填于表 3-10 中。

将仪器移至 AB 延长线上，如图 3-25(b)所示，离开 A 为 3～5m 的地方安置仪器。然后分别读取 A、B 两尺的读数，记在表 3-10 中。

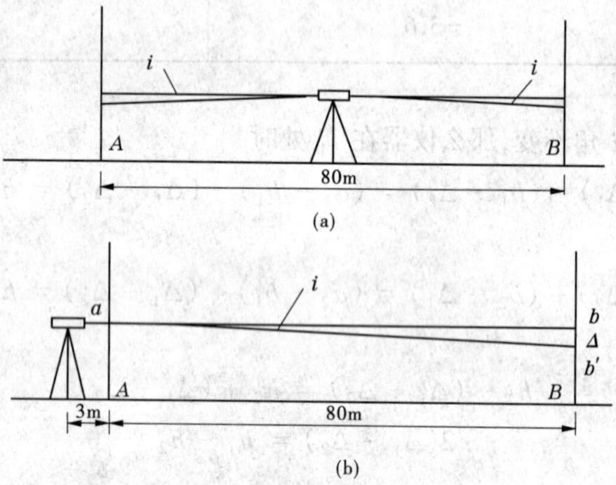

图 3-25　i 角的检校(2)

表 3-10　i 角的检校

仪器位置	中点		A 点附近	
观测次序	A 尺读数 a	B 尺读数 b	A 尺读数 a'	B 尺读数 b'
1	1 484	1 489	1 510	1 517
2	1 485	1 487	1 511	1 516
3	1 484	1 488	1 510	1 517
4	1 484	1 487	1 512	1 517
中数	1 484.2	1 487.8	1 510.8	1 516.8
高差($a-b$)(mm)	−3.6		−6.0	

当 $i=0$ 时，视准轴水平，所得高差与仪器位于中点时所测的高差 h_{AB} 相等。

$$h_{AB}=a'-b'$$

当 $i\neq0$ 时，视准轴不水平，读数分别为 a'、b'，所得高差

$$h'_{AB}=a'-b'$$

显然 $$h_{AB} \neq h'_{AB}$$

$$h'_{AB} - h_{AB} = (a' - b') - (a - b)$$
$$= (a' - a) - (b' - b)$$

当仪器位于 A 点附近时，由于距离很近，依 $\Delta = S_A \cdot i/\rho$ 可知，由于仪器距 A 点很近，i 角对 a 标尺读数的影响可以忽略不计，即 $a = a'$

$$h'_{AB} - h_{AB} = -(b' - b) = -\Delta$$

则有
$$\Delta = h_{AB} - h'_{AB} \tag{3-22}$$

$$i = \Delta \cdot \rho / S \approx 2.5\Delta \tag{3-23}$$

校正方法同上。

第八节　水准测量误差的主要来源

1　仪器误差

1.1　仪器校正后的残余误差

主要是水准管轴与视准轴不平行，虽经校正但仍然残存少量的误差，而且由于望远镜调焦或仪器温度变化都可引起 i 角发生变化，使水准测量产生误差。所以，在观测时，要注意使前、后视距相等，打伞避免仪器受日光暴晒，便可消除或减弱此项误差的影响。

1.2　水准尺误差

由于水准尺刻划不准确，尺长变化、弯曲等因素，会影响水准测量的精度。因此，水准标尺须经过检验才能用。至于标尺的零点不等差，可以在一个测段中采用使测站数为偶数的方法予以消除。

2　观测误差

2.1　水准管气泡居中误差

设水准管分划值为 τ''，居中误差一般为 $\pm 0.1\tau''$，采用符合水准器时，气泡居中精度可以提高 1 倍，故居中误差为

$$m_\tau = \pm \frac{0.15\tau''}{2\rho''} D \tag{3-24}$$

式中　D——水准仪到水准尺的距离。

若 $D = 75\text{m}$，$\tau = 20''$，则 $m_\tau = \pm 0.55\text{mm}$，因此为消除此项误差，每次读数前，应严格使气泡居中。

2.2　读数误差

在水准尺上估读毫米数的误差，与人眼的分辨能力、望远镜的放大倍率以及视线长度有关，通常按下式计算：

$$m_V = \pm \frac{60''}{V} \cdot \frac{D}{\rho''} \tag{3-25}$$

式中　V——望远镜的放大倍率；

60″——人眼的极限分辨能力。

设望远镜的放大倍率 $V=30$ 倍，视线长为 100m，则 $m_V=\pm 1\text{mm}$。

2.3 水准尺倾斜影响

水准尺倾斜将使尺上读数增大，这是因为正确的读数为：$a=a'\cos\gamma$（γ 为倾斜的角度），所以有

$$\Delta a = a' - a = a'(1-\cos\gamma)$$

可见 Δa 的大小既与尺子的倾斜角度 γ 有关，也和在尺上的读数 a' 有关。如水准尺倾斜读数为 1.5m，倾斜 2°时，将会产生 1mm 误差；倾斜 4°时，将会产生 4mm 误差。同时，无论标尺往前倾，还是往后倾，读数都会增大。因此，在高精度水准测量中，水准尺上要安置圆水准器，读数时一定要严格居中。

3 外界条件的影响

3.1 仪器下沉和尺垫下沉

由于仪器下沉或尺垫下沉，使视线降低，从而引起高差误差。这类误差会随着测站数的增加而积累，因此观测时要选择土质坚硬的地方安置仪器和设置转点，且要注意踩紧脚架，踏实尺垫。若采用“后、前、前、后”的观测程序或采用往返观测的方法，取成果的中数，可以减弱其影响。

3.2 地球曲率及大气折光影响

如图 3-26 所示，用水平视线代替大地水准面在尺上读数产生的误差为 Δh，此处用 c 代替 Δh，则有

$$c = \frac{D^2}{2R}$$

式中 D——仪器到水准标尺的距离；

R——地球的平均半径，6 371km。

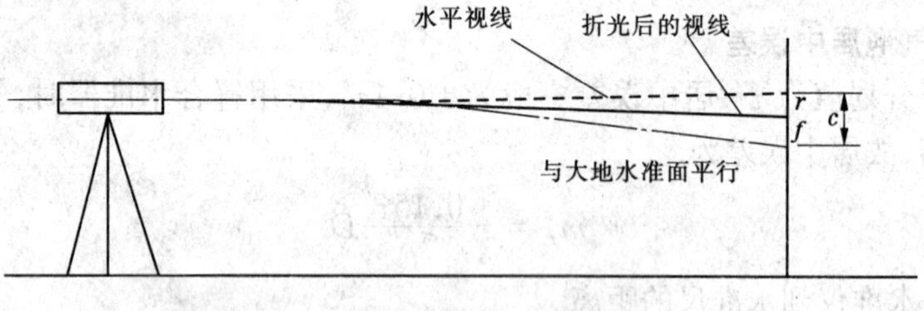

图 3-26 地球曲率及大气折光影响

实际上，由于大气折光的作用，视线并非是水平的，而是一条曲线，曲线的曲率半径为地球半径的 7 倍，其折光量的大小对水准标尺读数产生的影响为

$$r = \frac{D^2}{2\times 7R} = \frac{D^2}{14R}$$

二者影响之和为

$$f = c - r = 0.43\frac{D^2}{R} \qquad (3\text{-}26)$$

大气折光的原因主要是由于空气密度的不均匀。太阳出来时，地面温度比空气低，因此空气密度下大上小，视线往上弯曲；太阳下山时，情况正好相反。同时，视线离地面近，折射也就愈大，所以一般规定视线必须高出地面一定高度（如 0.3m），就是为了减小此项影响。如果使前、后视距相等，那么上述的影响将得到消除或大大减弱。

3.3　温度的影响

温度的变化不仅引起大气折光的变化，而且当烈日照射水准管时，由于水准管本身和管内液体温度的升高，气泡向着温度高的方向移动，而影响仪器水平，产生气泡居中误差，观测时应注意撑伞遮阳。

此外，大气的透视度、地形条件及观测者的视觉能力等，都会影响测量精度，由于这些因素而产生的误差与视线长度有关，因此通常规定高精度水准测量的视线长度为 40～50m，三、四等水准测量的视线长度为 70～120m。

以上所述各项误差来源，都是采用单独影响的原则进行分析的，而实际情况则是综合性的影响。只要作业中注意上述措施，特别是操作熟练后观测速度提高的情况下，各项外界影响的误差都将大为减小，完全能达到施测精度要求。

第四章 角度测量

角度测量是确定地面点位的基本工作之一，它分为水平角测量和竖直角测量。常用的仪器是经纬仪和全站仪。

第一节 水平角测量原理

如图 4-1 所示，A、C、B 是不同高度的三个地面点。A_1、C_1、B_1 是这些点在同一水平面上的投影，$\angle A_1C_1B_1$ 是由 CA、CB 两方向线在水平面上的投影所形成的水平角。也就是说，无论 A、B 两点的高度如何变化，只要 CA、CB 始终在两个垂直平面内，那么它们的水平角就始终不变。由此可见，水平角就是空间两直线在水平面上的垂直投影的夹角，也可以说是包含 CA、CB 两直线的垂直平面 P_1、P_2 所夹的二面角。任一水平面和两垂面的交线所夹的角，就是相应的水平角。因此，在 C_1C_2 上任一点，都可以测出 CA、CB 两方向线间的水平角。

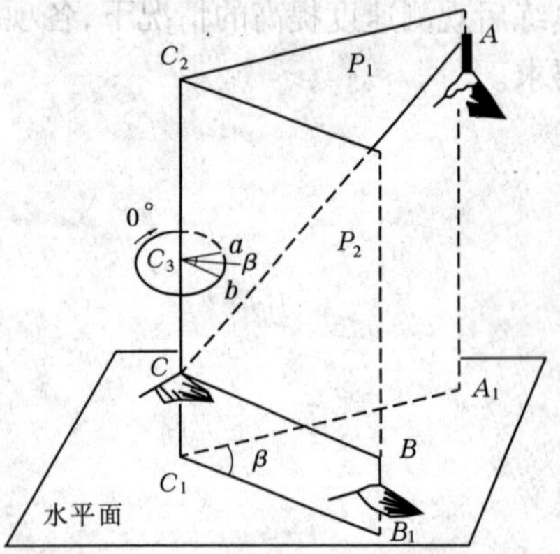

图 4-1 水平角定义

设想在铅垂线 C_1C_2 上的 C_3 点水平放置一个有角度分划的圆盘（从 0°～360°顺时钟方向刻划），并使其中心正好落在 C_3 处，那么包含 CA 和 CB 的垂直平面分别与圆盘的交线得相应的读数 a 和 b，则有

$$\beta = b - a \tag{4-1}$$

两方向所夹的水平角就是两方向的方向值之差。

综上所述，测量水平角的仪器，必须具备一个能安置成水平的带有刻划的圆盘，并且能使圆盘中心位于角顶的铅垂线上。还有一个能照准不同方向、不同高度目标的望远镜，它不仅能在水平方向上旋转，而且能在竖直方向上旋转而形成一个竖直面。经纬仪就是依据上述要求设计制造的。

第二节 DJ_6 型光学经纬仪

经纬仪的种类很多，如光学经纬仪、电子经纬仪、激光经纬仪、陀螺经纬仪、地面摄影经纬仪等。其中光学经纬仪是地形测量中普遍采用的仪器。

国产光学经纬仪按精度划分为 DJ_{07}、DJ_1、DJ_2、DJ_6、DJ_{15}等不同等级。D、J 是“大地测量”和“经纬仪”汉语拼音的第一个字母。下标为野外一测回方向中误差，以秒为单位，数

(2)用脚螺旋整平圆气泡，将管气泡平行任意两个脚螺旋，如图 4-5 中的 A、B。相对旋转脚螺旋 A、B 使管气泡居中(其中左手大拇指移动的方向为气泡要移动的方向)。

(3)将仪器旋转 90°(此时管气泡与 A、B 垂直)，旋转脚螺旋 C，使管气泡居中。

(4)重复上述(2)、(3)步骤，直到管气泡在两个方向都水平。从光学对点器中观察对中情况，当光学对点器的十字丝与地面标志中心不重合时，稍稍松开中心连接螺旋，平移仪器(不要旋转)，使二者重合。

(5)再重复(2)、(3)、(4)步骤，直到既对中又整平。然后将仪器旋转 180°，若气泡偏差不超过 1 格，则仪器的整置工作完成。

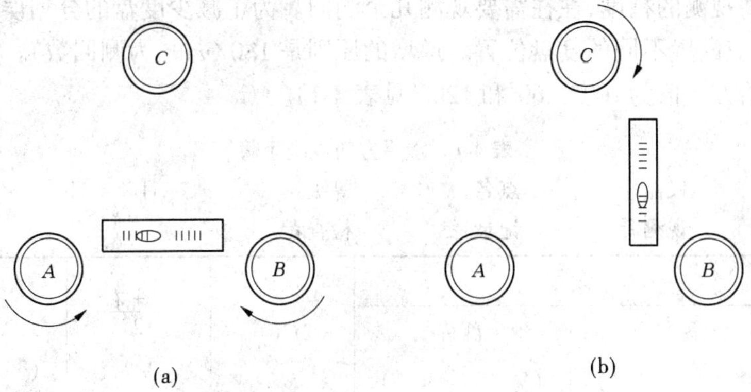

图 4-5　经纬仪管气泡整平

1.2　方法二

(1)将仪器安置在三脚架上，移动三脚架的两条腿，从光学对点器中观察大致对中之后，踩紧脚架，并用脚螺旋使光学对点器中的十字丝与地面目标中心完全重合。

(2)伸缩脚架的两条腿，使圆气泡居中。

(3)如图 4-5 所示，再用脚螺旋在两个方向上(平行、垂直任意两个脚螺旋)整平管水准器。

(4)观察仪器是否对中，若不对中，松开连接螺旋，平移仪器，使之完全对中。

(5)依上述(3)、(4)步骤再一次整平和对中，直到满足要求为止。

2　水平角的观测方法

水平角观测的方法主要有测回法和方向观测法。为了消除仪器的某些误差，一般用盘左和盘右两个盘位进行观测。所谓盘左就是相对观测者而言竖盘在望远镜的左边(又称正镜)；盘右则是竖盘在望远镜的右边(又称倒镜)。

2.1　方向观测法

如图 4-6 所示，要测量∠AOB 对应的水平角 β，先在 A、B 上设置观测目标(如花杆)，在 O 点上整置仪器。按下述步骤进行观测和记录。

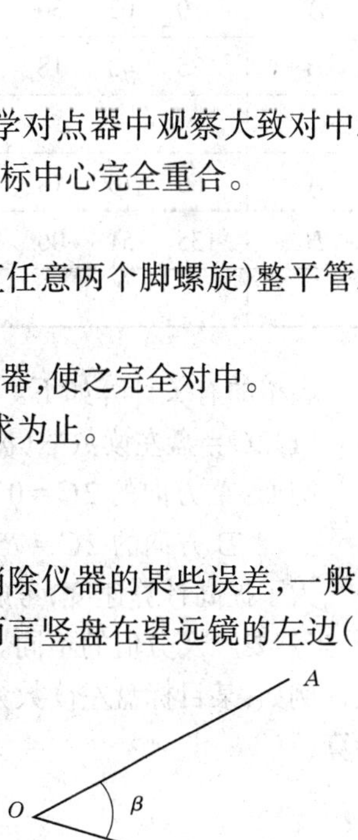

图 4-6　两个方向的水平角测量

(1)盘左位置，瞄准目标 A，拧紧水平制动螺旋，调焦使目标影像清晰，用微动螺旋使十字丝中心部分的竖丝精确地照准目标 A，配置度盘（0°02′左右）。

（2）松开水平制动螺旋，顺时针方向旋转照准部 1、2 周后，再精确照准目标 A，读数并记录表格中。

（3）顺时针方向照准 B 目标，读数并记录，至此完成了上半测回。

（4）盘右位置，逆时针方向旋转照准部精确照准目标 B，读数并记录。

逆时针方向旋转精确照准 A 目标后，读数并记录，至此完成了下半测回。上、下两个半测回合称为一测回。

为了提高观测的精度，往往需要观测几个测回。为了减少度盘的分划误差的影响，不同测回之间，应配置不同的度盘位置。递增的原则是 $180/n$（n 为测回数）。如 3 测回，则各测回的起始方向值为 0°02′、60°和 120°（见表 4-1）。

表 4-1　水平方向观测手簿

第　测回　　　仪器　　　　点名　　　　等级　　　　　月　　日

天气　　　　　观测者　　　记录者　　　检查者

方向名	读数 盘左（°　′　″）	读数 盘右（°　′　″）	$2C$（″）	$\frac{左+右}{2}$（″）	方向值（°　′　″）
A	0　02　30	180　02　12	+18	21	0　00　00
B	75　43　18	255　43　06	+12	12	75　40　51
A	60　10　18	240　10　06	+12	12	0　00　00
B	135　51　06	315　50　48	+18	57	75　40　45
					75　40　48

表格的有关计算如下。

（1）$2C$ = 盘左读数 −（盘右读数 − 180°）

例如：A 方向的 $2C = 0°02'30'' - (180°02'12'' - 180°) = +18''$

　　　B 方向的 $2C = 75°43'18'' - (255°43'06'' - 180°) = +12''$

为了提高计算速度，考虑到盘左、盘右读数相差 180°，只用盘左和盘右的秒值参与计算，当然要顾及分值的不同。

例如：某目标盘左读数为 0°03′08″，盘右读数为 180°02′36″，这时求 $2C$ 时，可按下式计算：

$$2C = 68'' - 36'' = +32''$$

（2）各方向的平均值（$\frac{左+右}{2}$），即同一方向上、下半测回方向值的平均值。

平均值 =（盘左读数 + 盘右读数 ± 180°）/2

例如：A 方向 $=(0°02'30'' + 180°02'12'' - 180°)/2 = 0°02'21''$

B 方向 $=(75°43'18'' + 255°43'06'' - 180°)/2 = 75°43'12''$

为了简化计算，一般只取秒值参与计算，顾及到分值的不同，而度和分则主要以盘左为主，所以表格中中数有秒值。

例如：某目标的读数分别为 $0°03'08''$ 和 $180°02'54''$

该方向的平均值 $=(68'' + 54'')/2 = 61'' = 1'01''$

所以该方向值为 $0°03'01''$。当左、右的分值不相同时，把不同部分拿来参与计算。

(3)求归零后的方向值。将各方向(包括起始方向)的平均方向值，分别减去起始方向的平均方向值，叫做方向值归零。所得各方向值叫做归零后方向值，目的是使角度计算简单。

例如：A 方向 $= 0°02'21'' - 0°02'21'' = 0°00'00''$

B 方向 $= 75°43'12'' - 0°02'21'' = 75°40'51''$

(4)求各测回的方向值的平均值。若观测 2 个以上测回，则应将各测回所得的方向值取平均值，作为最后该方向的方向值。

例如：B 方向的平均值 $=(75°40'51'' + 75°40'45'')/2$

$= 75°40'48''$

以上是两个方向的水平方向观测、记录及计算工作，对于三个以上方向的方向观测法与上述大体相同，不同之处叙述如下。

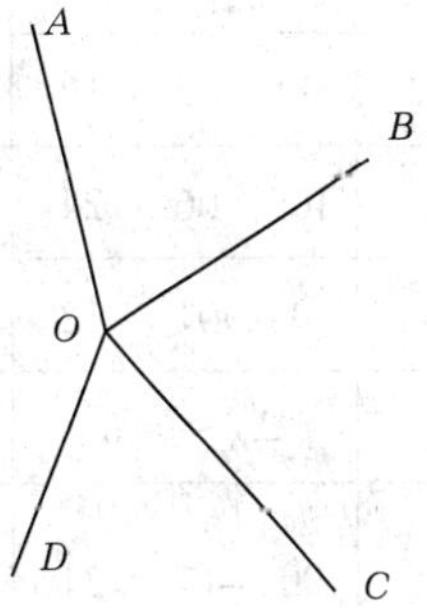

图 4-7　四个方向的水平角测量

2.2　三个以上方向的方向观测法

当观测的方向数大于三个时，则用全圆方向观测法。如图 4-7 所示，有 A、B、C、D 四个方向。

(1)将仪器安置于 O 点，取盘左位置，选择四个方向中目标清晰、背景明亮、距离适中、易于照准的一个方向，作为起始方向(也叫零方向)。配置度盘($0°02'$左右)。

(2)顺时钟方向旋转照准部两周后，再依次准确照准 A、B、C、D 四个方向，最后顺时钟方向照准 A 方向，读数并记录，最后再一次照准 A 方向称为"归零"。半测回内两次观测 A 方向的读数之差，称为半测回归零差，半测回归零差 =“下 - 上”。分别为 $\Delta_{左}$、$\Delta_{右}$。

例如：在表 4-2 中的第一测回中

$\Delta_{左} = 12'' - 18'' = -6''$

$\Delta_{右} = 18'' - 24'' = -6''$

(3)盘右位置，按逆时钟方向依 A、D、C、B、A 的顺序观测下半测回，读数并记录。

至此，完成了一测回的工作。如果要测多个测回，则要配置不同的度盘位置，依上述方法进行测量。表格的有关计算如下：

(1)$2C$ = 盘左读数 -(盘右读数 ± 180°)。

(2)各方向的平均值($\frac{左+右}{2}$)，即同一方向上、下半测回方向值的平均值。

$$平均值 = (盘左读数 + 盘右读数 \pm 180°)/2$$

由于每一测回 A 方向有两个方向值，因此还要对 A 方向的两个平均值再取平均数，写在小括号内。

例如：在表 4-2 中的第一测回中，两个 A 方向的平均值分别为 21″和 15″，再取二者的平均值为 18″。

表 4-2　水平方向观测手簿

第　测回　　仪器　　点名　　等级　　月　日

天气　　观测者　　记录者　　检查者

方向名	读数 盘左 (° ′ ″)	读数 盘右 (° ′ ″)	2C (″)	$\frac{左+右}{2}$ (″)	归零后方向值 (° ′ ″)	各测回平均值 (° ′ ″)
A	0 01 18	180 01 24	−06	(18) 21	0 00 00	0 00 00
B	48 22 30	228 22 36	−06	33	48 21 15	48 21 19
C	99 42 12	279 42 06	+06	09	99 40 51	99 40 48
D	165 06 24	345 06 18	+06	21	165 05 03	165 05 06
A	0 01 12	180 01 18	−06	15		
	$\Delta_{左}=-6''$	$\Delta_{右}=-6''$				
A	90 17 24	270 17 12	+12	(22) 18	0 00 00	
B	138 38 48	318 38 42	+06	45	48 21 23	
C	189 58 06	9 58 06	00	06	99 40 44	
D	255 22 36	75 22 24	+12	30	165 05 08	
A	90 17 30	270 17 24	+06	27		
	$\Delta_{左}=-18''$	$\Delta_{右}=-18''$				

(3)求归零后的方向值。将各方向(包括 A 方向)的平均方向值，分别减去 A 方向的平均方向值，叫做方向值归零。所得各方向值叫做归零后方向值，目的是使角度计算简单。

例如：A 方向的归零后方向值 $=0°01'18''-0°01'18''=0°00'00''$

B 方向的归零后方向值 $=48°22'33''-0°01'18''=48°21'15''$

(4)求各测回同一方向的平均值。若观测 2 个以上测回，应将各测回所得方向值取平均，作为最后该方向的方向值。

例如：B 方向的平均值 $=(48°21'15''+48°21'23'')/2=48°21'19''$

方向观测法各项限差不应超过表 4-3 的规定。

表 4-3　方向观测法的各项限差

仪器型号	测微器 重合读数差(″)	半测回归零差 (″)	一测回内 2C 互差(″)	同一方向值 各测回互差(″)
J_2	3	8	13	9
J_6		18		24

3　水平角观测应注意的问题

(1)对于各项限差来说是依不同的仪器来定的，因为不同的仪器，观测的精度不同，所以要求也不同。当用不同的仪器，要到达同样的精度时，对于低精度的仪器，只有增加测回数。

(2)凡是超限的结果均应重测，重测是在所有基本测回完成之后再测。然而，因对错度盘、测错方向、读错、记错、上半测回归零差超限、碰动仪器、气泡偏离过大以及其他原因未测完的测回，均可立即重新观测，称之为补测。

(3)水平角观测均应在通视良好、成像清晰、稳定时进行。晴天的日出、日落和中午前后，如果成像模糊或跳动剧烈时，不宜进行观测。

(4)仪器不应受日光直接照射，气泡偏离接近一格时应在测回间重新整置仪器，使气泡居中。有纵轴倾斜传感器校正的电子经纬仪可不受此限。

第四节　垂直角测量

1　垂直角和天顶距的概念

1.1　垂直角

视线方向与同一铅垂平面内的水平方向之间的夹角叫垂直角，用 α 表示(又称高度角，或称竖角)。

如图 4-8 所示，当视线方向位于水平方向之上时，叫仰角，α 为正值；反之，叫俯角，α 为负值。α 的取值范围是：

$$-90^\circ \leqslant \alpha \leqslant +90^\circ$$

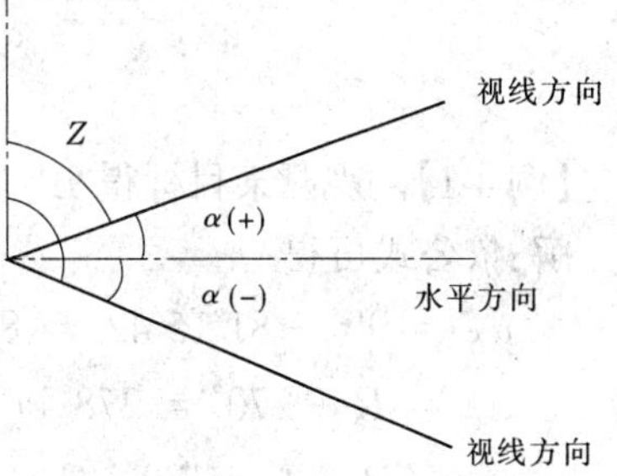

图 4-8　垂直角和天顶距的定义

1.2　天顶距

视线方向与天顶方向之间的夹角叫天顶距，用 Z 表示。天顶距的取值范围是：

$$0^\circ \leqslant Z \leqslant 180^\circ$$

天顶距与垂直角之间的关系是：

$$Z + \alpha = 90^\circ \tag{4-2}$$

2 垂直度盘的构造

为了观测垂直角，经纬仪望远镜旋转轴的一端安置一个与旋转轴正交的垂直度盘，并随望远镜一起绕横轴转动，因此垂直度盘不能像水平度盘一样配度盘。

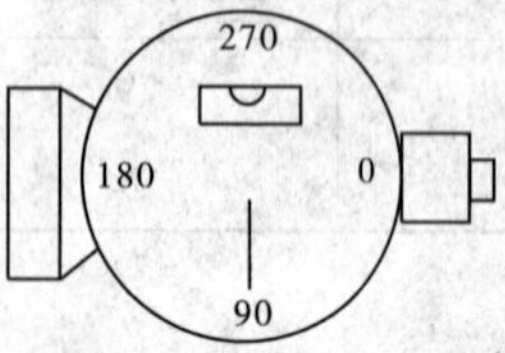

图 4-9 垂直度盘的构造

垂直度盘由光学玻璃制成，其上刻有 0°～360°分划线。用来读取垂直度盘读数的指标与指标水准管连接在一起，固定在一个微动架上。当气泡居中时，即指标水准管水平时，读数指标处在一个正确的位置。如图 4-9 是经纬仪垂直度盘的一种注记形式。

盘左和盘右的读数分别用 L 和 R 表示。

$$L + R = 360° \tag{4-3}$$

3 垂直角的计算公式

观测垂直角时，只要照准目标，读出度盘读数，即可求出垂直角 α。其计算公式依度盘的注记形式而定。图 4-10 是一种常见的形式。

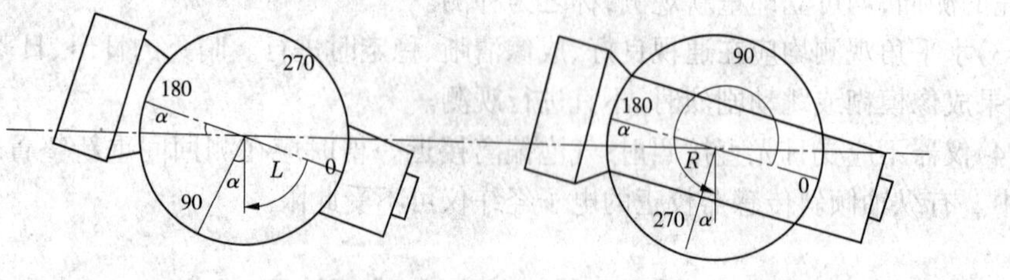

图 4-10 垂直角的计算

盘左时 $$\alpha_{左} = 90° - L \tag{4-4}$$

盘右时 $$\alpha_{右} = R - 270° \tag{4-5}$$

若取盘左、盘右垂直角中数作为垂直角计算公式，则有

$$\begin{aligned}\alpha &= (\alpha_{左} + \alpha_{右})/2 \\ &= (R - L - 180°)/2\end{aligned} \tag{4-6}$$

【例 4-1】 观测某目标得 $L = 81°15'42''$，$R = 278°44'24''$，求 α、$\alpha_{左}$ 和 $\alpha_{右}$

解：依公式可得

$$\alpha_{左} = 90° - 81°15'42'' = 8°44'18''$$

$$\alpha_{右} = R - 270° = 278°44'24'' - 270° = 8°44'24''$$

$$\alpha = (R - L - 180°)/2 = (278°44'24'' - 81°15'42'' - 180°)/2 = 8°44'21''$$

4 指标差

当望远镜的视线水平，且指标水准管气泡居中时，读数指标应处于正确的位置，此时读数为一整数（90°或 270°）。但由于各种原因，这一条件往往不能满足，指标不是处在一个正确的位置，而存在一个偏差，称之为指标差，常用 x 表示。如图 4-11 所示，当指标偏

移的方向与度盘注记的方式一致时，x 为正值，结果使读数变大；反之，则 x 为负值，使读数变小。当存在指标差时，垂直角的计算公式如下：

盘左时 $$\alpha_{左} = 90° - (L - x) \tag{4-7}$$

盘右时 $$\alpha_{右} = (R - x) - 270° \tag{4-8}$$

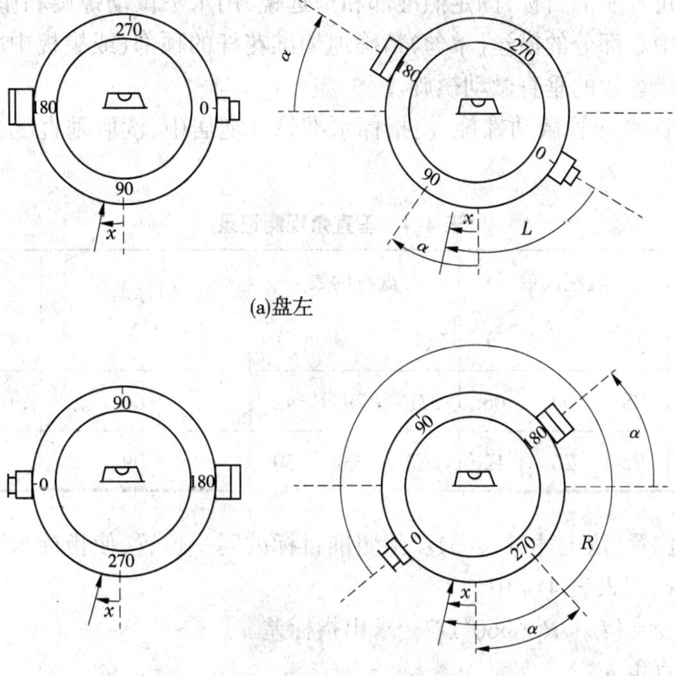

图 4-11　指标差

若取盘左、盘右的中数，则有

$$\alpha = (R - L - 180°)/2 \tag{4-9}$$

很显然式(4-9)与式(4-6)完全相同，这就意味着取盘左、盘右读数的中数，可以消除指标差的影响。

顾及到盘左、盘右所测的垂直角应相等，即 $\alpha_{左} = \alpha_{右}$，那么将式(4-7)减去式(4-8)得指标差的计算公式如下：

$$x = (L + R - 360°)/2 \tag{4-10}$$

【例 4-2】　已知 $L = 81°15'42''$，$R = 278°44'24''$，求 x、α、$\alpha_{左}$ 和 $\alpha_{右}$

解： $x = (L + R - 360°)/2$

$= (81°15'42'' + 278°44'24'' - 360°)/2 = 3''$

$\alpha_{左} = 90° - L + x = 90° - 81°15'42'' + 3'' = 8°44'21''$

$\alpha_{右} = R - 270° - x = 278°44'24'' - 270° - 3'' = 8°44'21''$

从以上计算结果可知，当顾及了指标差的影响之后，$\alpha_{左} = \alpha_{右} = \alpha$。说明按式(4-7)、式(4-8)和式(4-9)计算的垂直角一样，因此在计算垂直角时，首先求出指标差 x，然后根据 观测值的情况来选择计算公式，以提高计算速度。若 $L < 90°$ 时，可按式(4-7)求垂直

角。若 $L>90°$ 时,可按式(4-8)求垂直角。

5 垂直角观测

(1)在测站 O 整置仪器,在目标 A 上竖花杆(觇板或其他照准目标)。

(2)以盘左位置照准目标,固定照准部和望远镜,用水平微动螺旋和望远镜垂直微动螺旋,使十字丝中心部分的横丝(单丝)精确地切准花杆的顶部(或觇板中心)。注意切准目标时,要旋进望远镜的垂直微动螺旋。

(3)旋转指标水准管微动螺旋,使指标水准管气泡居中,读取垂直度盘读数 L,记入表 4-4中。

表 4-4 垂直角观测记录

目标名称	盘左读数 (°	′	″)	盘右读数 (°	′	″)	指标差 (″)	垂直角 (°	′	″)
A	88	30	06	271	29	42	−06	+1	29	48
B	92	26	12	267	33	30	−09	−2	26	21

(4)以盘右位置,依上述(2)、(3)步骤照准目标的同一位置,使指标水准管居中,读取垂直度盘读数 R,记入表 4-4 中。

(5)依公式 $x=(L+R-360°)/2$。求出指标差 x。

(6)计算垂直角 α。

当 $L<90°$ 时,按 $\alpha=90°-L+x$ 计算垂直角。

当 $L>90°$ 时,按 $\alpha=R-270°-x$ 计算垂直角。

以上所述,在观测时仅用十字丝的中丝切准目标,所以又叫中丝法。但有时观测垂直角时按盘左、盘右依次用上、中、下三丝照准目标进行观测,这种方法称为三丝法。三丝法观测时,记录数据的方法是:盘左按上、中、下三丝读数次序,而盘右则按下、中、上三丝读数次序记录。然后按三丝所观测的 L 和 R 分别计算出相应的竖角,最后以平均值为该垂直角的角值。

同一台仪器,其指标差理论上应为一定值,但由于受外界条件变化和观测误差影响,实际测定的指标差总是在变化的,所以需要规定其变化的范围,才能保证观测的精度,《规范》规定,垂直角观测的测回数与限差见表 4-5。

注意:

(1)垂直角测回差指同一方向各测回所得的全部垂直角角值之间的差值。

(2)指标差较差在分组观测时,仅在一测回内各方向按同一根水平丝计算的结果比较;单独方向连续观测时,则按同方向各测回同一根水平丝计算的结果比较。

(3)垂直角的观测,必须在指标水准管气泡居中的条件下读数才正确,然而每次读数都要让指标水准管气泡居中很费事。因此,有的经纬仪采用指标自动归零(自动补偿)装置,当仪器整平后,指标自动处于正确位置。这样就简化了操作程序,提高了观测的速度和精度。

表 4-5　垂直角观测的测回数与限差

项目		平面网系数					
		二、三等		四等、一、二级小三角		一、二、三级导线索	
		DJ_1	DJ_2	DJ_2	DJ_6	DJ_2	DJ_6
测回数	中丝法	4		2	4	1	2
	三丝法	2		1	2	—	1
垂直角测回差(″)		10	15	15	25	15	25
指标差较差(″)							

第五节　经纬仪的检查校正

经纬仪进行检查校正前，应先进行一般的检视，度盘和照准部旋转是否灵活；各螺旋是否灵活有效；望远镜视场是否清晰；有无灰尘、水珠、斑点；度盘有无损伤，分划线是否清晰；分微尺分划是否清晰；仪器各种附件是否齐全等。

1　经纬仪应满足的几何条件

根据经纬仪的测角原理可知，在观测时应满足下列要求：

(1)水平度盘平面应是水平的。

(2)垂直轴应垂直，且通过水平度盘中心。

(3)望远镜上下转动，视准轴形成的视准面应是一个垂直平面。

(4)垂直度盘应是垂直平面，且与水平轴垂直。

一般情况下，仪器加工、装配时能保证水平度盘垂直于垂直轴。因此，只要垂直轴垂直，水平度盘也就处于水平位置。垂直轴垂直是靠照准部管水准气泡居中来实现的。因此，照准部管水准轴应垂直于垂直轴。此外，若视准轴能垂直于横轴，则视准轴上下旋转扫出一个与横轴垂直的平面，此时，若横轴与垂直轴垂直，则视准轴平面与垂直轴平行。

综上所述，经纬仪应满足的几何条件是：

(1)照准部管水准器水准轴与垂直轴垂直($LL \perp VV$)。

(2)视准轴应垂直于横轴(水平轴)($CC \perp HH$)。

(3)横轴应垂直于垂直轴($HH \perp VV$)。

(4)望远镜十字丝的竖丝垂直于横轴。

(5)垂直轴与水平度盘垂直，横轴与垂直度盘垂直。

上述几何条件，第(5)项是由厂家保证的，野外作业人员只需检查其他四项内容。当然，为了垂直角的计算方便，还应使垂直度盘指标差接近于零。

2 经纬仪的检查与校正

2.1 照准部管水准轴垂直于垂直轴的检校

(1)用三个脚螺旋整平仪器的圆气泡。

(2)使管水准器与任意两个脚螺旋 A、B 的连线平行，并相对旋转 A、B 使气泡居中，注意左手大拇指移动的方向就是气泡要移动的方向。

(3)将照准部旋转 90°，用第三个脚螺旋 C 使水准管气泡严格居中。

(4)按上述(2)、(3)步骤反复 1～2 次之后，将照准部旋转 180°，观察管气泡，如果气泡偏离中心超过分划线 1 格，则必须校正。

校正方法：如图 4-12 所示，先校正管水准器一端的上、下校正螺丝，使气泡移动偏差量的一半；再用脚螺旋使气泡居中。将照准部旋转 180°，如果气泡仍不居中，则用上述同样的方法使气泡居中。反复进行几次，直到旋转 180°前后，管气泡都居中为止。

校正完管水准器之后，将仪器旋转 90°用第三个脚螺旋 C 使管气泡居中，此时再观察圆水准器是否居中。若不居中，校正圆气泡底部的三个校正螺丝，使圆气泡居中。

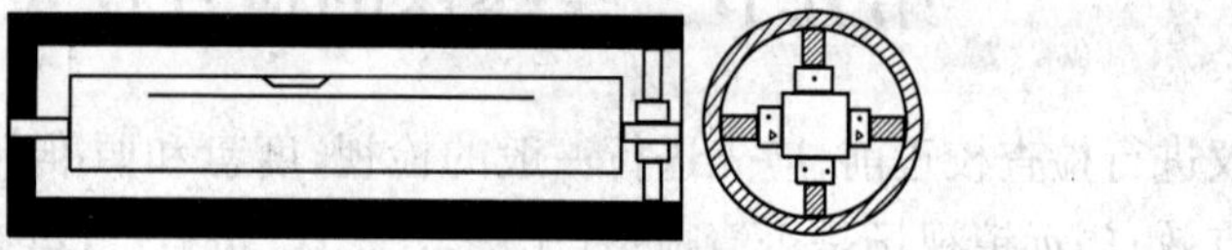

图 4-12 管气泡的校正

2.2 视准轴应垂直于横轴的检校

如果视准轴与横轴不垂直，如图 4-13 所示，将会影响到水平角观测的正确性。

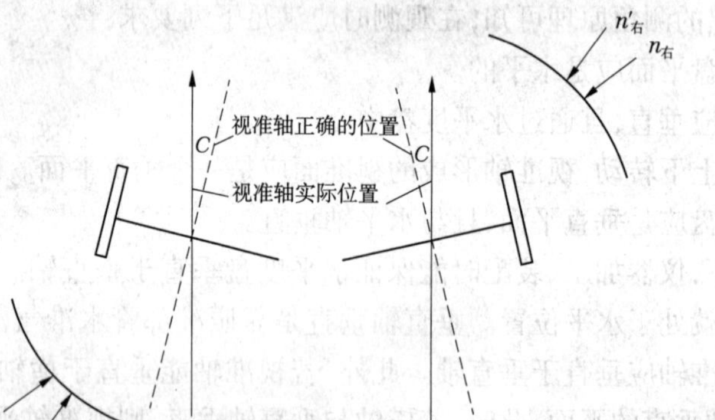

图 4-13 指标差的检校

当视准轴正确时，用盘左照准某目标的正确读数为 $n_{左}$，实际视准轴的物镜端向左偏一个角度 C，因而无法在 $n_{左}$ 位置上照准目标，必须将照准部往右旋转一个 C 角。而仪器的读数指标与照准部一起转动，因此当照准部转动一个角度 C 时，读数指标也转动一个 C 角，此时读数为 $n'_{左}$，显然有

$$n'_{左} = n_{左} + C \tag{4-11}$$

当用盘右照准目标时，正确的读数为 $n_{右}$，但实际照准轴物镜端向右偏一个角度 C，所以要照准目标，照准部必须向左偏转一个角度 C，此时的读数为 $n'_{右}$，显然有

$$n'_{右} = n_{右} - C \tag{4-12}$$

将式(4-11)与式(4-12)相减，则有

$$2C = [n'_{左} - n'_{右} - (n_{左} - n_{右})] \tag{4-13}$$

由于 $n_{左} = n_{右} \pm 180°$，代入式(4-13)得

$$2C = n'_{左} - (n'_{右} \pm 180°) \tag{4-14}$$

按式(4-14)求出的 $2C$ 值，若绝对值超过 30″，应加以校正。

检校方法如下：

(1)整置仪器，用盘左位置精确地照准某一明显目标，读取水平度盘读数 $n'_{左}$。

(2)纵转望远镜，用盘右位置精确地照准目标的同一位置读数 $n'_{右}$，注意，要用十字丝中心附近的竖丝。

(3)依据 $2C = n'_{左} - (n'_{右} \pm 180°)$，求 $2C$，当 $2C > 30''$ 时，应校正。

(4)依公式(4-14)可知：

盘右的正确读数 = 观测值 + C

盘左的正确读数 = 观测值 − C

依上述两个公式求出仪器照准目标时盘右(盘左)的正确读数。

(5)用盘右位置瞄准目标，慢慢旋转水平微动螺旋，使水平度盘读数处于正确的位置，此时十字丝已经离开了目标。

(6)拧开十字丝护盖，调节十字丝左右两个校正螺丝，使十字丝正确照准目标。

以上校正工作应反复进行，直到满意为止。

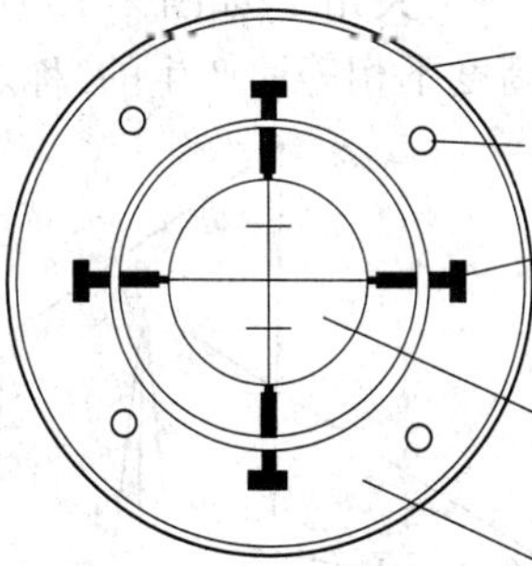

图 4-14

2.3 望远镜的十字丝竖丝垂直于横轴

在室内或室外 20～30m 的避风处，悬挂一吊锤。整置仪器，观察十字丝与吊锤线重合的情况，若完全重合，则说明满足条件，否则须校正。

校正方法为：拧开十字丝护盖，松开十字丝的四个固定螺丝，旋转十字丝，使竖丝与吊锤完全重合。拧紧螺丝，盖上护盖。

J_6 经纬仪除了要进行以上 3 项检校之外，还应对光学对点器和垂直度盘指标差进行检校。

2.4　光学对点器的检校

安置仪器(无须整平),在白纸上画一"十"字,置于脚架下的地面上,旋转三个脚螺旋,使光学对点器的十字丝与地面上的"十"字中点重合。将仪器旋转 180°,从光学对点器中观察二者的重合情况。若重合,则无须校正,否则须校正。

校正方法为:仪器旋转 180°后,用三个脚螺旋使"十"字移动一半,用校正针调节光学对点器的十字丝四个校正螺丝,使"十"字移动另一半,使二者完全重合。再将仪器旋转 180°,观察是否重合,如果仍不重合,则依上述方法再一次校正。

2.5　垂直度盘指标差 x 的检校

(1)整置仪器,盘左照准一清晰目标,制动照准部和望远镜,旋转水平微动和垂直微动螺旋,使十字丝中心处的横丝严格地切准目标。

(2)旋转指标水准管螺旋,使指标水准管气泡居中,再观察十字丝是否切准目标,读取垂直度盘读数 L。

(3)纵转望远镜,用同样的方法读取垂直度盘读数 R。

(4)依 $x=(L+R-360°)/2$,求指标差 x。对于 J_6 经纬仪而言,当 $x>25''$时须校正。

校正方法:①依 $L_{正}=L_{测}-x$,求出盘左位置照准目标的正确读数。②用盘左位置精确地照准目标,旋转指标水准管螺旋使盘左读数处于正确的读数位置,此时指标水准管气泡不居中。③调节指标水准管一端的上下校正螺丝,使气泡居中(图 4-12)。

以上工作需反复几次,才能完全满足要求。

2.6　横轴应垂直于垂直轴

当仪器其他条件都满足,若横轴垂直于垂直轴,则视准轴上下移动所形成的视准面应为一铅垂面。当横轴不垂直于垂直轴,即横轴不水平,而与水平线有一个夹角 i,那么视准面也会随之倾斜,且与垂直面存在一个夹角 i,如图 4-15 所示。

此时 i 角是由于水平轴两端的高度不相等而产生的,称之为水平轴误差。

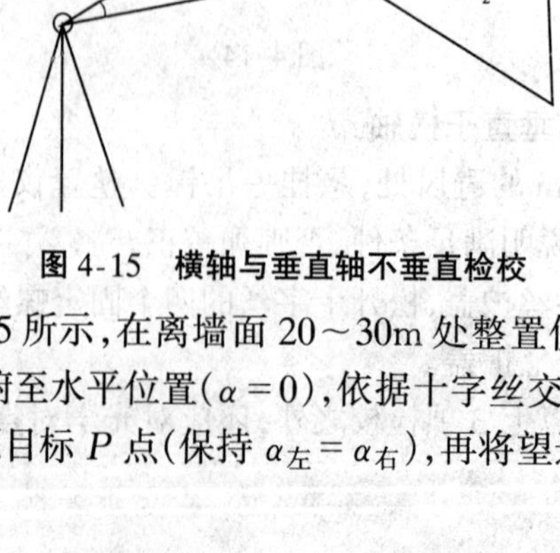

图 4-15　横轴与垂直轴不垂直检校

检查方法是:如图 4-15 所示,在离墙面 20～30m 处整置仪器,以盘左位置照准墙面上 P 点,然后将望远镜下俯至水平位置($\alpha=0$),依据十字丝交点在墙上定出 P_1 点;倒转望远镜成盘右位置,照准原目标 P 点(保持 $\alpha_{左}=\alpha_{右}$),再将望远镜放平,依十字丝在墙上

定出 P_2 点。如果 P_1、P_2 点重合,则说明仪器的横轴满足条件,否则依下式求出倾角 i。

令 $P_1P_2=2d$,则有

$$\tan i = \frac{d}{S\tan\alpha}$$

因为 i 很小,有 $\tan i \approx i$,即

$$i \approx \frac{d}{S\tan\alpha}\rho \tag{4-15}$$

对于 J_6 仪器而言,当 $i>20''$时需要送修理部门修理。

第六节 水平角观测误差来源

水平角的观测是测量人员借助仪器在一定的外界环境下进行的。因此,误差产生的主要来源是仪器和外界环境,当然,观测者本身也有影响。

1 仪器误差

仪器误差的来源主要有两个方面。

1.1 仪器的加工、装配不完善而引起的误差

主要有:

(1)水平度盘的分划误差。

(2)水平度盘与垂直轴不垂直。

(3)水平度盘的分划中心与旋转中心不一致所产生的偏心差。

这些误差是不能用检校的方法来改正其影响的,只有通过一定的观测方法来消除或减弱它的影响。对于上述(1)、(2)项误差,可采用各测回间配置不同度盘位置的方法来减弱其影响。对于第(3)项误差,则可以通过盘左、盘右读数取中数的方法来减弱和抵消其影响。

1.2 仪器的检校不完善而引起的误差

这些误差被限制在一定的范围内,通过正、倒镜观测取中数的方法来消除其影响。

2 观测误差

根据水平角观测的全过程可知,观测误差包括仪器的对中误差、整平误差、照准误差、目标偏心差以及读数误差等几个方面。

2.1 仪器的对中误差

如图 4-16 所示,设 O 为测站点,由于仪器存在对中偏心,仪器中心偏心至 O'点,令 OO'为偏心距,用 e 表示。由图可知,正确角值为 β,而由于对中偏心,实测的角值为 β'。

显然 $\Delta\beta=\beta-\beta'=\varepsilon_1+\varepsilon_2$

依正弦定理有

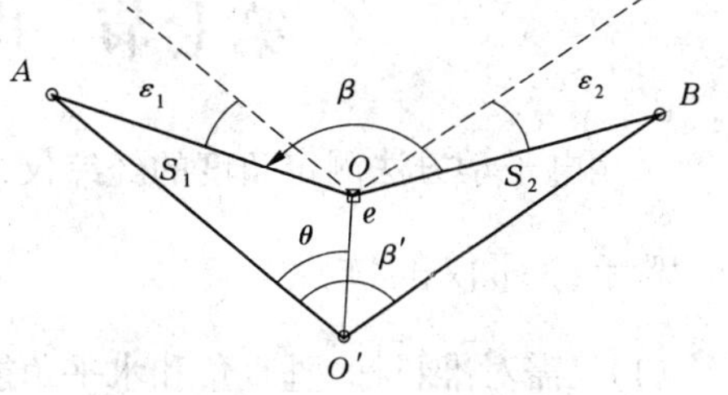

图 4-16 仪器的对中偏心

$$\sin\varepsilon_1 = \frac{e\sin\theta}{S_1}$$

$$\sin\varepsilon_2 = \frac{e\sin(\beta' - \theta)}{S_2}$$

由于 ε_1、ε_2 很小，所以有 $\sin\varepsilon_1 \approx \varepsilon_1$，$\sin\varepsilon_2 \approx \varepsilon_2$，因此

$$\Delta\beta = e\rho\left[\frac{\sin\theta}{S_1} - \frac{\sin(\beta' - \theta)}{S_2}\right] \tag{4-16}$$

由式(4-16)可知：

(1)$\Delta\beta$ 与偏心距 e 成正比。

(2)$\Delta\beta$ 与测站到照准目标距离 S 成反比，S 越小，$\Delta\beta$ 愈大。

(3)$\Delta\beta$ 与 β' 角的大小有关，当 $\beta' = 180°$，$\theta = 90°$时，$\Delta\beta$ 最大。

综上所述，在进行水平角观测时，为保证测角精度，仪器的对中误差应尽量小，特别是边长较短，且观测角接近 180°的时候更应该注意对中的影响。

2.2 仪器的整置误差

主要是由于仪器整平时，水准管气泡没有严格居中，这种误差的影响是不能用观测方法来消除的。因此，在观测的过程中，若发现管水准器气泡中心偏移半格，即端点偏移一格时，应重新整置仪器，进行观测。特别是在山区，垂直角较大的时候，更应注意这一点。

2.3 照准误差

影响照准误差主要有两个因素：望远镜的放大率及人眼的判断能力。另外，目标的影像及亮度也有影响。通常，望远镜的照准误差为

$$\Delta\beta'' = \frac{60''}{V} \tag{4-17}$$

式中 V——望远镜的放大率。

2.4 读数误差

除人为因素外，读数误差主要取决于仪器读数系统的精度。对于 J_6 经纬仪而言，一般只能估读到 6″，而对于 J_2 仪器而言，则可以读到 1″。

2.5 外界条件的影响

测量总是在一定的外界条件下进行的，因此外界条件如风力或不坚实地面均会影响仪器的稳定性，气温将影响仪器的使用性能，而地面的热辐射则会引起影像的跳动或折光等。在测量中，应根据规范要求操作，尽量避免这些不利的因素，使其影响达到最小。

第七节 电子经纬仪简介

采用电子学方法测定角度的经纬仪，称为电子经纬仪。

1 电子经纬仪的优点

(1)仅需对准目标，垂直角和水平角能同时显示，角度读数快，消除了读数误差。

(2)采用双轴倾斜传感器来检测仪器的倾斜，由于仪器的倾斜所造成的垂直角和水平角的误差，可以通过电子学的方法来补偿。

(3)角度数据可以直接从仪器输入到计算机并记录,不需手工记入手簿,避免了记录上的错误。

(4)只要按一下操作键就可选择各种测量模式。

2 电子经纬仪测角原理

与光学经纬仪读数方式不同(在度盘上按某一角度刻上刻划线,然后根据刻划线来读取角度值),电子经纬仪测角是从度盘上取得电信号,根据电信号再转换成角度。

按测角度方法的不同,分为增量式光栅测角、编码盘测角、动态测角三种。下面主要介绍增量式光栅测角原理。

增量式光栅测角的编码器与光学经纬仪的度盘和绝对式编码器有很大的区别,它可以任意位置为零点来测量角度。如图4-17所示那样,在度盘的圆周上等间距分布很细的刻线。现在大多数的电子经纬仪都采用编码器,而且是采用结构简单、精度高的增量式。

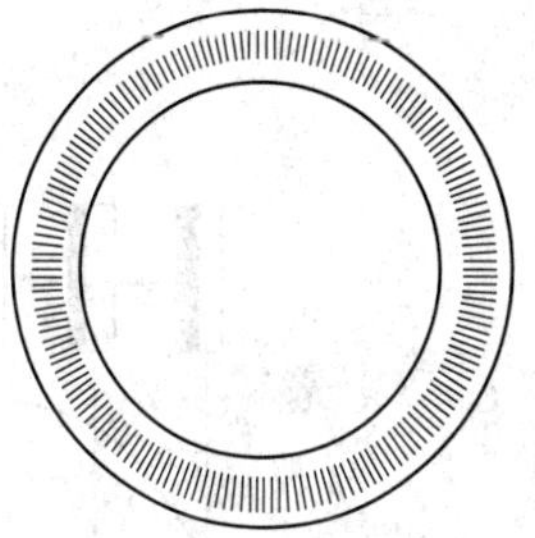

图 4-17 增量式光栅度盘

2.1 结构

增量式编码器的结构如图4-18所示。

发光二极管,输出一定波长和一定功率的光。

准直透镜,把发光二极管发出的发散光,集束形成平行光。

主度盘:刻线分布在玻璃度盘的整个圆周上。

副度盘:在玻璃度盘的对径处刻有与主度盘相同的刻线。

接收传感器:从发光二极管发出的光,透过主度盘和副度盘射入接收传感器的光敏二极管上,并把光信号转成电信号。

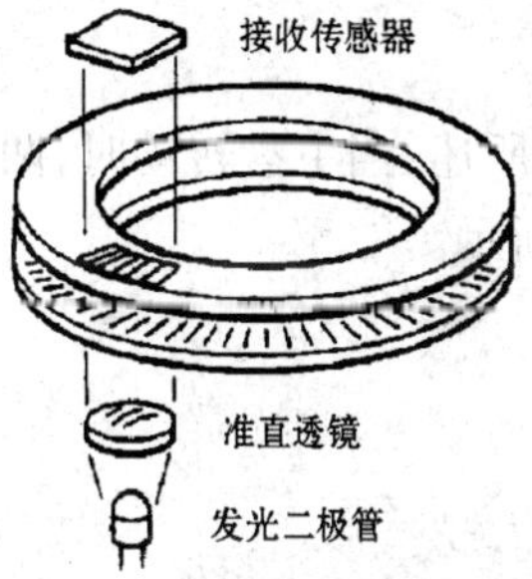

图 4-18 增量式编码器的结构

2.2 基本原理

将在圆周上刻有360根等间距黑线的两块玻璃度盘(如图4-19)相互对合,使位于度盘一侧的发光二极管发光,其中的一块度盘慢慢转动。在发光的二极管的相反一侧观察时,发光二极管的光量伴随着度盘的转动,一会亮,一会暗。光敏二极管接收到的是如图4-20所示的调制光。

由于度盘的刻线有360根,如图4-20中,从前一个 a 点至后一个 a 点(或者前一个 c 点至后一个 c 点)即为 $360°/360$ 根 $=1°$。同样,若在圆周上有21 600根线(360×60)的话,a 点之间的角度为 $1'$。因此,只要测量明暗变化的次数,就可求出角度。

2.3 旋转方向的判别

如图4-21所示,两块相同的度盘的组合,即使知道转动的角度,但不知道度盘转动的方向,其结果仍是不知道转动的角度。为了判别转动方向,实际编码器的副度盘如图4-21所示,其上另有一组移位1/4间距的刻线。这两组刻线的后面各有一个光敏二极

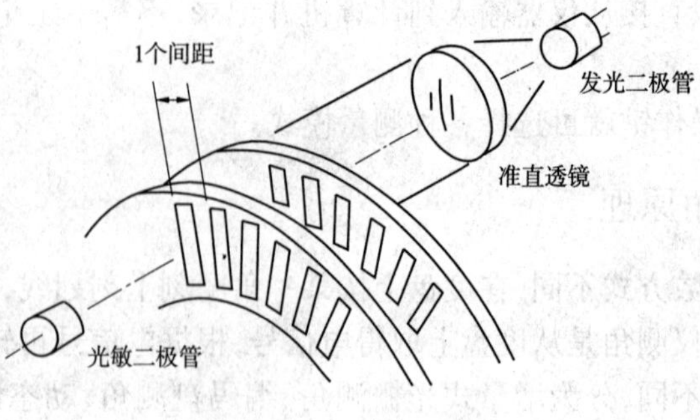

图 4-19 读数原理

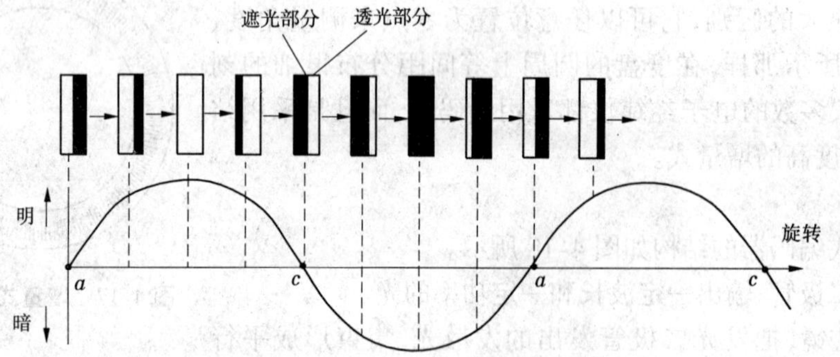

图 4-20 调制光

管。如上所述，当主盘转动时，两个光敏二极管接收随转动方向而不同的光能量变化，如图 4-22 所示。

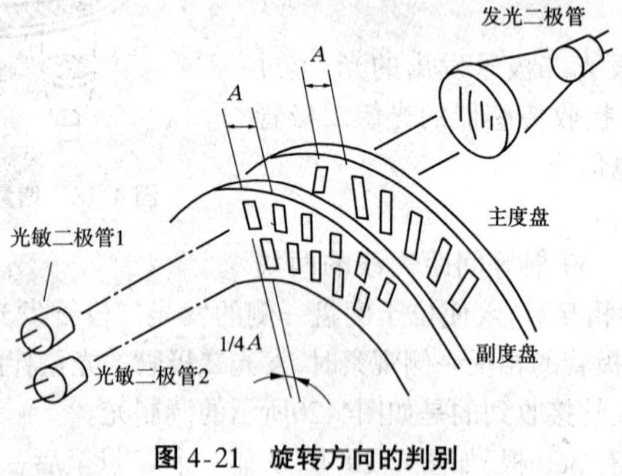

图 4-21 旋转方向的判别

图 4-22 中，当光能量在中心线上为 1，在中心线之下为 0，经电信号处理后，即如图 4-23所示。

信号 2 在 1 的状态下，信号 1 从 0 到 1 变化时发出加法信号脉冲。信号 1 在 0 的状态下，当信号 2 从 0 至 1 时发出减法脉冲。如此，根据转动的方向，发出加法信号或减法信号。当发出加法信号脉冲时，将现有的角度加上一个间距所代表的角度；相反，当发出减号信号时减去一个间距所代表的角度。通过这种方法就能测量正确的转动角度。

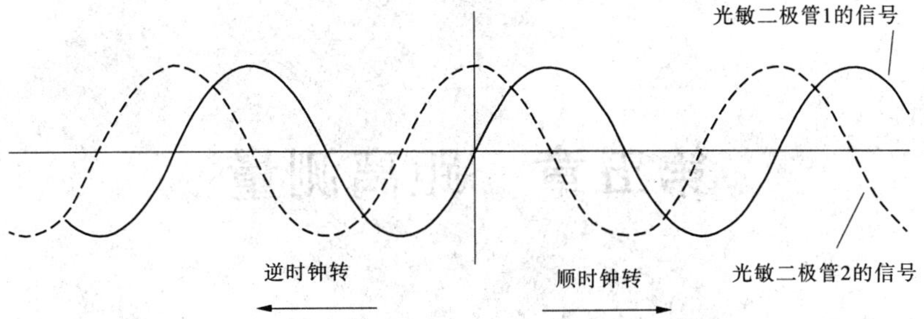

图 4-22　光信号

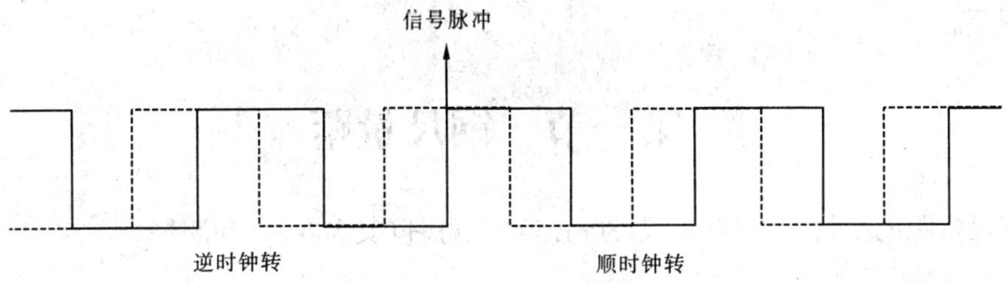

图 4-23　信号脉冲

2.4　内插处理

以上已叙述了采用度盘上相邻刻线的间距来测量角度的原理。一般电子经纬仪的角度最小显示值为 1″～20″。如以 1″为单位来测量角度，采用上述方式的度盘刻线数为 360°×60(分)×60(秒)=1 296 000根。若在直径约为 80mm 的玻璃度盘上刻1 296 000根线的话，一根线的宽度大约为 0.1μm(1/10 000mm)，是非常细的，实际上是不可能的。度盘上的刻线由仪器的要求而定，一般最多为21 600根。

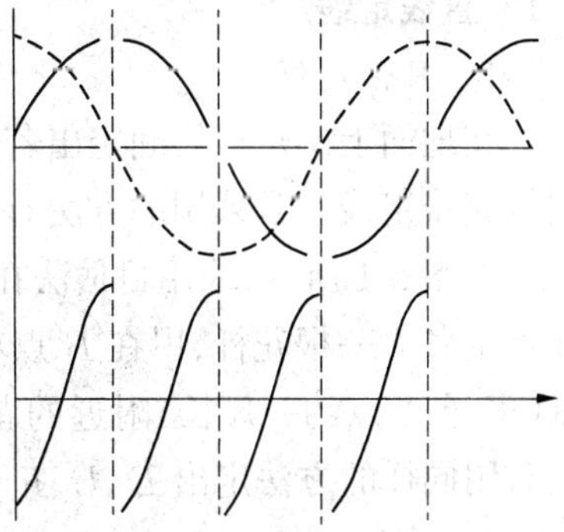

图 4-24　内插处理

采用电学的方法将刻线间距进行细分称为“内插处理”(见图 4-24)。它有好几个方法，下面主要介绍有代表性的方法。首先根据信号 1 和信号 2 位于各自中心线的上下，将电信号的一个周期分为 4 个象限，然后通过各自的象限对信号 1 和信号 2 进行加减计算，所有的象限都有相同的波形。由于这种波形近似直线，所以将象限和电压通过电学方法检测并进行细分，这样就可测量角度。

第五章　距离测量

距离测量是测量中的基本工作之一。距离测量的主要方法有钢尺量距、视距测量和光电测距。

第一节　钢尺量距

钢尺量距的工具，主要有钢尺(30m,50m)、标杆(又名花杆)和测钎。

1　钢尺量距

当两点之间的距离小于一尺长的时候，可以用钢尺直接丈量。当两点间的距离大于一尺长的时候，为了准确测量，则必须先进行直线定线。

1.1　直线定线

1.1.1　目估定线

在地面上两点连线间定出若干点的位置，使这一系列的点在一条直线上，这项工作就叫做直线定线。常采用的方法有目估法和经纬仪定线法。

如图 5-1 所示，采用目估法在 A、B 直线上定出 C、D、E、F 等一系列的点。先在 A、B 点上各立一根花杆，甲在 B 点花杆后通过 A、B 花杆同一侧的边缘，指挥乙左右移动 C 点(离开 A 点约一尺长)附近的花杆，直到 A、C、B 三杆在同一竖直面内时，打上木桩。然后用同样的方法定出 D、E、F 一系列的点，此时直线定线工作完成。

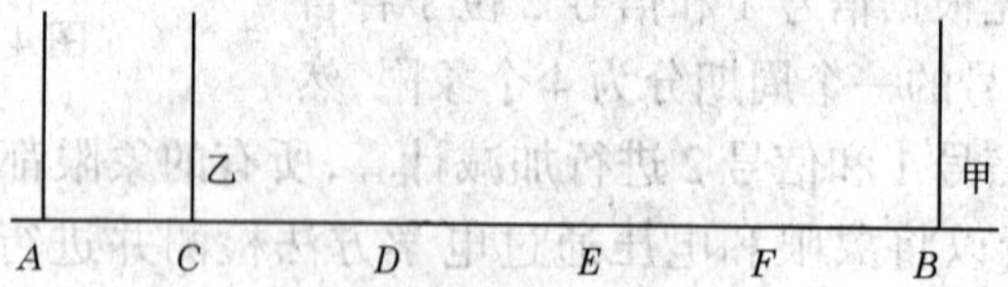

图 5-1　目估定线

1.1.2　经纬仪定线

如图 5-2 所示，在 A、B 直线上定出 C、D、E、F 等一系列的点。甲在 B 点整置经纬仪，乙在 A 点立花杆，用经纬仪准确照准花杆，并水平制动，此时望远镜只能上下动，不能左右动。乙拿花杆在 C 点(离开 A 点约一尺长)附近听从甲的指挥左右移动花杆，直到花杆与十字丝重合时，打上木桩，然后用同样的方法定出 D、E、F 一系列的点。

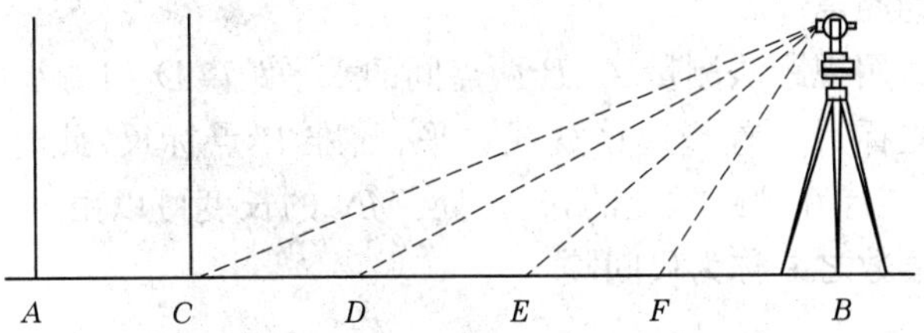

图 5-2 经纬仪定线

1.1.3 钢尺量距

欲测 A、B 两点之间的水平距离 D，其丈量工作可由前后两人进行。后尺手在直线起点 A 处将钢尺零点对准 A 点，前尺手将钢尺终端对准 C 点，钢尺拉平、拉直、拉稳后，前尺手喊"预备"，后尺手将钢尺零点对准 A 点后说"好"，前尺手立即读数，并记录。量完第一段后，继续往下一段丈量，直至将 AB 量完。将每一测段的长度累加求得 $D_{往}$。为了提高量距精度和检查错误，须返测，求得 $D_{返}$，方法与往测一样。然后依公式(5-1)进行精度评定：

$$往返距离相对误差=\frac{2|D_{往}-D_{返}|}{D_{往}+D_{返}} \tag{5-1}$$

一般来说，要求相对误差≤1/3 000。当满足要求时，则取二者的平均值：

$$\bar{D}=\frac{D_{往}+D_{返}}{2} \tag{5-2}$$

第二节 视距测量

用钢尺直接丈量两点间距离是一项比较繁重的工作，尤其是距离较远、地形较复杂的情况下，钢尺量距就难以实现。为此，人们研究出了另一种距离测量的方法——视距测量。

1 视距测量原理

如图 5-3 所示，在等腰三角形中，当顶角 ϕ 固定的时候，底边长 l 与其高 D 之间成正比，即 $D=\frac{l}{2}\cot\frac{\phi}{2}$。这种方法称为定角视距测量。经纬仪和平板仪及水准仪在十字丝分划板上增加一视距装置(上、下丝)就是利用了这一原理。

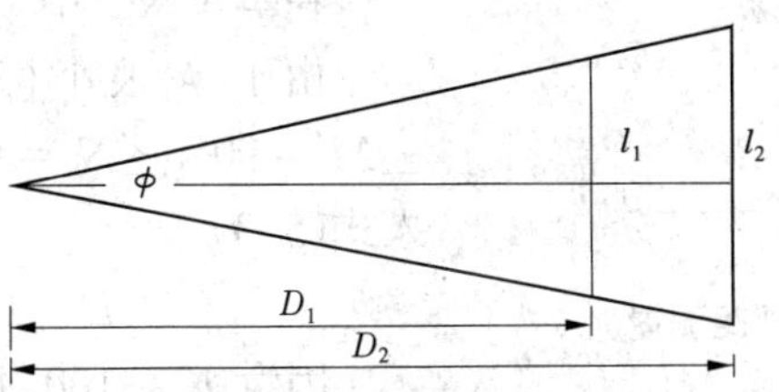

图 5-3 视距测量原理

1.1 视线水平时的距离

如图 5-4 所示,用视距法测量 A、B 两点间的水平距离 D 和高差 h,可以在 A 点上安置经纬仪,B 点处立标尺。置望远镜视线水平,瞄准 B 点标尺,此时视线和标尺相互垂直。尺上 M、N 点成像在视距丝上的 m、n 处,MN 的长度可以由上、下视距丝读数之差求得,上下视距丝读数之差称为尺间隔。

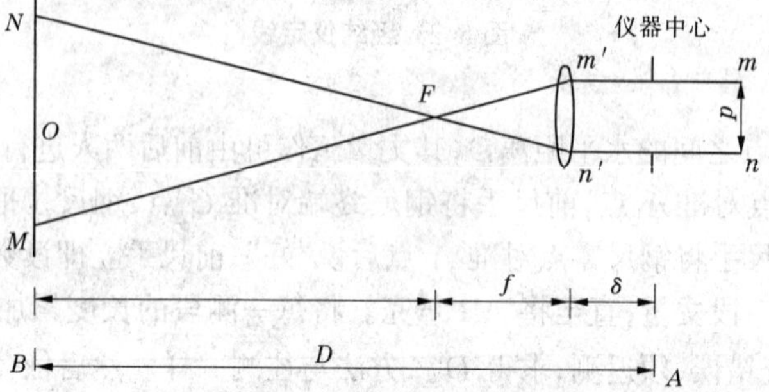

图 5-4 视线水平时视距测量

在图 5-4 中,MN 为尺间隔 l;p 为视距丝间距,f 为物镜焦距,δ 为物镜至仪器中心的距离。由相似三角形 MNF 与 $m'n'F$ 可知:$D = FO + f + \delta = \frac{f}{p}l + f + \delta$

令 $K = f/p$,$C = f + \delta$,则有 $D = Kl + C$。式中:K 为乘常数;C 为视距加常数。为了计算方便,在设计测量仪器的望远镜时,选择适当的物镜焦距 f 及十字丝间距 p 等参数,使 $K = 100$,而 C 值接近于 0,与此相应的 $\phi = 34'23''$,故上式可以改写为

$$D = Kl \tag{5-3}$$

1.2 视线倾斜时的距离

如图 5-5 所示,照准轴的倾斜角为 α,这时标尺仍是直立的,因而视线与标尺不垂直。不能直接应用上述公式。若能将尺间隔 l 换算成与视线垂直的尺间隔 $l' = M'N'$,这样就可以求得倾斜距离:$D' = Kl'$,则

$$D = D'\cos\alpha = Kl'\cos\alpha$$

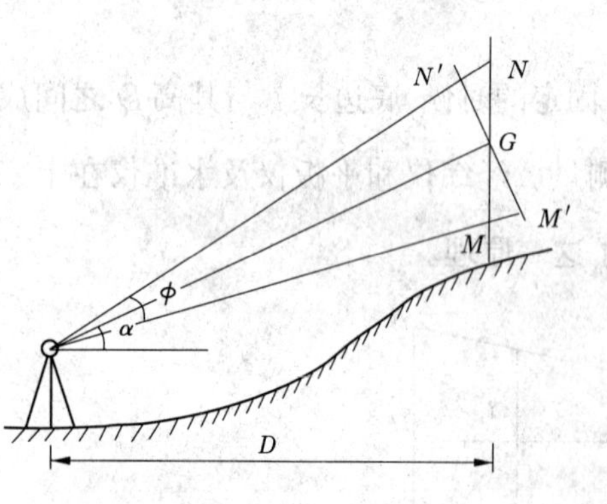

图 5-5 视线倾斜时视距测量

因此,现在的问题是要确定 l' 和 l 的关系

在△$MM'G$ 中 $\angle M' = 90° - \phi/2$

在△$N'NG$ 中 $\angle N' = 90° + \phi/2$

由于 ϕ 很小($34'23''$),则有 $\phi/2 \approx 0$,$\angle M' = 90°$,$\angle N' = 90°$;即有:$l' = l\cos\alpha$,代入式(5-3)

$$D = Kl(\cos\alpha)^2 \tag{5-4}$$

因为 $K = 100$,尺间距隔 1cm 时,$Kl =$ 1m,因此在实际工作中,就直接读出 Kl。

又由于 $\alpha = 90° - L$(L:盘左读数),所以式(5-4)又可以写成

$$D = Kl(\sin L)^2 \tag{5-5}$$

具体算例见第六章。

2　视距测量误差及注意事项

2.1　视距测量误差

2.1.1　读数误差

由于人眼分辨率和望远镜放大率的限制,视距丝本身具有一定的宽度,它将遮盖尺上分划的一部分,以及估读误差和残余视差等,其影响表现为尺间距 l 的误差,该误差与距离远近成正比,由视距公式可知,尺间距 1mm 误差,将使视距产生 0.1m 误差。而这项误差是视距测量中最主要的一项误差,这也就决定了视距测量的精度不是很高。因此,视距测量只能用于精度要求不高的距离测量工作中。

2.1.2　视距乘常数 K 的误差

由于温度变化,改变了物镜焦距和视距丝的间距,因此,K 不完全是 100。若为 100 ± 0.1时,可视其为 100。若超出这一范围,则应送厂家修理。

2.1.3　视距尺倾斜误差

视距尺倾斜对水平距离的影响,其相对误差公式为

$$\frac{\Delta D}{D} = \frac{\delta}{\rho}\tan\alpha \tag{5-6}$$

式中　ΔD——视距尺倾斜引起的误差;

ρ——$\rho = 206\,265''$;

δ——视距尺倾斜角,以秒为单位;

α——视线倾角。

用 $\delta = 3°$,α 分别为 $10°$、$20°$代入上式,其距离相对误差为 1/108、1/50。

由此可见,视距尺倾斜对视距精度影响很大,特别在山区,竖直角较大时更为严重。所以山区测量时,应特别注意标尺立直。

2.1.4　外界条件的影响

外界条件的影响主要是垂直折光影响,由于大气密度不均匀,越靠近地面,密度越大,视线越靠近地面,其受到的垂直折光的影响越大,且上、下丝受到的影响不同,如图 5-6 所示。只有当视线离开地面 1m 时,折光影响才较小。其次,是空气对流使视线成像不清晰稳定。这种影响也是接近地面时较为明显。在烈日下尤其突出。

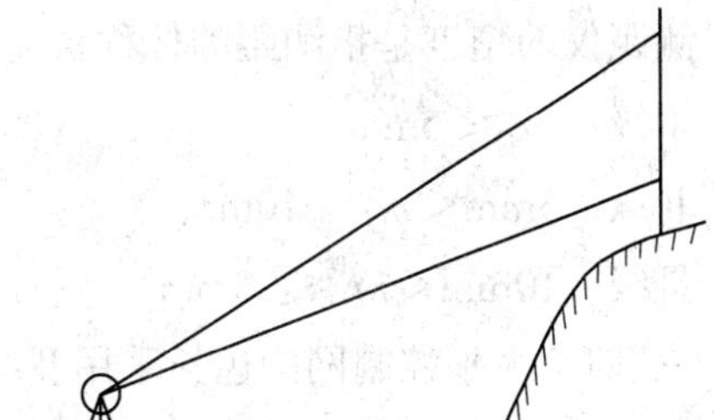

图 5-6　外界条件对测距的影响

2.2　注意事项

(1)观测时应尽量保持视线离地面 1m 以上,以减少垂直折光的影响。

(2)标尺读数应清晰。

(3)标尺应为一根整尺,最好不用折尺或塔尺,因为在接头处存在较大的误差。

(4)观测时应尽量选在风力较小、成像清晰稳定的时候进行。

(5)立尺要直,最好标尺上带有水准器。

第三节　光电测距

我们知道,钢尺量距外业工作繁重、工作效率低,在复杂的地形条件下甚至无法工作。用视距法测量,虽然操作较简单,可以克服地形条件的限制,但测程较短,测距精度不高。随着光电技术的发展,自 20 世纪 60 年代后,人们又创造出一种新的测距方法——光电测距。

光电测距的基本原理是通过测定电磁波(无线电波或光波)在测线两端点间往返传播的时间 t,按下列公式求出 D

$$D = \frac{1}{2}ct \tag{5-7}$$

式中　c——电磁波在大气中的传播速度,它可以根据观测时的气象条件来确定。

1　光电测距仪的分类

光电测距仪一般按光源、测程、测距精度和测距原理分类。

1.1　按光源分类

可分为红外测距仪和激光测距仪。

1.2　按测程分类

短程测距仪——指测程为 3km 及 3km 以内的测距仪;

中程测距仪——指测程为 3km 以外,15km 以内的测距仪;

远程测距仪——指测程为 15km 以外的测距仪。

1.3　按测距仪的精度分类

测距仪的精度是指测距的标称精度,以每公里的测距中误差 m_D 表示,一般分为:

Ⅰ级　$m_D \leqslant 5\text{mm}$

Ⅱ级　$5\text{mm} < m_D \leqslant 10\text{mm}$

Ⅲ级　$10\text{mm} < m_D \leqslant 20\text{mm}$

三、四等水平控制网的边长采用Ⅱ级或Ⅰ级精度的测距仪测量。

1.4　按测距的原理分类

脉冲式测距仪:测距的主要特点是发射光脉冲,直接测定测距信号在大气中传播的时间,以确定待测距离,它发射功率大、测程远。可以不要合作目标,但测距精度较低。

相位式测距仪:测距的主要特点是发射连续的正弦调制光波,测定测距信号在发射与接收之间的相位差,以确定待测距离,它的测距精度高,测程短,但要有合作目标。

脉冲 - 相位式测距仪:测距的主要特点是发射光脉冲载波,通过测定相位差以确定待测距离,它兼有测程短、测距精度高的特点。下面以相位式测距仪为例,介绍测距原理。

2 光电测距原理

2.1 固频相位测距的基本公式

如图 5-7 所示，测距仪整置在 A 点上，反射棱镜整置在 B 点上，A、B 两点间的待测距离为D。固频相位法测距就是由测距仪发射连续的调制光波，然后测量调制光波往返于待测距离上的相位差 φ，以间接测定时间 t_{2D}，并按式(5-7)求得待测距离。

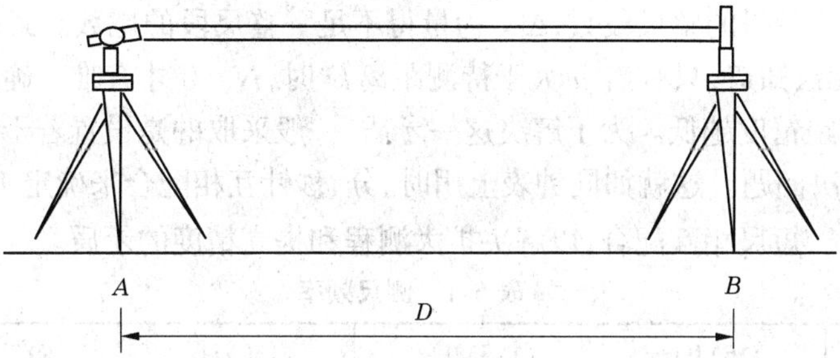

图 5-7 光电测距的原理

如图 5-8 所示，若将调制光波在测线上按往返距离展平，则它返回到 A 点的相位要比发射的时间迟了 φ 角，即

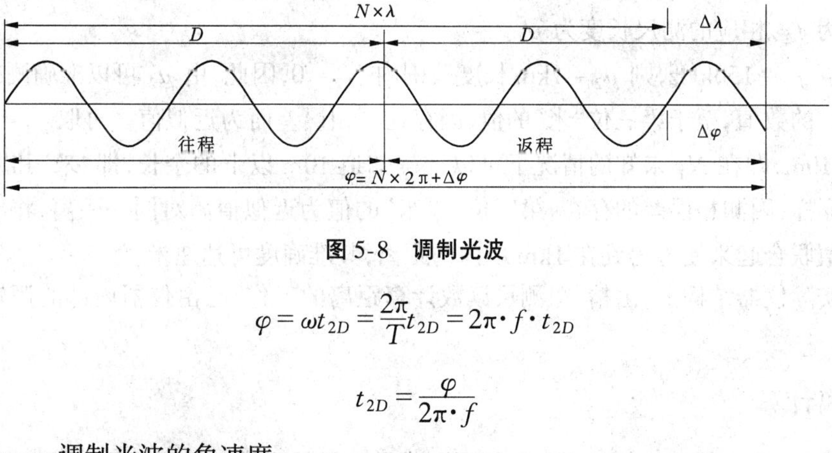

图 5-8 调制光波

$$\varphi = \omega t_{2D} = \frac{2\pi}{T} t_{2D} = 2\pi \cdot f \cdot t_{2D}$$

则
$$t_{2D} = \frac{\varphi}{2\pi \cdot f} \tag{5-8}$$

式中 ω——调制光波的角速度；

T——调制光波的周期；

f——调制光波的频率。

将式(5-8)代入式(5-7)得

$$D = \frac{c}{2f}\frac{\varphi}{2\pi} = \frac{\lambda}{2}\frac{\varphi}{2\pi} \tag{5-9}$$

式中，$\lambda = c/f$，调制光波的波长。

在图 5-8 中，调制光波往返于待测距离上的相位差整周期数为 N，不足的尾数为 $\Delta\varphi$，即

$$\varphi = N \times 2\pi + \Delta\varphi \tag{5-10}$$

代入式(5-9)得

$$D = \mu(N + \Delta N) \tag{5-11}$$

式中 ΔN——$\Delta N = \Delta\varphi/2\pi$，相位差尾数的折合整周数；

μ——$\mu = \lambda/2 = c/2f$，即测尺长度。

2.2 测尺频率方式的选择

式(5-11)表明，固频相位法测距就好比是用一把长度为 $\mu = \lambda/2$ 的测尺去丈量待测距离。其中 N 为量得的整尺段数，ΔN 为量得不足一整尺段的尾数。式中是一个不确定值，因此 D 仍无法知道，只有当 μ 大于待测距离 D 时，$N = 0$ 才有唯一确定的值。然而测尺长度越大，测距精度越低。为了解决这一矛盾，一般采取的是设置若干不同的测尺频率 f_i，结合起来解决问题。这就如同钟表上用时、分、秒针互相配合来确定 12 小时内的准确时间一样。用长、短尺相互配合，以解决扩大测程和提高精度的矛盾。

表 5-1 测尺频率

测尺频率	15MHz	1.5MHz	150kHz	15kHz	1.5kHz
尺长	10m	100m	1km	10km	100km
精度	1cm	10cm	1m	10m	100m

设仪器中采用了两把测尺配合测距，其中精测频率为 f_1，相应的测尺长度为 μ_1；粗测频率为 f_2，相应的测尺长度为 μ_2。

若取 $f_2 = 150\text{kHz}$，则 $\mu_2 = 1\text{km}$ 长度范围内 $N_2 = 0$，因此，由 μ_2 可以准确测得“百米”和“十米”的数值，至于第三位“米”的值，因存在测相误差而为近似值。再取 $f_1 = 15\text{MHz}$，则 $\mu_1 = 10\text{m}$，即在 N_1 未知的情况下可以准确知道 10m 以下的余长，即“米”和“分米”的数值。同样，因测相误差的存在，第三位“厘米”的值为近似值。对同一距离，将 μ_1 和 μ_2 所测的值联合起来便可得到在 1km 以内的距离，其准确度可达厘米。

在实际仪器结构上，由精、粗测尺读数计算距离的工作，已由仪器内部的逻辑电路自动完成。

3 距离计算

由短程光电测距仪测定的距离，其观测成果还只是测线倾斜距离的初步值，还必须经过一系列的改正。

3.1 大气改正

大气折射率随大气条件而改变。使用光电测距仪进行作业时的大气条件如温度 t、气压 P 一般不会与仪器选定的基准大气条件相同，因而由于测尺长度产生变化，使得测距成果中含有系统误差，故必须加入气象改正数。

$$\Delta D_{气} = \left(278.96 - \frac{0.2904P}{1 + 0.003661t}\right) \cdot D' \tag{5-12}$$

式中 $\Delta D_{气}$——气象改正数，mm；

D'——观测成果，km；

P——气压，Pa；

t——温度，℃。

3.2 倾斜改正

当测线两端不等高时，测量结果为倾斜距离，必须加倾斜改正数后才能得到水平距离。当距离较短时，可按下式改正。

$$平距\ D=\sqrt{S^2-h^2} \tag{5-13}$$

或

$$平距\ D=S\cos\theta$$

3.3 归算改正（归算至大地水准面）

如图 5-9 所示，图中：H_r 为反射镜处的高程，D_H 为处于反射镜高程面上的平距，R 为地球半径，D_0 为大地水准面上的长度，则

$$D_0=D_H\left(1-\frac{H_r}{R}\right) \tag{5-14}$$

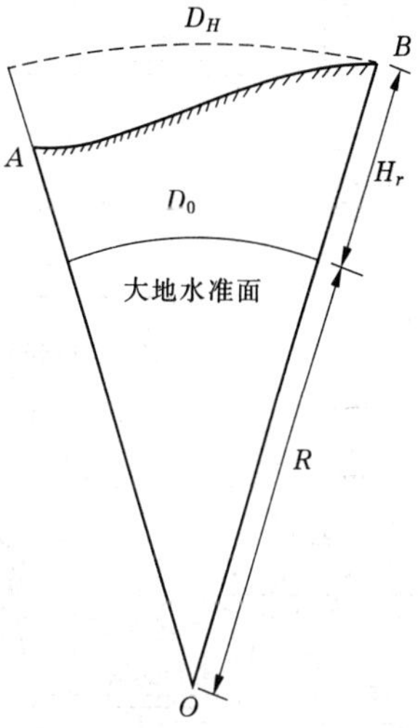

图 5-9 归算改正

3.4 投影改正（化算至投影面）

投影改正，即距离改化，其目的就是将大地水准面上的长度 S 化算到高斯平面上。

$$s=\left(1+\frac{y_m^2}{2R_m^2}\right)S \tag{5-15}$$

式中 y_m——A、B 点横坐标的平均值；

R_m——A、B 点平均纬度相应的平均曲率半径；

S——大地水准面上的长度；

s——高斯平面上的长度。

第四节 全站仪

全站仪（又称全站式电子速测仪）是集自动测角、测距、测高于一体，实现对测量数据进行自动获取、显示、存储、传输、处理计算的三维测量系统。全站仪现已广泛应用于控制测量、工程放样、安装测量、变形监测、地形测绘和地籍测量等领域，成为实现测量工程内外业一体化、自动化、智能化的关键硬件系统。全站仪由电子经纬仪、电磁波测距仪、微处理器、电源装置和反射棱镜等组成。

1 全站仪的结构

如图 5-10 所示，全站仪包括照准部、I/O 接口、CPU 部和电源。

1.1 照准部

照准部包括望远镜、度盘、水准器、脚螺旋、光学对点器、基座、制动螺旋、微动螺旋，其中后七项已在第三章中作了详细介绍。

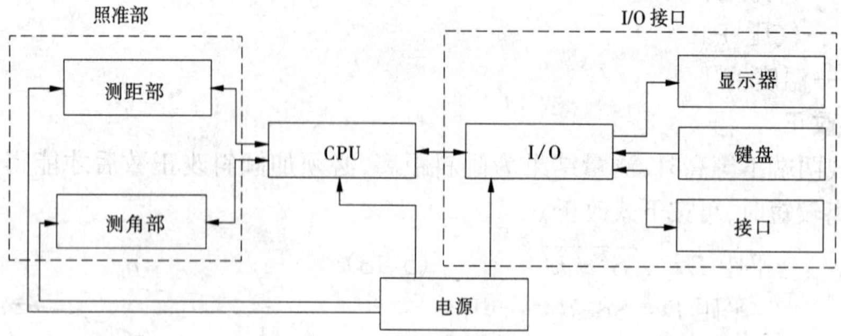

图 5-10　全站仪框图

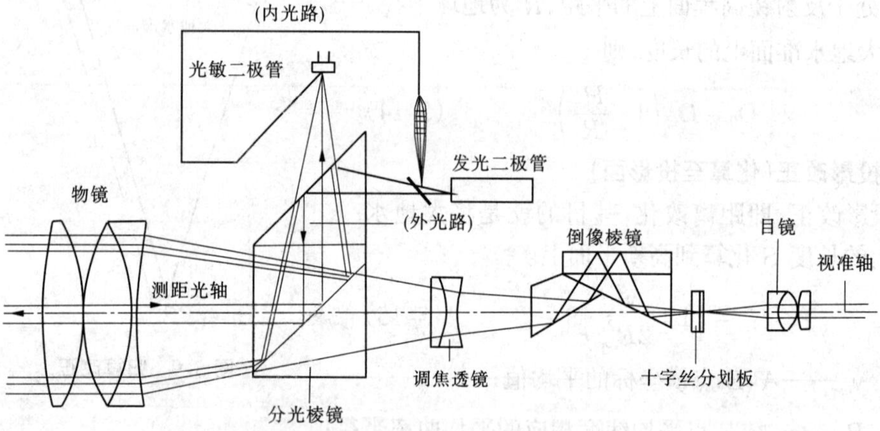

图 5-11　全站仪的望远镜光路图

目前全站仪基本采用望远镜的光轴(又称视准轴)和测距光轴完全同轴的光学系统,如图 5-11 所示,一次照准就能同时测出距离和角度。

1.2　I/O 接口

接口部分包括键盘、显示器、RS－232C 串行接口。

(1)键盘:主要是用来输入数据和各种命令。

(2)显示器:目前一般采用的是 LCD(液晶)型显示器,它主要用来显示各种测量数据和各种命令。

(3)RS－232C 串行接口:主要是将全站仪与计算机等外围设备进行连接,通过外围设备对全站仪进行控制和数据交换。在全站仪的控制面板上所进行的操作和控制,同样可以在计算机的键盘上操作,便于用户应用开发。操作命令使用的是 ASCⅡ代码,能执行测量、对数据的要求、数据的传送、测量模式和功能的选择等。

1.3　CPU 部

CPU 部包括 CPU、ROM(主存储器)、RAM(暂存储器),CPU 按其程序进行各种控制和运算,RAM 暂存放输入或输出的数据和运算的结果,ROM 存放各种测量数据。

1.4　竖轴倾斜的自动补偿

经纬仪的照准部的整平可使竖轴铅直,但受气泡灵敏度和作业的限制,仪器的精确整平有一定的困难。这种竖轴不铅直的误差称为竖轴误差。竖轴误差对水平方向和垂直角的影响不能通过盘左、盘右读数取中数来消除。因此，在一些较高精度的电子经纬仪和全站仪中安置了竖轴倾斜自动补偿器，以自动改正竖轴倾斜对水平方向和垂直角的影响。精确的竖轴补偿器，仪器整平到 3′范围内，其自动补偿精度可达 0.1′。

如图 5-12 所示是一种双轴液体补偿器，图中由发光管发出的光，经物镜组发射到液体盒，全反射后，又经物镜组聚焦到光电接收器上。光电接收器为一光电二极管阵列。一方面将光信号转变为电信号；另一方面还可以探测出光落点的位置。光电二极管阵列可分为 4 个象限，其原点为竖轴竖直时光落点的位置。当竖轴倾斜时，光电接收器接收到的光落点位置就发生了变化，其变化量即反映了竖轴在纵向(视准轴方向)上的倾斜分量 L 和横向(横轴方向)上的倾斜分量 T。位置变化信息传输到内部的微处理器处理，对所测的水平角和垂直角自动改正，以达到补偿的目的。

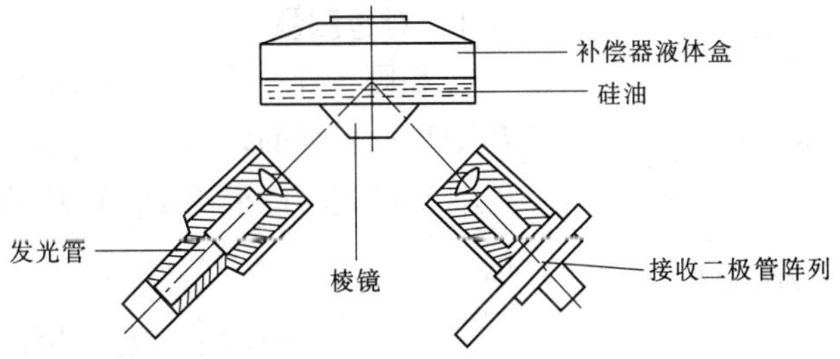

图 5-12　双轴液体补偿器

2　全站仪的基本测量功能

全站仪的基本测量功能包括角度测量、距离测量。

2.1　角度测量

全站仪具有电子经纬仪的测角部，除测量水平角和垂直角外，还有其他功能。对于水平角而言，可以输入任意角，任意方向置 0，任意角值的锁定(照准部旋转时角度读数不变)。对于垂直角而言，天顶距、高度角、倾斜角、% 坡度之间可以变换。

同时，由于全站仪使用电子水准器，可从视准轴的方向或者视准轴和横轴的两个方向来检测倾斜角，它具有补偿竖轴误差以及横轴误差、视准轴误差、偏心误差之功能。

2.2　距离测量

全站仪光电测距部，除测量至反射棱镜的距离外，还有以下功能。

最小分辨率的选择：一般有 1cm、1mm、0.1mm。

测距次数的选择：单次测量，显示一次测量结果，然后停止测量；连续测量，可进行不间断测量，按 Esc 键后测距中止；多次测量，按设定的次数测量之后，取平均数显示。

测量精度的选择：精测，测量精度高，需数秒钟；粗测，测量精度低，时间短；跟踪测量，如在放样测量中，边移动棱镜边测量距离，测量时间小于 1s，通常测量的最小单位为 1cm，并且测量数据不能自动存储和与计算机交换。

棱镜常数改正：光通过玻璃时的速度比在空气中要小，所以光电测距仪显示的距离也要比实际的距离长。因此，棱镜的常数取决于玻璃的折射率和反射棱镜的大小（光程）。然而，反射棱镜顶点如在测点的铅直线上，那么棱镜（玻璃）折射率的改正值即为棱镜常数，但实际上顶点的位置是偏离光学对点器的视准线，这时要将这些偏离值作加减计算。以上所述的两项改正值就称为棱镜常数，该常数由于反射棱镜的不同而不同。并且，即使反射棱镜相同，由于装配基准面的不同，其棱镜常数也不同。

除此之外，还能进行气象改正和球气差改正。

3 程序功能

全站仪测量角度和距离之后进行相关的计算，就可以完成以下一些工作，从而使测量工作变得更加简单、快捷和高效，并且通过与计算机的有机配合，实现了测量作业的全自动化。

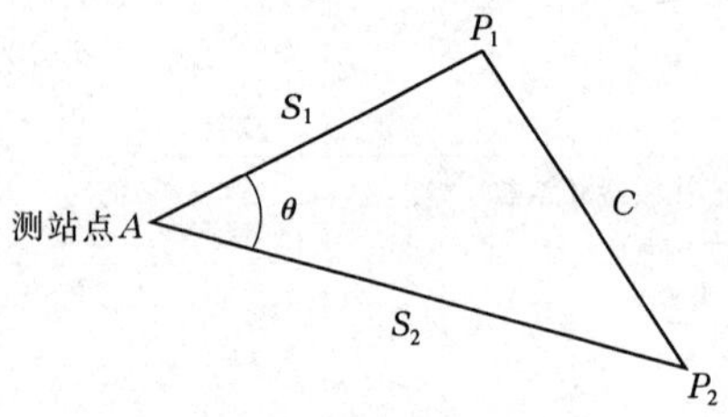

图 5-13 对边测量

3.1 对边测量

如图 5-13 所示，在测站点 A 上依次测量各 P_1、P_2 反射镜的距离 S_1、S_2 和水平角 θ，以及高差 h_{A1}、h_{A2}，则可以求出 P_1 至 P_2 间的距离 C 和高差 h_{12}：

$$C=\sqrt{S_1^2+S_2^2-2S_1S_2\cdot\cos\theta}$$

$$h_{12}=h_{A2}-h_{A1}$$

3.2 悬高测量

架空的电线和管道等因远离地面无法设置反射棱镜，而采用悬高测量就能测量其高度。如图 5-14 所示，把反射棱镜设在欲测高度之下，输入反射棱镜高，然后照准反射棱镜进行距离测量，再转动望远镜照准目标，便能显示地面至目标物的高度。目标的高度由下式计算：

$$H=v+S\sin z_1(\cot z_2-\cot z_1) \tag{5-16}$$

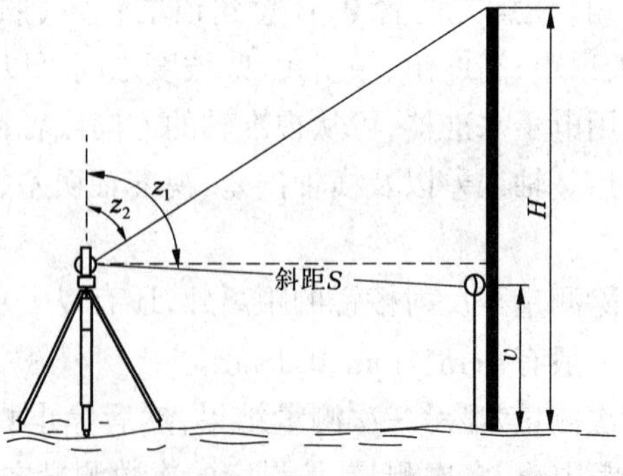

图 5-14 悬高测量

当然全站仪的功能还有许多，在此不能一一叙述。

4 自动全站仪

自动全站仪是一种能自动识别、照准和跟踪目标的一种全站仪，又称测量机器人。图 5-15所示是徕卡公司生产的全站仪。

自动全站仪由伺服马达驱动照准部和望远镜的转动和定位，在望远镜中有同轴自动识别装置，能自动照准棱镜进行测量。它的基本原理是：仪器向目标发射激光束，经反射棱镜返回，并被仪器中的 CCD 相机接收，从而计算出反射光点中心位置，得到水平方向和天顶距的改正数，最后启动马达，驱动全站仪转向棱镜，自动精确照准目标。为提高观测速度，望远镜基本照准后，计算出相对精确照准棱镜的水平方向和天顶距的改正数，进行改正后给出正确的读数。

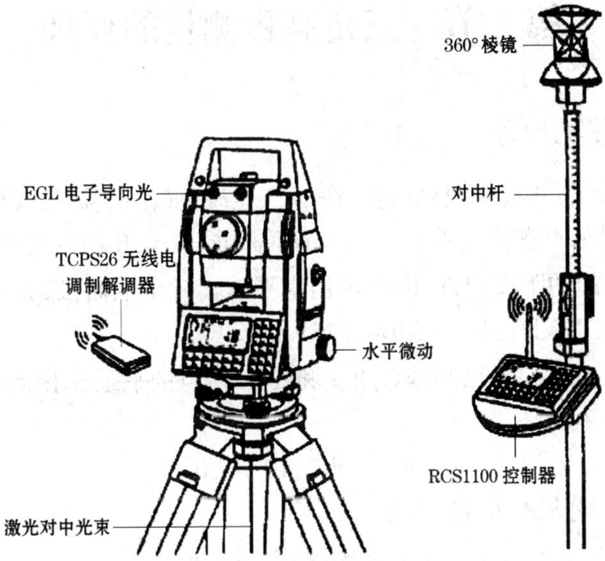

图 5-15　自动全站仪

第六章 三角高程测量

虽然水准测量精度高，但在地形起伏较大的或不便于水准测量的地区，常采用三角高程测量方法来传递高程。三角高程测量是由测站点向照准点所观测的垂直角(或天顶距)和它们之间的水平距离，计算测站点与照准点之间的高差。这种方法简便灵活，受地形条件的限制较少。

第一节 三角高程测量的原理

1 三角高程测量的原理

如图 6-1 所示，在 A 点架设经纬仪，在 B 点立觇板(花杆、标尺)，量取仪器高 i 和觇板高 v(或中丝读数)，并测定其垂直角 α，从而可以求出 A、B 两点的高差 h_{AB}。

由于 AB 两点间的距离较近，因此可用水平面代替水准面，那么，过 A 点作一直线 AM，并作辅助线 YN，则有：$h_{AB} = MB = PN + i - v$。

在直角三角形 PNY 中，已知垂直角 α 和 A、B 两点的平距 S，因此 $PN = S\tan\alpha$，所以有

$$h_{AB} = S\tan\alpha + i - v \tag{6-1}$$

若用天顶距 Z 代入式(6-1)，则有

$$h_{AB} = S/\tan Z + i - v \tag{6-2}$$

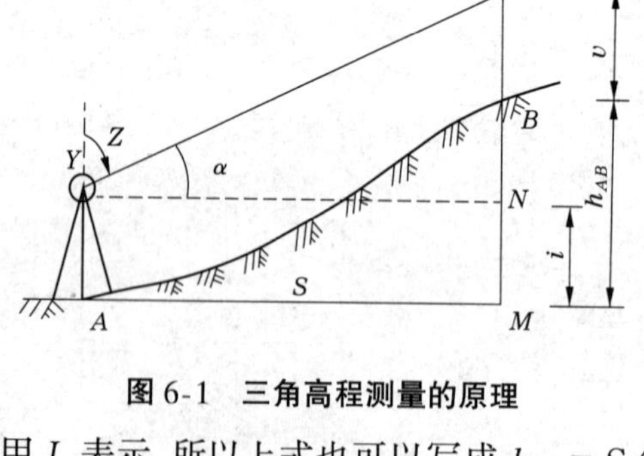

图 6-1 三角高程测量的原理

经纬仪的盘左读数用 L 表示，所以上式也可以写成 $h_{AB} = S/\tan L + i - v$，在地形测量中，测定碎部点的高程时，可直接用此公式。

已知 A 点高程，求 B 点高程，则依式(6-1)有

$$h_{AB} = S\tan\alpha_{AB} + i_A - v_B$$

$$H_B = H_A + h_{AB} = H_A + S\tan\alpha_{AB} + i_A - v_B \tag{6-3}$$

凡是仪器在已知点上设测站，观测已知点和未知点之间的高差称为直觇；反之，如果在未知点设站观测未知点和已知点之间的高差称为反觇。

$$h_{BA} = S\tan\alpha_{BA} + i_B - v_A$$

$$H_B = H_A - h_{BA} = H_A - (S\tan\alpha_{BA} + i_B - v_A) \tag{6-4}$$

《规范》规定：在一般平坦地区，直、反觇高差较差应$\leqslant \pm 0.4\times S$(m)($S$ 为边长，km)。

【例 6-1】 已知 A 点高程 $H_A = 30.502$m。在 A 点架设仪器，仪器高 $i = 1.465$m，在 B 点立标尺，读数如下：

视距 $Kl = 136.5$m，中丝 $v = 1.780$m，盘左读数 $L = 88°46'24''$。

求：(1)AB 两点的平距 S；(2)AB 两点的高差 h_{AB}；(3)B 点的高程 H_B。

解 依公式可知

(1)$\alpha = 90° - L = 1°13'36''$

$S = Kl(\cos\alpha)^2 = 136.5\times[\cos(1°13'36'')]^2 = 136.437$m

或者 $S = Kl(\sin L)^2 = 136.5\times[\sin(88°46'24'')]2 = 136.437$m

(2)$h_{AB} = S/\tan L + i - v = 136.44/\tan(88°46'24'') + 1.465 - 1.780 = 2.606$m

或者 $h_{AB} = S\tan\alpha + i - v = 136.44\times\tan(1°13'36'') + 1.465 - 1.780 = 2.606$m

(3)$H_B = H_A + h_{AB} = 30.502 + 2.606 = 33.108$m

【例 6-2】 同上例，在 B 点架仪器，仪器高 $i = 1.562$m，在 A 点立标尺，读数如下：

视距 $Kl = 136.6$m，中丝 $v = 1.738$m，盘左读数 $L = 91°03'30''$

求(1)BA 两点的平距 S；(2)BA 两点的高差 h_{BA}；(3)B 点的高程 H_B；

(4)往返测距相对误差；(5)高差较差。

解 (1)$S = Kl(\cos\alpha)^2 = 136.6\times[\cos(-1°03'30'')]^2 = 136.553$m

或 $S = Kl(\sin L)^2 = 136.6\times[\sin(91°03'30'')]^2 = 136.553$m

(2)$h_{BA} = S\tan\alpha + i - v = 136.553\times\tan(-1°03'30'') + 1.562 - 1.738 = -2.699$m

或 $h_{BA} = S/\tan L + i - v = 136.553/\tan(91°03'30'') + 1.562 - 1.738 = -2.699$m

(3)$H_B = H_A - h_{BA} = 30.502 - (-2.699) = 33.201$(m)

(4)往返距离相对误差为：$\dfrac{2\times|136.437 - 136.553|}{136.437 + 136.553} = \dfrac{1}{1\,176} \leqslant \dfrac{1}{1\,000}$

(5)高差较差为：$h_{AB} + h_{BA} = 2.606 - 2.699 = -0.093\text{m} < \pm 0.4\times 0.136 = 0.054$(m)

2 地球曲率与大气折光的影响

在上述三角高程测量的公式中，没有考虑地球曲率与大气折光对所测高差的影响。当两点之间的距离较远时，必须考虑。

如图 6-2 所示，已知 A 点的高程为 H_A，现在要测定 B 点的高程 H_B，那么首先要测出 AB 两点的高差 h_{AB}。在 A 点安置仪器，仪器高为 i，在 B 点立标杆 BF，杆高为 v，图中未受大气折光影响时的视线为 IG，而实际视线为 IF，FG 用符号 r 表示。假设视线的垂直

角为 α，IE 为通过仪器中心的水平面，ID 为通过仪器中心的水准面。DE 用符号 p 表示。在第二章中，我们已经知道 $p=\frac{S^2}{2R}$，式中的 S 为 A、B 两点的距离。

综上所述，B 点的高程为

$$H_B=H_A+i+DE+EG-GF-FB=H_A+i+p+EG-r-v$$

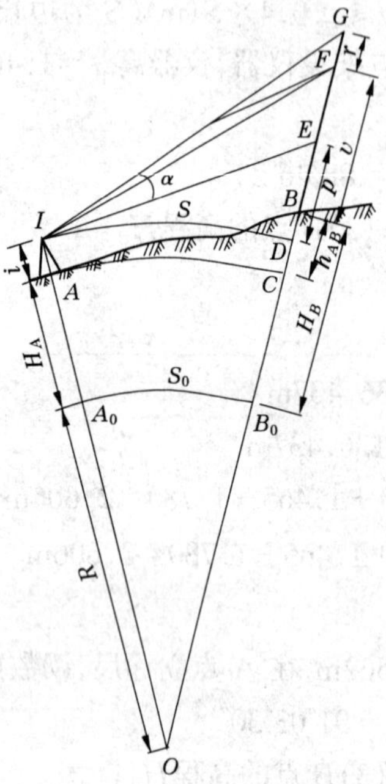

图 6-2　地形曲率与大气折光的影响

式中的 r 为大气折光的影响，其正确值难求。因为大气折光主要与空气密度有关，而空气密度除了与高差有关之外，还受温度、气压等气候条件影响。在一般的测量工作中近似地把折射曲线看成为一个圆弧，其半径约为地球半径的 6～7 倍。即：$r=\frac{K}{2R}S^2$。

通常令 $f=p-r$，称为球气差，则有

$$f=\frac{1-K}{2R}S^2 \tag{6-5}$$

式中，K 称为大气折光系数，在一天内 K 值是变化的，一般中午前后 K 值最小，并且比较稳定；日出、日落时数值较大，而且变化较快，因此垂直角观测最好在中午前后进行。阴天观测时 K 值影响变化不大，可以不受时间限制。

K 值变化是复杂的，在不同的地区、不同的时间、不同的天气等都会不相同，甚至在同一个测站上各个方向也不相同，主要影响因素是气温和气压的变化。实用中是将我国大部分地区的折光系数取平均值，一般取 0.11～0.14。

于是依据式(6-3)可知，直觇时的三角高程测量的基本公式：

$$h_{AB}=S\tan\alpha_{AB}+i_A-v_B+f$$

所以

$$H_B=H_A+S\tan\alpha_{AB}+i_A-v_B+f \tag{6-6}$$

同样，依据式(6-4)可知，反觇时的三角高程测量的基本公式：

$$h_{BA}=S\tan\alpha_{BA}+i_B-v_A+f$$

$$H_B=H_A-h_{BA}=H_A-(S\tan\alpha_{BA}+i_B-v_A+f) \tag{6-7}$$

当取二者的平均值作为最后高差值时有

$$\bar{h}=\frac{h_{AB}-h_{BA}}{2}=\frac{S}{2}(\tan\alpha_{AB}-\tan\alpha_{BA})+\frac{1}{2}(i_A-i_B)-\frac{1}{2}(v_A-v_B) \tag{6-8}$$

此式说明取往返平均值可以减少球气差的影响。

为了计算方便，在表 6-1 中列出了不同距离时的地球曲率与大气折光的影响，其中 $R=6\ 371\text{km}$，$K=0.14$。

表 6-1 地球曲率与大气折光的改正值 （单位:m）

S	f	S	f	S	f	S	f
385	0.01	1 277	0.11	1 764	0.21	2 143	0.31
544	0.02	1 333	0.12	1 805	0.22	2 177	0.32
667	0.03	1 388	0.13	1 846	0.23	2 211	0.33
770	0.04	1 440	0.14	1 886	0.24	2 244	0.34
861	0.05	1 491	0.15	1 925	0.25	2 277	0.35
943	0.06	1 540	0.16	1 963	0.26	2 310	0.36
1 018	0.07	1 587	0.17	2 000	0.27	2 341	0.37
1 089	0.08	1 633	0.18	2 037	0.28	2 373	0.38
1 155	0.09	1 678	0.19	2 073	0.29	2 404	0.39
1 217	0.10	1 721	0.20	2 108	0.30	2 434	0.40

3 三角高程测量主要误差来源及减弱措施

由公式(6-6)可知,观测边长 S、垂直角 α、仪器高 i 和觇标高 v 的测量误差及大气折光系数 K 的测定误差均会给三角高程测量成果带来误差。

3.1 边长误差

边长误差决定于距离丈量方法。用普通视距法测定距离,精度只有 1/300,因此对三角高程的影响较大。但如果两点间的距离是用光电测距的方式获得,其精度相当高,达到几万分之一到几十万分之一,因此边长对三角高程的影响可以忽略不计。

3.2 垂直角误差

垂直角观测误差包括仪器误差、观测误差和外界环境的影响。仪器误差主要由仪器的等级所决定。观测误差有照准误差、指标水准管居中误差等。外界条件主要是大气垂直折光的影响,有时空气对流、能见度等也影响照准精度。就现代仪器而言,主要是照准误差的影响。

3.3 大气垂直折光系数误差

大气垂直折光误差主要表现为折光系数 K 值测定误差。这个误差对于短距离三角高程测量的影响不是主要的,但对于长距离三角高程测量而言,其影响很显著,应予注意。不过取直反觇高差的平均值作为高差成果,可以大大减弱大气垂直折光误差的影响。

3.4 丈量仪器和目标高的误差

仪器和目标高的测量误差有多大,对高差的影响也会有多大。因此,应仔细量测仪器高和目标高。对于测定地形控制点高程的三角高程测量,仅要求达到厘米级。因此,测量仪器高和目标高的精度一般容易达到要求。

对于用光电测距三角高程测量代替四等水准测量时,要求达到毫米级,其量取误差就不可忽视。用小钢卷尺认真地量测两次取平均,可以达到 1mm。若采用对中杆量取仪器高和棱镜高，其误差可小于1mm。当然也可以在方法上作一些改进，比如采用似水准测量的方式，不需要量取仪器高和目标高，从而可以避免这个误差对测量高差的影响。

第二节　三角高程测量的应用

在地形控制测量及航测外业控制测量工作中，测量控制点时，多用光电测距导线确定控制点的平面位置。在这一过程中，同时采用三角高程路线，求得每一点的高程。这样就可以在测定控制点平面位置的同时测定其高程。

1　三角高程路线

1.1　技术要求

代替四等水准的光电测距高程导线，应起闭于不低于三等的水准点上，其边长不应大于1km，高程导线的最大长度不应超过四等水准路线的最大长度。

高程导线边长的测量，应采用不低于Ⅱ级精度的测距仪往返观测一测回。对向观测高差较差不应大于$\pm 40\sqrt{D}$(mm)（D为测距边水平距离，km），附合路线或环线闭合差限差同四等水准测量要求。

仪器高、觇高应在观测前后用经过检验的量杆各量测一次，精确至1mm，当较差大于2mm时取用中数。

内业计算时，垂直角的取位应精确到0.1″，测距距离与高程的取位精确到1mm。

图根三角高程导线应起闭于高等级高程控制点上，其边数不超过12条，且垂直角应对向观测。对向观测的高差较差不应大于$0.4S$(m)（S为边长，km），附合路线或环线闭合差不应大于$\pm 40\sqrt{D}$(mm)（D为测距边水平距离之和，km）。

仪器高、觇高应准确测量至毫米，当高差较差在限差内时，取中数。

1.2　三角高程路线的计算

如图6-3所示，三角高程路线就是在两已知高程点A、B间，用光电测距的方式测量出水平距离的若干条边组成的路线，用三角高程测量的方法测定每条边两端的高差。在推算出整条路线的总高差后，根据两端点的已知高程算出高差闭合差，用水准测量的方法将闭合差按边长成比例分配，求出路线上各点的高程。

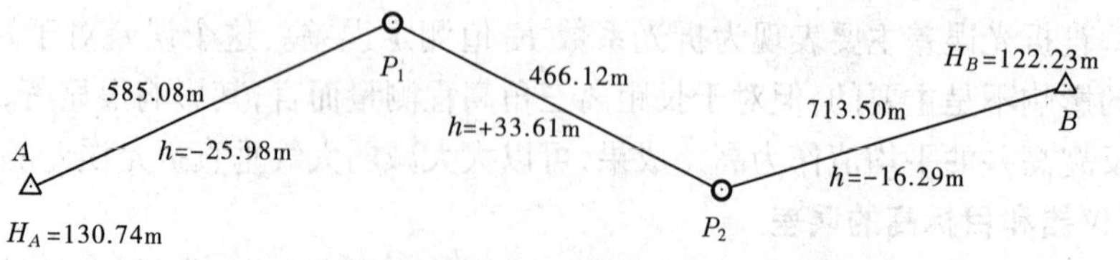

图6-3　三角高程路线

在导线测量中，各边的平距只要测量一次，而高差是测量往返后的平均值，即图上所注。具体的观测成果见表6-2。

表 6-2　三角高程路线高差计算

测站点	A	P_1		P_2		B
觇点	P_1	A	P_2	P_1	B	P_2
觇法	直	反	直	反	直	反
α	−2°28′54″	+2°32′18″	+4°07′12″	−3°52′24″	−1°17′42″	+1°21′52″
S	585.08	585.08	466.12	466.12	713.50	713.50
$S\tan\alpha$	−25.36	+25.94	+33.58	−31.56	−16.13	+16.99
f	+0.02	+0.02	+0.02	+0.02	+0.02	+0.02
i	+1.34	+1.30	+1.30	+1.32	+1.32	+1.28
v	−2.00	−1.30	−1.30	−3.40	−1.50	−2.00
h	−26.00	+25.96	+33.60	−33.62	−16.28	+16.30
高差较差	0.04		0.02		0.02	
较差限差	0.4×0.585=0.23		0.4×0.466=0.18		0.4×0.713=0.28	
高差平均值	−25.98m		+33.61m		−16.29m	

(1)按表 6-2 求出各测段往返测高差较差、较差的限差，当满足限差后取往返测高差的平均值。

(2)求出三角高程路线的高差闭合差和限差

$$f = \sum h_{观} - (H_B - H_A) = H_A + \sum h_{观} - H_B = -0.05\text{m}$$

式中，各观测高差之和是指各边高差的平均值之和。

限差 $= \pm 40 \times \sqrt{1.764} = \pm 0.53\text{m}$

(3)当闭合差满足限差要求时，按表 6-3 求各点高程，与水准测量中相同。

表 6-3　三角高程路线成果计算

点号	距离	高差平均值	改正数 v	改正后高差	各点高程	备注
A					130.74	已知点
	585.08	−25.98	+0.02	−25.96		
P_1					104.78	
	466.12	+33.61	+0.01	+33.62		
P_2					138.40	
	713.50	−16.29	+0.02	−16.27		
B					122.13	已知点

2　独立高程点

三角高程测量应用除三角高程导线外，在图根控制测量中还有一个方法就是独立高程点。

由两至三个已知高程点对一个未知高程点,用三角高程的方法求算该点的高程,称为独立高程点。

2.1 技术要求

光电测距极坐标法图根点垂直角可单向观测一测回,变动棱镜高度后再测一次;独立交会点可用不少于三个方向(对向为两个方向)单向观测的三角高程推求。

对向观测高差、单向两次高差较差不大于 $0.4S$(m)(S 为边长,km)。各方向推算的高程较差不大于 $0.4H_C$(m)(H_C 为基本等高距)。

2.2 独立高程点的计算

如表 6-4 所示,已知仙女庙和周家冢两点的高程及相关的直反觇数据,求龙王山的高程。

表 6-4 独立高程点计算

待求点	龙王山		
已知点	仙女庙	周家冢	
觇法	反	直	反
已知点高程	46.37	48.21	48.21
α	$-2°23'1''$	$+3°04'23''$	$-3°00'46''$
S	624.48	460.78	460.78
$S\tan\alpha$	−25.99	+24.74	−24.25
i	1.54	1.45	1.42
v	1.67	1.98	1.46
f	0.03	0.02	0.02
h	−26.09	+24.23	−24.27
H	72.46m	72.44m	72.48m
中数 H	72.46m		

(1)按表 6-4 求出各方向所求待定点高程。

(2)周家冢至龙王山往返测高差较差=0.04m。

限差$=0.4\times0.46=0.184$(m),满足要求。

取二者的平均值,得龙王山的高程为 72.46m。

(3)从仙女庙求得龙王山的高程为 72.46m,较差为 0。

(4)最后取二者平均得龙王山高程 72.46m。

第七章　误差理论的基本知识

第一节　观测误差

1　观测误差及产生的原因

所有的测量工作，都是观测者用仪器在一定的环境下完成的。观测无论用多么精良的仪器，操作如何认真，最后仍得不到绝对正确的测量成果。测距离、测角度、测高差等，这些客观上都存在着真值的量，但最后总是得不到真值。例如，对同一段距离进行多次丈量，对同一角度进行多次观测，所得的结果互不相同。这说明在各观测值之间或在观测值与理论值之间不可避免地存在着差异，我们称之为观测值的测量误差。

测量误差的来源主要有以下三方面：

(1)观测者。观测者感官的鉴别能力总是有限的，在对仪器的操作过程中，会产生一定的误差。如人肉眼的最小分辨率是图上0.1mm。同时，观测者技术熟练程度和劳动态度也不尽相同，使得在观测的每一个环节中也会产生误差，如仪器的整平、对中误差，照准目标误差，估读误差等。

(2)仪器。在测量工作中，每种仪器都具有一定的精密度，而使观测结果受到相应的影响。例如经纬仪视距测量，就只能准确到0.1m以下，即使用精度很高的光电测距仪测量，同样存在误差，只不过误差小一些。因为仪器在加工中，不可能保证仪器的结构满足各种几何条件；在使用或搬运中，仪器的各种几何关系也会被破坏，所以无论什么仪器都会给测量结果带来误差。

(3)环境。工作中各种客观环境如气温、气压、空气的湿度和清晰度，大气折光、风力等因素的不断变化，都会给观测结果带来种种影响，从而导致观测结果中带有误差。

由此可见，观测条件不可能完全理想，测量误差的产生不可避免。

事实上，任何一个观测量总应有一个真值，以 X 表示，如果对这个量进行了 n 次观测 L_i，并以 Δ_i 表示真误差，则真误差可定义为观测值与真值之差，即

$$\Delta_i = L_i - X \quad (i=1,2,\cdots,n) \tag{7-1}$$

2　误差的分类

根据误差的性质，观测误差分为系统误差和偶然误差两类。

2.1　系统误差

在相同的观测条件下对某个固定量作多次观测，如果观测误差在正负号及量的大小上表现出一致的倾向，即按一定的规律变化或保持为常数，这类误差称为系统误差。

例如，用一根名义长度为30m，其实际长度为29.99m的钢尺来量距，则每量30m的

距离，就会产生 1cm 的误差，丈量 60m 的距离，就会产生 2cm 的误差。这种误差的大小与所量的直线长度成正比，而正负号始终保持一致。又如水准测量中的水准仪 i 角对读数产生的误差，只与仪器到标尺的距离成正比。还有经纬仪测角时，视准轴与横轴不垂直而产生的 $2C$ 误差。这些都是系统误差，在测量成果中具有累积的性质，对测量成果的影响较为显著，但由于这些误差具有一定的规律性，所以，我们在测量的过程中，可以采取一定的措施来消除或尽量减小其对测量成果的影响。例如，在量距时，对丈量成果进行尺长改正；在水准测量中，用前后视距相等的办法来减小由于仪器视准轴不平行于水准轴（即 i 角）对所测高差产生的影响；在水平角观测中，则采用正倒镜观测的方法，取盘左、盘右读数的中数，来消除 $2C$ 的影响。总之，通过采取相应的措施，可以将系统误差消除或减小到可以忽略不计的程度。

2.2 偶然误差

在相同的观测条件下对某个固定的量进行一系列的观测，若误差的取值有多种可能性，其大小和符号都不一定。这种误差不能确知其产生的原因，也就无法预知其大小和符号而加以改正，这种误差称为偶然误差。例如估读误差有可能大也可能小，大气折光对视线的影响，可能使视线偏高也可能偏低，可能偏左也可能偏右。

在观测过程中，系统误差和偶然误差总是相伴而生的。当观测结果中有显著的系统误差时，观测误差就呈现出一定的系统性；反之，当偶然误差占主导地位时，观测误差就呈现出偶然性。例如在水平角观测中，仪器的 $2C$ 所产生误差是一个系统误差，所以在观测结果中，如果观测条件较好，则会表现出明显的一致性，即“系统”性。但有时由于照准误差等因素的存在，使得结果无论是大小还是符号，都不具有规律性，即“偶然”性。

由于系统误差可以采用一些办法来削弱其影响，使之处于次要的地位，所以本章主要讨论的测量误差均指偶然误差。

在测量中，除了不可避免的误差之外，还可能产生错误。例如在观测时读错、记错等，这些都是由于观测者不认真所致。在观测结果中是不允许存在错误的，一旦发现错误，应及时改正。

第二节　偶然误差的特性

偶然和必然是辩证统一的。必然常常是通过偶然来反映的，偶然也总是要受到一定的规律所制约。单个的或少数的偶然事件的确难以识别其必然性，然而大量的偶然事件就会暴露其共性而显示出某种规律性。人们用统计的方法研究偶然事件，来建立各种数学模型以阐明其规律。

有这样的实验：在相同的观测条件下，独立地观测 601 个三角形的全部内角，由于观测结果中存在偶然误差，三角形的三内角观测值之和不等于其理论值 180°。根据式（7-1）可求得 601 个三角形的内角和的真误差（又称为三角形的闭合差）Δ_i。现将 601 个真误差分成正误差和负误差两类，并分别按绝对值大小，从小到大排序。最后，取误差区间为 2″，统计落在各区间的正负误差的个数 n_i 和真误差落在某区间这一事件的频率为 n_i/N，N 为真误差总数。统计结果见表 7-1。

表 7-1　偶然误差分布

误差区间 (″)	正误差		负误差		合计	
	个数 n_i	频率 n_i/N	个数 n_i	频率 n_i/N	个数 n_i	频率 n_i/N
0～2	120	0.200	123	0.205	243	0.405
2～4	89	0.148	87	0.145	176	0.293
4～6	46	0.077	48	0.080	94	0.157
6～8	30	0.050	29	0.048	59	0.098
8～10	12	0.020	14	0.023	26	0.043
10～12	2	0.003	1	0.002	3	0.005
12 以上	0	0.000	0	0.000	0	0.000
$\sum$	299	0.498	302	0.503	601	1

从表 7-1 的实验数据可得出偶然误差的下列特性：

(1)在一定的观测条件下，偶然误差的绝对值不会超过一定的限值。

(2)绝对值小的偶然误差，比绝对值大的偶然误差出现的可能性大。

(3)绝对值相等符号相反的偶然误差，出现的可能性相等。

(4)当观测次数无限增多时，偶然误差的算术平均值趋近于零，即

$$\lim_{n \to \infty} \frac{[\Delta]}{n} = 0 \tag{7-2}$$

式中　$[\Delta]$——真误差代数和，即 $[\Delta] = \Delta_1 + \Delta_2 + \Delta_3 + \cdots + \Delta_n = \sum_{i=1}^{n} \Delta_i$。

符号“[ ]”为高斯求和符号，等价于数学中的求和符号“$\sum$”。

由特性(3)可以推出特性(4)：在相同条件下，对同一量进行多次观测所产生的偶然误差中，由于数值相等的正、负误差可能有同样多个，取其总和时就可能相互抵消，即各个误差的代数和有趋于零的趋势。当观测次数越多，这一判断越可靠。

为了直观地表示偶然误差的正负和大小的分布情况，可以根据表 7-1 的数据作图 7-1。图中以横坐标表示误差的正负和大小，以纵坐标表示误差出现于各区间的频率(n_i/N)除以区间(d)，每一区间按纵坐标画成矩形小条，则每一小条的面积代表误差出现于该区间的频率，而各小条的面积总和等于 1。该图在统计学上称为频率直方图。

若误差的个数无限增大($n \to \infty$)，同时又无限缩小误差区间 d，则图 7-1 中各小长条的顶边的折线就逐渐成为一条光滑的曲线。该曲线在概率论中称为“正态分布曲线”或称为误差分布曲线，它完整地表示了偶然误差出现的概率 P。即当 $n \to \infty$ 时，上述误差区间内误差出现的频率趋于稳定，成为误差出现的概率。

正态分布曲线的数学方程式为

$$f(\Delta)=\frac{1}{\sqrt{2\pi\sigma}}e^{-\frac{\Delta^2}{2\sigma^2}} \tag{7-3}$$

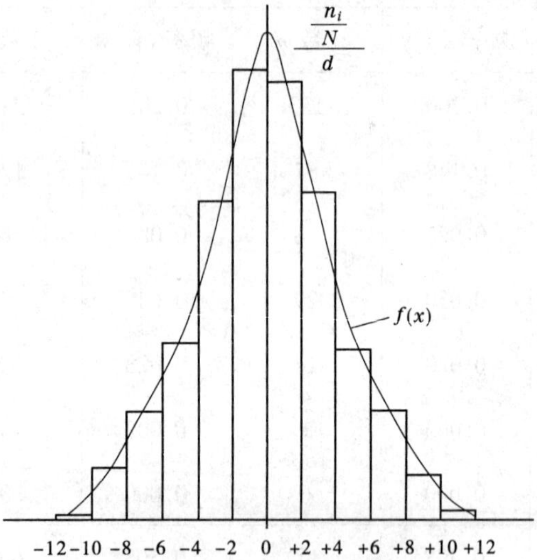

图 7-1 频率直方图

式中 σ——标准差;

σ^2——方差。

方差为偶然误差平方的理论平均值:

$$\sigma^2=\lim_{n\to\infty}\frac{\Delta_1^2+\Delta_2^2+\cdots+\Delta_n^2}{n}=\lim_{n\to\infty}\frac{[\Delta^2]}{n} \tag{7-4}$$

因此,标准差为

$$\sigma=\lim_{n\to\infty}\sqrt{\frac{[\Delta^2]}{n}}=\lim_{n\to\infty}\sqrt{\frac{[\Delta\Delta]}{n}} \tag{7-5}$$

由式可知,标准差的大小取决于在一定的条件下偶然误差出现的绝对值的大小。由于在计算标准差时取各个偶然误差的平方和,因此当出现有较大绝对值的偶然误差时,在标准差中会得到明显的反映。

第三节 评定精度的指标

精度就是测量值与真值的精确程度或者说是精密程度。测量结果的误差小,则其精度高;误差大,则精度低。实质上精度也是通过误差来表达的。在相同的观测条件下,对某一个量所进行的一组观测,由于各个观测是独立的,可以认为其误差产生的机会均等。因此,观测结果也具有同样的可靠程度。也就是说,它们的精度属同一等级,又称为等精度观测。那么如何评定精度呢?

1 中误差

在评定精度时,只须计算出误差所对应的标准差 σ 的值。然而,公式(7-5)只有理论意义，因为观测次数 n 不可能无限增加，故标准差难以求得。在测量工作中，观测次数 n 总是有限的，只能求得标准差的“近似值”，用 m 表示，称为中误差。

$$m = \pm\sqrt{\frac{[\Delta\Delta]}{n}} \tag{7-6}$$

式中，$[\Delta\Delta] = \Delta_1^2 + \Delta_2^2 + \cdots + \Delta_n^2 = \sum_{i=1}^{n} \Delta_i^2$，$\Delta_i (i = 1, 2, \cdots, n)$ 为一组同精度观测误差。

必须指出的是在相同的观测条件下对某个量进行的一组独立观测，得出的每一观测值称为同精度观测值（又称等精度观测值）。如前所述，它们具有相同的中误差 m。但是，一组同精度观测值的真误差却彼此并不相等，有的差异还比较大，这是由于真误差具有偶然误差性质的缘故。

【例 7-1】 设对某个三角形用两种不同的精度分别对它进行了 10 次观测，求得每次观测所得的三角形内角和的真误差为：

第一组：$+3''$，$-2''$，$-4''$，$+2''$，$0''$，$-4''$，$+3''$，$+2''$，$-3''$，$-1''$；

第二组：$0''$，$-1''$，$-7''$，$+2''$，$+1''$，$+1''$，$-8''$，$0''$，$+3''$，$-1''$。

计算这两组观测值的中误差。

解：

第一组：$m_1 - \pm\sqrt{\frac{3^2 + (-2)^2 + (-4)^2 + 2^2 + 0^2 + (-4)^2 + 3^2 + 2^2 + (\ \ 3)^2 + (-1)^2}{10}}$

$= \pm 2.7''$

第二组：$m_2 = \pm\sqrt{\frac{0^2 + (-1)^2 + (-7)^2 + 2^2 + 1^2 + 1^2 + (-8)^2 + 0^2 + 3^2 + (-1)^2}{10}}$

$= \pm 3.6''$

比较 m_1 和 m_2 的值可知，第一组观测值精度较第二组观测值精度高，这是因为第组观测值的真误差虽然比较大，但比较集中，所以精度高；而第二组观测值的真误差绝对值之和与第一组相等，但出现了两个较大的误差 $-7''$ 和 $-8''$，误差比较分散，这说明观测条件差，故其结果的可靠性也就差一些，所以计算出来的中误差较大。因为中误差是经过平方后取平均数的，所以，它反映大误差的影响较为显著。

衡量精度的指标还有或是误差和平均误差。

或是误差：大于和小于某一误差且出现概率相等的真误差，叫做或是误差，用 ρ 表示。或是误差相当于一组真误差按绝对值大小顺序排列时，位于中间的那个误差。

平均误差：真误差绝对值的平均值，叫做平均误差，用 θ 表示。

我国现行测量规范都是采用中误差作为衡量标准的，所以本教材主要研究的是中误差。

2 相对误差

在某些测量工作中，对观测值的精度仅用误差来衡量还不能正确反映出观测值的精度。例如丈量两条直线，一条长 100m，另一条长 1 000m，它们的中误差都是 20mm。能不能说两者测量的精度相同呢？当然不能，因为量距的误差与其长度有关，显然后者比前者好。为了更好地加以比较，一般利用中误差与观测值的比值，即 m/L 来评定观测值的精度，这个比值称为相对中误差。相对中误差要写成分子为 1 的分数形式。即 $1/N$。上述两例为

$$\frac{m_1}{L_1}=\frac{20}{100\ 000}=\frac{1}{5\ 000}\qquad \frac{m_2}{L_2}=\frac{20}{1\ 000\ 000}=\frac{1}{50\ 000}$$

3　容许误差

容许误差又称限差。偶然误差的第一特性说明，在一定的观测条件下，偶然误差的绝对值不会超过一定的限度，那么这个值是多大呢？根据统计学的理论可知，大于中误差的真误差，出现的可能性约为 32%；大于两倍中误差的真误差，出现的可能性约为 5%；大于三倍中误差的真误差，出现的可能性只有 0.3%。因此，在测量中常取两倍中误差作为误差的限值，也就是测量中规定的容许误差，即

$$\Delta_{容}=2m \tag{7-7}$$

第四节　误差传播定律

在测量工作中，许多量不是直接观测值，而是观测值的函数，因此其误差必然决定于这些独立观测值的误差。也就是说，存在着函数关系的观测值，它们的误差亦必然存在着某种函数关系。这种关系的数学表达式，通常叫做误差传播定律。

1　和、差函数的中误差

测量工作中，有着大量的具有和、差函数形式的间接观测量，如：测角中水平角为两个方向值之差；水准测量中一测站的高差为前、后视标尺读数之差；路线总高差为各测站高差之和；等等。

设有函数：

$$z=x\pm y \tag{7-8}$$

式中　x、y——独立观测值；

z——它们的函数。

当 x、y 具有真误差 Δ_x、Δ_y 时，则函数 z 也会产生相应的真误差 Δ_z。由式(7-8)可得

$$z+\Delta_z=(x+\Delta_x)\pm(y+\Delta_y)$$

代入式(7-8)则有

$$\Delta_z=\Delta_x\pm\Delta_y \tag{7-9}$$

若对 x、y 都进行了 n 次等精度观测，则可得 n 个真误差关系式：

$$\Delta_{z1}=\Delta_{x1}\pm\Delta_{y1}$$
$$\Delta_{z2}=\Delta_{x2}\pm\Delta_{y2}$$
$$\cdots$$
$$\Delta_{zn}=\Delta_{xn}\pm\Delta_{yn}$$

将以上各式两端平方，求其总和，再同除以 n，则有

$$\frac{[\Delta_z\Delta_z]}{n}=\frac{[\Delta_x\Delta_x]}{n}+\frac{[\Delta_y\Delta_y]}{n}\pm 2\frac{[\Delta_x\Delta_y]}{n}$$

由偶然误差的特性(3)可知，Δ_x、Δ_y 数值相等、符号相反出现的概率相等，因此它们的积 $\Delta_x\Delta_y$ 数值相等、符号相反出现的概率也是相等的。根据特性(4)，当 $n\to\infty$ 时，$\frac{[\Delta_x\Delta_y]}{n}\to 0$。所以有

$$\frac{[\Delta_z\Delta_z]}{n}=\frac{[\Delta_x\Delta_x]}{n}+\frac{[\Delta_y\Delta_y]}{n} \tag{7-10}$$

根据式(7-6)可知

$$m_z=\pm\sqrt{m_x^2+m_y^2} \tag{7-11}$$

式中　m_z、m_x、m_y——函数值 z 和观测值 x、y 的中误差。

【例 7-2】 在水平角观测中，水平角 α 为两方向值 β_1、β_2 之差。若每一方向值的中误差均为 $\pm 6''$，试求水平角 α 的中误差 m_α。

解：因为有 $\alpha=\beta_2-\beta_1$，依据式(7-11)可知：

$$m_\alpha=\pm\sqrt{m_\beta^2+m_\beta^2}=\pm\sqrt{2}m_\beta=\pm 8.4''$$

当 z 是一组独立观测值 $x_1,x_2,\cdots,x_n$ 的和或差函数，即

$$z=x_1\pm x_2\pm\cdots\pm x_n \tag{7-12}$$

则有

$$m_z^2=m_1^2+m_2^2+\cdots+m_n^2 \tag{7-13}$$

若 $m_1=m_2=\cdots=m_n=m$，则式(7-13)可写为

$$m_z=m\sqrt{n} \tag{7-14}$$

【例 7-3】 在距离为 4km 的 A、B 两点间进行路线水准测量。共设有 40 个测站，每测站的距离大致相等。若每测站的高差中误差 $m_{站}$ 均为 $\pm$3mm，试求 A、B 两点间高差 h_{AB} 的中误差。

解：令各测站高差分别为 $h_1,h_2,h_3,\cdots,h_{40}$，其中误差为 $m_1,m_2,m_3,\cdots,m_{40}$。

$$h_{AB}=h_1+h_2+h_3+\cdots+h_{40}$$

且有

$$m_1=m_2=m_3=\cdots=m_{40}=m_{站}=\pm 3\text{mm}$$

根据式(7-14)有 $m_{hAB}=m_{站}\sqrt{n}=\pm 3\sqrt{40}=\pm 19\text{mm}$

由此可以推知，在水准测量中，若各测站为等精度观测，则路线总高差的中误差与测站数的平方根成正比。即

$$m_h=m_{站}\sqrt{n}\quad(n\text{ 为测站数}) \tag{7-15}$$

对于水准测量，由于水准路线一般是沿较平坦的地面设置的，所以每站的距离大致相等，在估算水准测量的精度时，通常以路线长度为依据。下面推导其相应的公式。

设水准路线全长为 S，共设有 n 个测站，各测站距离为 d，于是有 $S=nd$。代入式(7-15)，可得

$$m_h = m_{站}\sqrt{n} = m_{站}\sqrt{\frac{S}{d}} = m_{站}\sqrt{\frac{1}{d}}\sqrt{S}$$

若将上式中的 $1/d$ 的分子“1”视为单位长度，则 S 变成不名数，而 $1/d$ 就是单位长度内的测站数，那么 $m_{站}\sqrt{\frac{1}{d}}$ 就是单位长度高差的中误差，通常以 μ 表示，即可写成

$$\mu = m_{站}\sqrt{\frac{1}{d}} \tag{7-16}$$

所以有

$$m_h = \mu\sqrt{S} \tag{7-17}$$

由此可知，水准测量路线高差的中误差与路线的长度平方根成正比。

由于水准路线长度大多是以公里为单位的，也就是说，单位长度为 1km。所以式(7-17)中，μ 通常是指每公里的高差中误差，S 则是路线的长度，以公里为单位。

【例 7-4】 在长度为 K 公里的水准路线上进行往、返观测。已知每公里观测高差中误差为 μ，问往、返测高差的较差中误差多大？

解：按式(7-17)可知，K 公里路线观测高差中误差为：$m_h = \mu\sqrt{K}$。

设往、返测高差为 $h_{往}$、$h_{返}$，其较差为 $d = h_{往} - h_{返}$。所以有

$$m_d^2 = m_{往}^2 + m_{返}^2$$

$$m_d = \mu\sqrt{2K}$$

2 倍数函数

设有函数

$$z = kx$$

式中 k——常数；

x——独立观测值。

若函数 z 和观测值 x 的真误差分别为 Δ_z、Δ_x，那么有

$$\Delta_z = k\Delta_x \tag{7-18}$$

若对 x 进行了 n 次等精度观测，则有 n 个真误差关系式。各式平方后取其和并除以 n，则有

$$\frac{[\Delta_z\Delta_z]}{n} = k^2\frac{[\Delta_x\Delta_x]}{n} \tag{7-19}$$

按中误差的定义，上式为

$$m_z^2 = k^2 m_x^2$$

$$m_z = km_x \tag{7-20}$$

【例 7-5】 在 1∶1 000 比例尺地形图上，量得两点间的距离 s 为 120.2mm，其量测中误差为 $m_s = \pm 0.2$mm。求 s 相应的实地水平距离 D 及其中误差。

解：因为有 $D = 1\,000 \times s = 1\,000 \times 120.2$mm $= 120.2$m

根据式(7-20)可知，$m_D = \pm 1\,000 \times m_s = \pm 1\,000 \times 0.2$mm $= \pm 0.2$m

3 线性函数的中误差

设有函数：

$$z = k_1 x_1 \pm k_2 x_2 \pm \cdots \pm k_n x_n$$

式中 k_i——常数；

x_i——独立观测值。

令 x_i 相应的中误差为 m_i，真误差为 Δ_i，则有

$$\Delta_z = k_1 \Delta_1 \pm k_2 \Delta_2 \pm \cdots \pm k_n \Delta_n \tag{7-21}$$

由式(7-13)和式(7-20)就可以推导出：

$$m_z^2 = k_1^2 m_1^2 + k_2^2 m_2^2 + \cdots + k_n^2 m_n^2 \tag{7-22}$$

【例 7-6】 由视距公式 $D = kl$ 求距离时，若视距读数按上、下视距丝读数相减而得，即 $l = l_{下} - l_{上}$，当 $k = 100$，视距丝读数中误差 $m = m_{l下} = m_{l上}$ 时，D 的中误差多大？如果采用半丝读数又如何？

解：因为 $D = kl = k(l_{下} - l_{上}) = kl_{下} - kl_{上}$，所以按式(7-22)可得

$$m_D^2 = k^2(m_{下}^2 + m_{上}^2) = 2k^2 m^2$$

即

$$m_D = \pm km\sqrt{2} = \pm 141m$$

若是半丝读数，则 D 的中误差还将扩大一倍。

【例 7-7】 设有线性函数：$z = \frac{1}{7}x_1 + \frac{2}{7}x_2 + \frac{4}{7}x_3$。式中的 x_1、x_2、x_3 为独立观测值，其中误差分别为 $m_1 = \pm 3\text{mm}$，$m_2 = \pm 2\text{mm}$，$m_3 = \pm 1\text{mm}$，求 z 的中误差。

解：按式(7-22)，并将 x_1、x_2、x_3 的中误差代入后可得

$$m_z^2 = k_1^2 m_1^2 + k_2^2 m_2^2 + \cdots + k_n^2 m_n^2$$

$$= (\frac{1}{7} \times 3)^2 + (\frac{2}{7} \times 2)^2 + (\frac{4}{7} \times 1)^2 = 0.84$$

所以

$$m_z = \pm 0.9\text{mm}$$

3 非线性函数的中误差

设未知量 z 与独立观测量 $x_1, x_2, \cdots, x_n$ 之间有如下的函数关系：

$$z = f(x_1, x_2, \cdots, x_n)$$

设观测值 $x_1, x_2, \cdots, x_n$ 的中误差分别为 $m_1, m_2, \cdots, m_n$。当 x_i 有真误差 Δ_{xi} 时，函数 z 相应地产生真误差 Δ_z。这些真误差与对应的观测值相比是一个很小的量，由数学分析可知，变量的误差与函数的误差之间的关系，可用函数的全微分来近似地表达。求函数的全微分如下：

$$\mathrm{d}z = \frac{\partial f}{\partial x_1}\mathrm{d}x_1 + \frac{\partial f}{\partial x_2}\mathrm{d}x_2 + \cdots + \frac{\partial f}{\partial x_n}\mathrm{d}x_n \tag{7-23}$$

式中，$\frac{\partial f}{\partial x_i}(i = 1, 2, \cdots, n)$ 是函数关于各变量 $x_1, x_2, \cdots, x_n$ 的偏导数，若以观测值代入，则它们皆为常数，并以真误差的符号“Δ”替代微分符号“d”，即有

$$\Delta z = \frac{\partial f}{\partial x_1}\Delta x_1 + \frac{\partial f}{\partial x_2}\Delta x_2 + \cdots + \frac{\partial f}{\partial x_n}\Delta x_n \tag{7-24}$$

上式可认为是线性函数，由公式(7-22)得

$$m_z^2 = (\frac{\partial f}{\partial x_1}m_1)^2 + (\frac{\partial f}{\partial x_2}m_2)^2 + \cdots + (\frac{\partial f}{\partial x_n}m_n)^2 \tag{7-25}$$

式(7-25)可表述为，一般函数的中误差的平方，等于该函数各观测值的偏导数与相应观测值中误差乘积的平方和。这是误差传播定律的一般形式，其他形式的函数都可以认为是它的特例。于是，求非线性函数的中误差的方法可归纳为以下步骤：

(1)根据问题列出函数关系式：$z = f(x_1, x_2, \cdots, x_n)$。

(2)对函数求全微分 $dz = \frac{\partial f}{\partial x_1}dx_1 + \frac{\partial f}{\partial x_2}dx_2 + \cdots + \frac{\partial f}{\partial x_n}dx_n$，式中的$\frac{\partial f}{\partial x_1}(i = 1, 2, \cdots, n)$可以用观测值代入求得其值。

(3)用中误差符号代替微分符号，写出函数中误差与观测值中误差之间的关系式：

$$m_z^2 = (\frac{\partial f}{\partial x_1}m_1)^2 + (\frac{\partial f}{\partial x_2}m_2)^2 + \cdots + (\frac{\partial f}{\partial x_n}m_n)^2$$

【例 7-8】 已知一条边长 $D = 200\text{m} \pm 0.02\text{mm}$，该边坐标方位角 $\alpha = 52°46'40'' \pm 20''$。试求纵横坐标增量的中误差。

解：列出关系式：$\Delta x = D\cos\alpha$

求全微分：

$$d(\Delta x) = \frac{\partial f}{\partial D}dD + \frac{\partial f}{\partial \alpha}d\alpha = \cos\alpha dD - D\sin\alpha \frac{d\alpha}{\rho}$$

将微分式写成中误差式并求出函数中误差，得

$$\begin{aligned} m_{\Delta x}^2 &= (\cos\alpha \cdot m_D)^2 + (D\sin\alpha \cdot \frac{m_\alpha}{\rho})^2 \\ &= [\cos(52°46'40'') \times 0.02]^2 + [200 \times \sin(52°46'40'') \times 20/206\ 265]^2 \\ &= 3.84 \times 10^{-4} \end{aligned}$$

所以 $$m_{\Delta x} = 0.02\text{m}$$

第五节 算术平均值及其中误差

设在相同的条件下对未知量观测了 n 次，观测值为 $L_1, L_2, \cdots, L_n$，由于误差的存在导致每次结果不会完全相同，如果不知未知量的真值，那么，我们如何根据这 n 个观测值确定出该未知量的最或然值(即一个最可靠的数值)。

1 算术平均值

设未知量的真值为 X，则有真误差：

$$\Delta_1 = L_1 - X$$
$$\Delta_2 = L_2 - X$$
$$\cdots$$

$$\Delta_n = L_n - X$$

将上面各式相加得

$$\Delta_1 + \Delta_2 + \cdots + \Delta_n = (L_1 + L_2 + \cdots + L_n) - nX$$

或
$$[\Delta] = [L] = -nX$$

故有
$$X = \frac{[L]}{n} - \frac{[\Delta]}{n} \tag{7-26}$$

设以 x 表示上式右边第一项,即观测值的算术平均值

$$x = \frac{[L]}{n} \tag{7-27}$$

当观测次数无限增加时,根据偶然误差特性(4),式中的$\frac{[\Delta]}{n}$趋近于零。于是可得

$$X = x \tag{7-28}$$

式(7-28)表明,对一个量进行等精度观测 n 次,当 $n \to \infty$时,有 $X = x$,就是说一个量的观测值的算术平均值就是该量的最可靠值。但在实际工作中,观测次数总是有限的,平均值只能接近真值,并随着观测次数的增加而渐渐趋近。因此,不管观测次数多少,算术平均值 x 作为未知量的最或是值(或称最可靠值)会比任何观测值都接近真值。

2 算术平均值的中误差

根据算术平均值的计算公式可知:

$$x = \frac{[L]}{n} = \frac{L_1 + L_2 + \cdots + L_n}{n} = \frac{L_1}{n} + \frac{L_2}{n} + \cdots + \frac{L_n}{n} \tag{7-29}$$

由于是等精度观测,各观测值的中误差均为 m,$1/n$ 为常数,若以 m_x 表示平均值的中误差,则按线性函数中误差计算公式(7-22)可知:

$$m_x^2 = n\left(\frac{1}{n^2}m^2\right)$$

即
$$m_x = \frac{m}{\sqrt{n}} \tag{7-30}$$

也就是说,算术平均值的中误差是观测值中误差的$\frac{1}{\sqrt{n}}$倍。因为 $n \geqslant 1$,所以$\frac{1}{\sqrt{n}} \leqslant 1$,即 $m_x \leqslant m$。所以说算术平均值的中误差总是小于观测值的中误差。那么是不是观测次数越多越好呢?设观测值的精度 $m = 1$。当 n 取不同的值时,对应的算术平均值的中误差 m_x 如表 7-2 所示。

表 7-2 不同观测次数对应的算术平均值中误差

n	1	2	3	4	5	6	10	20	30	40	50	100
m	1.00	0.71	0.58	0.50	0.45	0.41	0.32	0.22	0.18	0.16	0.14	0.10

从表 7-2 可以看出,随着 n 的增大,m_x 值不断减小,即 x 的精度不断提高。但是,当观测次数增加到某一定的数目以后,再增加观测次数,精度就提高得很少。例如,当观测

次数由 5 次增加到 20 次时,精度增加了一倍。而观测次数由 20 次增加到 100 次,精度也只能增加一倍。由此可见,要提高最或然值的精度,单靠增加观测次数是不经济的,也是没有必要的。同时观测的过程所产生的误差中既有偶然误差,也有系统误差,而系统误差有累积的特性,所以观测次数的增加也会产生另一方面的影响。

3 用改正数计算等精度观测值的中误差

我们知道,若被观测量的真值已知,就能求出观测值的真误差,从而按照 $m=\pm\sqrt{\frac{[\Delta\Delta]}{n}}$ 求得观测值的中误差。然而许多未知量的真值往往不知道,真误差也就无法求出,也就无法直接按上式计算中误差。那么,如何评价观测值的精度呢?

对某一量进行了一组等精度观测值,虽然它的真值不知道,但可以按式(7-27)求出其最或然值 x。对于最或然值 x,每一个观测值都有一个改正数 v_i

$$v_i = x - L_i \quad (i=1,2,\cdots,n) \tag{7-31}$$

从而可以利用改正数 v 来评定观测值的精度,即

$$m = \pm\sqrt{\frac{[vv]}{n-1}} \tag{7-32}$$

式(7-32)即为用改正数来求观测值中误差的公式,称为白塞尔公式。推导过程如下:

由于有

$$\Delta_i = L_i - X \quad (i=1,2,\cdots,n)$$

$$v_i = x - L_i \quad (i=1,2,\cdots,n)$$

将以上两式相加得

$$\Delta_i + v_i = x - X = \Delta_x$$

式中的 Δ_x 为算术平均值的真误差。由此可得观测值的真误差为

$$\Delta_i = -v_i + \Delta_x \quad (i=1,2,\cdots,n)$$

将上式两边平方后求和:$[\Delta\Delta] = [vv] + n\Delta_x^2 - 2[v]\Delta_x$ (7-33)

由于 $[v]=0$,将其代入式(7-33),并将两边同时除以 n,有

$$\frac{[\Delta\Delta]}{n} = \frac{[vv]}{n} + \Delta_x^2 \tag{7-34}$$

由于算术平均值只有一个,所以它的真误差 Δ_x 就是它的中误差 m_x,所以有 $\Delta_x^2 = m_x^2$。

顾及 $m_x^2 = \frac{1}{n}m^2$,那么式(7-34)可以写成

$$m^2 - \frac{1}{n}m^2 = \frac{[vv]}{n}$$

所以有

$$m = \pm\sqrt{\frac{[vv]}{n-1}}$$

将上式代入式(7-30),则可以推导出用改正数计算算术平均值中误差的计算公式:

$$m_x = \pm\sqrt{\frac{[vv]}{n(n-1)}} \tag{7-35}$$

【例 7-9】 用经纬仪对某角等精度观测了 6 个测回,其观测值列于表 7-3,试求该角的最或然值、观测值的中误差。

表 7-3　观测值

测回	观测值	改正数 $v('')$	vv
1	136°10′30″	−4	16
2	136°10′26″	0	0
3	136°10′28″	−2	4
4	136°10′24″	+2	4
5	136°10′25″	+1	1
6	136°10′23″	+3	9
Σ		$[v]=0$	$[vv]=34$

解:根据公式

$$x=\frac{[L]}{n}=136°10'26''$$

$$m=\pm\sqrt{\frac{[vv]}{n-1}}=\pm\sqrt{\frac{34}{6-1}}=\pm 2.6''$$

$$m_x=\pm\sqrt{\frac{[vv]}{n(n-1)}}=\pm\sqrt{\frac{34}{6(6-1)}}=\pm 1.1''$$

4　用同精度双观测列差值求观测值中误差

在测量工作中,为了对观测值进行检核和提高精度,常常对一些量观测两次,如距离测量时进行往返测,水准测量时对各测段高差也要往返观测。这种观测称为观测对。多对双观测值称为双次观测列。同一个量两次观测值的差,设为 d_i,则有

$$d_i=L'_i-L''_i\quad(i=1,2,\cdots,n)\tag{7-36}$$

显然,双观测值之差的真误差为零,d_i 就是差值的真误差,即

$$\Delta_i=d_i-0$$

根据中误差定义可知差值的中误差为

$$m_d=\pm\sqrt{\frac{[\Delta\Delta]}{n}}=\pm\sqrt{\frac{[dd]}{n}}$$

上式是计算双观测差值的中误差公式,那么根据误差传播定律,顾及式(7-36),可知

$$m_d^2=m_{L'}^2+m_{L''}^2=2m^2$$

由此可得观测值中误差为

$$m=\frac{m_d}{\sqrt{2}}=\pm\sqrt{\frac{[dd]}{2n}}\tag{7-37}$$

在内业计算中,总是取各量的两次同精度观测值的算术平均值作为相应量的最或然值,所以有算术平均值(最或然值)的中误差为

$$m_x=\frac{m}{\sqrt{2}}=\pm\frac{1}{2}\sqrt{\frac{[dd]}{n}}\tag{7-38}$$

【例 7-10】 在一导线测量工作中,对 5 条边长作等精度双观测,观测结果见表 7-4,求观测值中误差和每边最或然值中误差。

表 7-4 双观测结果

序号	L'(m)	L''(m)	d(mm)	dd
1	153.478	153.483	−5	25
2	235.879	235.875	+4	16
3	98.414	98.407	+7	49
4	391.335	391.343	−8	64
5	158.232	158.230	+2	4
				$[dd]=158$

解:根据式(7-37)可知观测值的中误差为

$$m=\pm\sqrt{\frac{[dd]}{2n}}=\pm\sqrt{\frac{158}{2\times5}}=\pm3.975\text{mm}$$

根据式(7-38)可知每边最或然值的中误差为

$$m_r=\pm\frac{1}{2}\sqrt{\frac{[dd]}{n}}=\pm\frac{1}{2}\sqrt{\frac{158}{5}}=\pm2.811\text{mm}$$

第六节 广义算术平均值及权

上一节是计算等精度观测值的算术平均值。如果对未知量的各次观测不是等精度观测,它们的中误差就不相同,其可靠性也不相同,再用算术平均值来计算平差值就不合理。精度高的观测值更可靠,在计算最后的结果中占的份额应大一些,反之应小一些。比如同一角度用两种不同精度的仪器来测量,人们总是更信任精度高的仪器所测量的结果,计算平差值时也希望高精度观测值起到更大作用,有时甚至放弃低精度的测量结果。为此,我们引入权的概念,通过权来确定观测值在平差值中所占的份额,也就是通过权来确定观测值对平差值的影响程度,观测值精度愈高,其权愈大。

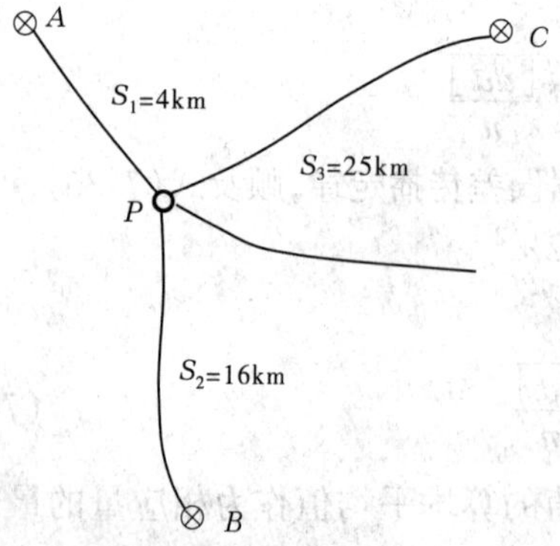

图 7-2 不同的水准路线

如图 7-2 所示,A、B、C 为已知水准点,P 为待定点。布设了 AP、BP、CP 三条水准路线,以测定 P 点的高程。设三条水准路线的长度分别为 4km、16km、25km,求得 P 点的高程相应为 H_{P1}、H_{P2}、H_{P3}。若不计 A、B、C 三点的高程误差的影响,并设每公里高差中误差为 μ,依式(7-17)可知,H_{P1}、H_{P2}、H_{P3} 的中误差分别为

$$m_1 = \sqrt{4}\mu = 2\mu$$

$$m_2 = \sqrt{16}\mu = 4\mu$$

$$m_3 = \sqrt{25}\mu = 5\mu$$

显然 H_{P1}、H_{P2}、H_{P3}是一组不等精度观测值。P 点高程的最或是值不能简单地取其算术平均值，而要考虑不同精度的结果在最后结果中占有不同分量才较合理。

1 权

权即“权衡轻重”之意，即观测值在最或是值中所占有的分量。某一观测值或观测值的函数的精度愈高，中误差愈小，权愈大。测量误差理论中，以 p 表示权，并定义权与中误差的平方成反比，即

$$p_i = \frac{c}{m_i^2} \tag{7-39}$$

式中 c——任意正数。

权等于 1 的中误差称为单位权中误差，一般用 μ 表示。因此，权的另一种表示为

$$p_i = \frac{\mu^2}{m_i^2} \tag{7-40}$$

一般地，取一次观测、一测回、单位长度等的测量误差作为单位权中误差 m_0。

由式(7-40)可写出各观测值的权之间的比例关系：

$$p_1 : p_2 : \cdots : p_n = \frac{\mu^2}{m_1^2} : \frac{\mu^2}{m_2^2} : \cdots : \frac{\mu^2}{m_n^2} = \frac{1}{m_1^2} : \frac{1}{m_2^2} : \cdots : \frac{1}{m_n^2} \tag{7-41}$$

式(7-41)说明，一组观测值的权之比等于它们的中误差平方的倒数之比。或者说，观测值的权就是观测值之间比较精度用的比值。无论假设 μ 为何值，这组权之间的比例关系不变。所以权反映了观测值之间的相互精度关系。就计算 p 值来说，其本身数值的大小无所谓，关键是各观测值之间的权的比值关系，若不与其他观测值的权相比较，则是毫无意义的。

2 广义算术平均值

广义算术平均值又称加权平均值，如果对某一未知量进行了 n 次不等精度观测，观测值为 $L_1, L_2, \cdots, L_n$，其相应的权为 $p_1, p_2, \cdots, p_n$，则广义算术平均值 x 为

$$x = \frac{p_1 L_1 + p_2 L_2 + \cdots + p_n L_n}{p_1 + p_2 + \cdots + p_n} \tag{7-42}$$

不难发现，式(7-42)中当 $p_1 = p_2 = \cdots = p_n = 1$ 时，广义算术平均值 x 就是算术平均值。

3 广义算术平均值的中误差

因为式(7-42)是一个线性函数，根据线性函数的误差传播定律可以推导出广义算术平均值的中误差 m_x。由于：

$$x=\frac{p_1}{[p]}L_1+\frac{p_2}{[p]}L_2+\cdots+\frac{p_n}{[p]}L_n$$

$$m_x^2=\frac{p_1^2}{[p]^2}m_1^2+\frac{p_2^2}{[p]^2}m_2^2+\cdots+\frac{p_n^2}{[p]^2}m_n^2$$

又因为 $m_i^2=\frac{\mu^2}{p_i}$,所以代入上式,得

$$m_x^2=\frac{p_1\mu^2}{[p]^2}+\frac{p_2\mu^2}{[p]^2}+\cdots+\frac{p_n\mu^2}{[p]^2}=\frac{\mu^2}{[p]}$$

所以有

$$m_x=\frac{\mu}{\sqrt{[p]}} \tag{7-43}$$

【例 7-11】 如图 7-2 所示,已知 $H_A=13.901\text{m}$,$H_B=13.804\text{m}$,$H_C=12.909\text{m}$;又 $h_1=+2.401\text{m}\pm2\text{mm}$,$h_2=+2.490\text{m}\pm4\text{mm}$,$h_3=+3.387\text{m}\pm5\text{mm}$,求 P 点的最或是高程及其中误差。

解:根据题意可以求出 P 点的三个高程分别为

$$H_1=13.901+2.401=16.302\text{m}$$

$$H_2=13.804+2.490=16.294\text{m}$$

$$H_3=12.909+3.387=16.296\text{m}$$

根据 $m_i=\mu\sqrt{S_i}$ 可以求出各观测高差权的比值:

$$p_1=\frac{\mu^2}{m_i^2}=\frac{1}{S_i}$$

$$p_1:p_2:p_3=\frac{1}{4}:\frac{1}{16}:\frac{1}{25}=20:5:3.2=100:25:16$$

这说明,权的数值可以为任意数,但权的比值是一定的。为了计算上的方便,我们取中间一组值。

根据式(7-42)可求出 P 点的最或是值 x:

$$x=\frac{p_1H_1+p_2H_2+p_3H_3}{p_1+p_2+p_3}=\frac{16.302\times20+16.294\times5+16.296\times3.2}{20+5+3.2}=16.300\text{m}$$

在计算中,可以将相同的大数部分提出来,使计算工作变得更简单,即

$$x=16.290+\frac{12\times20+4\times5+6\times3.2}{(20+5+3.2)\times1\ 000}=16.300\text{m}$$

令 $p_1=20$,即 $p_1=\frac{\mu^2}{m_1^2}=20$,所以 $\mu=\sqrt{20}\,m_1=2\sqrt{20}$。

根据式(7-43)可知,$[p]=p_1+p_2+p_3=28.2$,所以

$$m_x=\frac{\mu}{\sqrt{[p]}}=\frac{2\sqrt{20}}{\sqrt{28.2}}=\pm1.68\text{mm}$$

4 单位权中误差

在同精度观测中,观测值的精度是相同的,因此可以用 $m=\pm\sqrt{\frac{[\Delta\Delta]}{n}}$ 计算观测值的

中误差。在不同精度的观测中，每个观测值的精度不同，就必须先求出单位权中误差，单位权中误差是衡量不等精度观测值精度的一个标准。只要知道观测值的权，便可通过单位权中误差，求得观测值的中误差。下面是用改正数求单位权中误差公式。

$$\mu = \pm\sqrt{\frac{[pvv]}{n-1}} \tag{7-44}$$

由此可以推出最或是值中误差以及任意观测值中误差公式

最或是值中误差

$$m_x = \frac{\mu}{\sqrt{[p]}} = \pm\sqrt{\frac{[pvv]}{[p](n-1)}} \tag{7-45}$$

观测值中误差

$$m_i = \frac{\mu}{p_i} = \pm\sqrt{\frac{[pvv]}{p_i(n-1)}} \tag{7-46}$$

【例 7-12】 对某角进行了 5 次观测，每次的测回数及其平均值如表 7-5 所示。设每测回的观测精度均相等，求该角的最或是值及其中误差。

表 7-5　测回数及其平均值

序号	观测值	测回数	p	v	pvv
1	50°10′12″	2	2	+3	18
2	50°10′10″	4	4	+5	100
3	50°10′16″	6	6	−1	6
4	50°10′18″	8	8	−3	72
5	50°10′14″	10	10	+1	10
	50°10′15″		$[p]=30$		$[pvv]=206$

解：(1)根据测回数确定各观测值的权。

(2)根据式(7-42)可求水平角的最或是值 $x = 50°10'14.8''$，并求各观测值的改正数 v。

(3)根据式(7-44)求单位权中误差 $\mu = \pm\sqrt{\frac{[pvv]}{n-1}} = \pm\sqrt{\frac{206}{5-1}} = \pm 7''$。

(4)根据式(7-45)求最或是值中误差 $m_x = \frac{\mu}{\sqrt{[p]}} = \pm\frac{7}{\sqrt{30}} = \pm 1.3''$。

在这里，假设各观测值的权分别为：1，2，3，4，5，那么，计算出的单位权中误差为

$$\mu = \pm\sqrt{\frac{[ppv]}{n-1}} = \pm\sqrt{\frac{103}{5-1}} = \pm 5''$$

为什么观测值的权不同，单位权的中误差不同呢？这是因为习题中假定的单位权是以两个测回为单位权，而第二组权是以一测回为单位权。

第八章　控制测量

第一节　概　述

在测量中，为控制全局和限制误差的传播与积累，通常选定若干具有控制意义的点，组成一定的几何图形，形成测区的骨架。用相对精确的测量手段和计算方法，在统一坐标系中，确定这些点的平面坐标和高程，然后以它为基础来测定其他地面点的点位或进行施工放样，或进行其他测量工作。其中：这些具有控制意义的点被称为控制点；由所选的控制点按一定规律与要求组成的网形，称为控制网。测定控制点平面位置的工作，称为平面控制测量；测定控制点高程的工作，称为高程控制测量。二者统称为控制测量。

国家平面控制网如图 8-1 所示，根据“从整体到局部，分级布网”的原则。按精度从高到低分为一、二、三、四共四个等级。一等精度最高，是国家平面控制网的骨干和基础，它沿经纬线布设成纵横交叉的三角锁。二等三角网填充于一等锁环内，是平面控制网的全面基础。三等网是以二等网为基础的加密网，四等网则是在三等网的基础上加密，也可以直接在二等网之基础上加密。

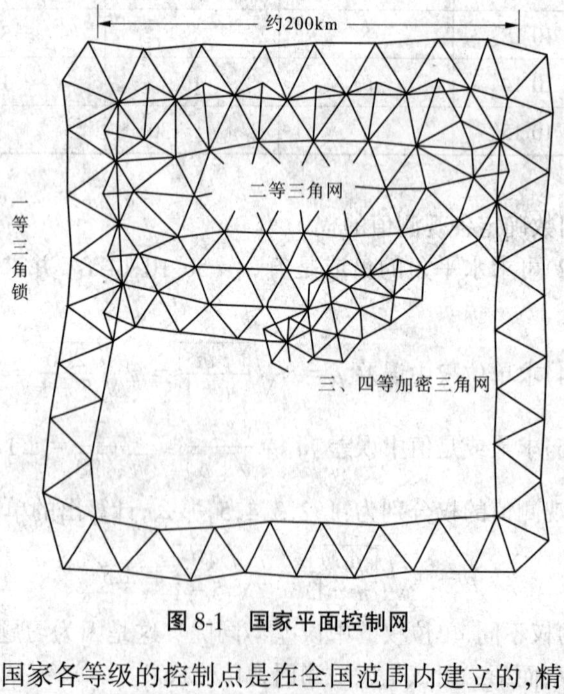

图 8-1　国家平面控制网

从表 8-1 可知，国家各等级的控制点是在全国范围内建立的，精度很高，但由于控制点的密度很稀，难以满足大比例尺测图的需要。然而，作为城市规划、施工放样和地形测量的依据，需要布设城市平面控制网。一般分为二、三、四等三角及一、二级小三角或一、

二、三级导线，然后再布设图根导线。对于建立小区域控制网（即为小区域的大比例尺地形测量或工程测量所建立的控制网），首先在全测区范围内建立精度最高的控制网即首级控制网；然后在此基础之上建立直接为测图服务的控制网即图根控制网。当测区面积小于 $0.5km^2$ 时，图根控制网亦可作为首级控制网。因此，三、四等三角网及一、二级小三角或一、二、三级导线，甚至是图根控制都可以作为测区的首级控制。

表 8-1 三角锁（网）的布设规格

等级	平均边长(km)	测角中误差(″)	三角形最大闭合差(″)	最弱边边长相对中误差
一	20~25	±0.7	±2.5	≤1:16.5 万
二	13	±1.0	±3.5	≤1:12 万
三	8	±1.8	±7.0	≤1:8 万
四	2~6	±2.5	±9.0	≤1:4 万

平面控制测量的方法主要有三角网测量、导线测量、交会测量、天文测量以及 GPS。在数字地形测图中，一些方法已不再采用，如测角三角网以及测角交会等方法，特别是 GPS 的普及，对控制测量来说无异于一场革命。但测边三角网和测边交会还有用。因此，本章主要介绍一、二、三级光电测距导线测量，简单介绍单三角、前方交会，测边交会等内容。

GPS(Global Plsitioning System)测量是以分布在空中多个 GPS 卫星为观测目标来确定地面点的三维坐标的定位方法。20 世纪 80 年代末，全球卫星定位系统（GPS）开始在我国用于建立平面控制网。目前，GPS 已成为建立平面控制网的主要方法。应用 GPS 定位技术建立的控制网称为 GPS 控制网，其精度分为 A、B、C、D、E 五个不同精度的 GPS 控制网。在全国范围内，已建立了国家（GPS）A 级网 27 个点、B 级网 818 个点。

第二节 直线定向

确定地面上一条直线，除了应知道其长度外，还要确定这条直线的方向，直线的方向是以该直线与基本方向线之间的夹角来确定的。因此，直线的定向工作就是确定两直线间的夹角。直线定向中，所采用的基本方向线有真子午线、磁子午线和坐标纵线（高斯平面直角坐标系中 X 轴方向或平行线方向），通常称为“三北方向线”。如图 8-2 所示是三种基本方向间的关系示意图。

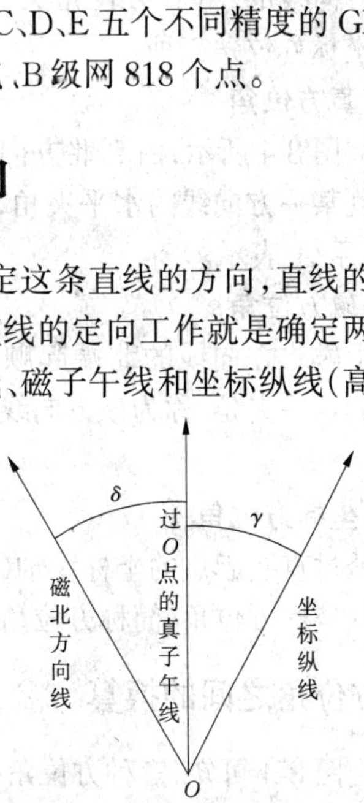

图 8-2 三北方向线

在第二章第二节中已讨论了，高斯平面直角坐标系的建立是以高斯投影带的中央子午线和赤道投影线作为高斯平面直角坐标系 X 轴和 Y 轴。

收敛角 γ：由图 8-3 可以看出，过地面上某一点 M 真子午线方向（投影平面上是过 M 点的切线方向）与坐标纵线间的夹角，称为收敛角，用 γ 表

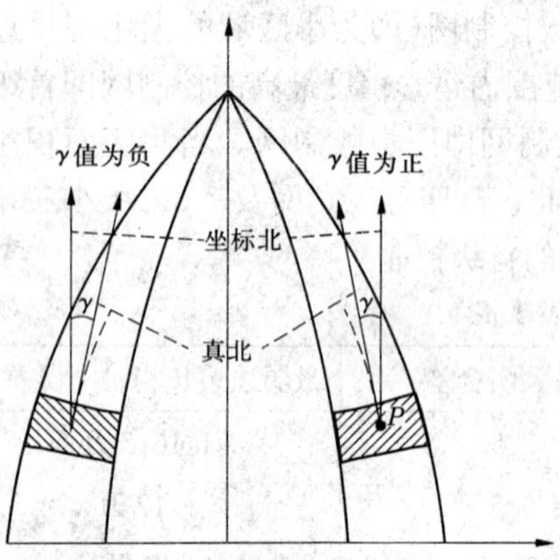

图 8-3

示。地面点 P 的子午线收敛角可按下式计算：

$$\gamma_P = (L_P - L_C)\sin B_P = \Delta L \sin B \quad (8\text{-}1)$$

式中　L_C——中央子午线经度；

L_P、B_P——P 点的经度和纬度。

由式(8-1)可知，当 ΔL 不变时，纬度越高，子午收敛角越大，在两极 $\gamma = \Delta L$；纬度越低，子午收敛角越小，在赤道上 $\gamma = 0$。

规定：坐标纵线位于真子午线以东时 γ 为正；反之，位于真子午线以西时 γ 为负。

磁偏角：磁北方向与真子午线（地理北方向）间的夹角，称为磁偏角，用 δ 表示，由于受各地的磁异常的影响很大，磁偏角不是一个定值。规定：凡磁北方向偏于真子午线以东称为东偏，δ 为正；反之，称为西偏，δ 为负。一般来说，磁北方向是利用磁针来测定的，精度不是很高，但测定直线的方向较方便，在野外读图和粗略定向时，经常采取这一方法。

1　方位角

由直线一端的基本方向线的北端起顺时针方向量到该直线的水平夹角，称为该直线的方位角。方位角的取值范围为 0°～360°。

当计算结果小于 0°和大于 360°的时候，则应通过 +360°或 -360°的方法化算至 0°～360°的范围。根据基本方向线的不同，方位角又分为真方位角、磁方位角和坐标方位角三种。

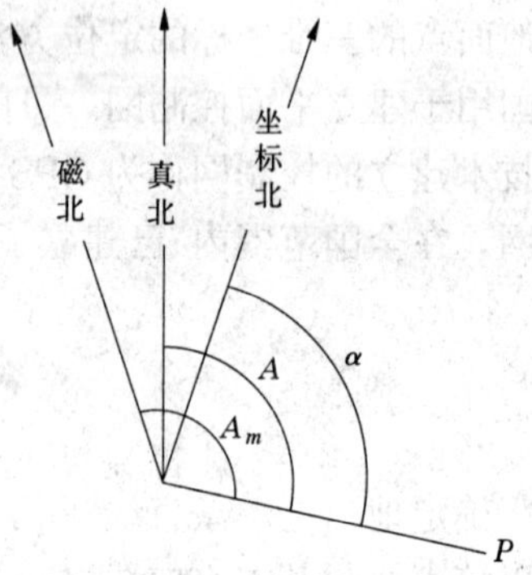

图 8-4

1.1　真方位角

如图 8-4 所示，由真北方向线的北端起顺时针方向量到某一方向线的水平夹角，称为该方向线的真方位角，用 A 表示。

1.2　磁方位角

由磁北方向线的北端起顺时针方向量到某一方向线的水平夹角，称为该方向线的磁方位角，用 A_m 表示。

1.3　坐标方位角

从过直线起点的坐标纵轴（或平行线）顺时针方向量至该直线间的水平夹角，称为该直线的坐标方位角，简称方位角，用 α 表示。取值范围为 0°～360°。

2　方位角之间的换算

由图 8-4 可知，三种方位角之间存在下述换算关系

$$A = A_m + \delta \quad (8\text{-}2)$$

$$A = \alpha + \gamma \tag{8-3}$$

在用式(8-2)和式(8-3)计算时,要注意 δ 和 γ 的符号。

【例 8-1】 如图 8-4 所示,已知 $\gamma = 1°18'02''$,$\delta = -2°24'18''$,$\alpha = 105°24'18''$,求真方位角 A 和磁方位角 A_m。

解:依式(8-3)可知:

$$A = \alpha + \gamma = 105°24'18'' + 1°18'02'' = 106°42'20''$$

又依式(8-2)可知:

$$A_m = A - \delta = \alpha - (\delta - \gamma) = 105°24'18'' - (-2°24'18'' - 1°18'02'') = 109°06'38''$$

3 正、反坐标方位角

一条直线有正、反两个方向,如图 8-5 中的直线 AB,若讨论直线 AB,则起点为 A,终点为 B,那么,BA 就是直线 AB 的反方向。反之亦然,若讨论直线 BA,则 AB 就是 BA 的反方向。

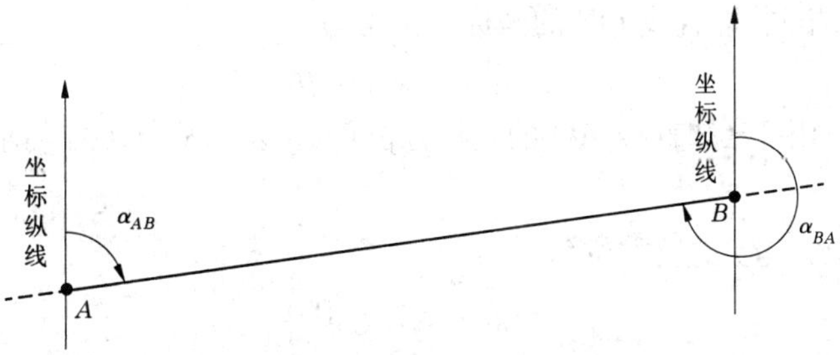

图 8-5

直线 AB 的方位角为 α_{AB},直线 BA 的方位角为 α_{BA},α_{AB} 和 α_{BA} 互为正、反坐标方位角。即 α_{AB} 的反方位角为 α_{BA};同样,α_{BA} 的反方位角为 α_{AB}。在直角坐标系中,过任意两点所作的坐标纵线相互平行,从图中可知:

$$\alpha_{BA} = \alpha_{AB} + 180°$$

$$\alpha_{AB} = \alpha_{BA} - 180°$$

显然,直线的正、反坐标方位角的换算关系为 ±180°。

$$\alpha_{正} = \alpha_{反} \pm 180° \tag{8-4}$$

由于方位角的取值范围为 0°～360°,因此在正、反方位角的计算中,加、减号可任意选取。

【例 8-2】 已知直线 AB 的方位角 $\alpha_{AB} = 125°54'36''$,求直线 AB 的反方位角 α_{BA}。

解法 1:$\alpha_{BA} = \alpha_{AB} + 180° = 125°54'36'' + 180° = 305°54'36''$

α_{BA} 在 0°～360°范围内,合乎要求。

解法 2:$\alpha_{BA} = \alpha_{AB} - 180° = 125°54'36'' - 180° = -54°05'24''$

由于 $\alpha_{BA} = -54°05'24'' < 0°$,不在 0°～360°的范围内,应化算,即

$$\alpha_{BA} = -54°05'24'' + 360° = 305°54'36''$$

由此可见:

(1)在正、反坐标方位角换算中，±180°的作用是已知直线方位角，求反方位角。

(2)±360°是将方位角的计算结果化算至方位角取值范围内(0°～360°)。

4　方位角的推算

在实际工作中，并不需要直接测定每条直线的坐标方位角，而是通过与已知方位角的直线进行连接，观测其水平角，再推算出所求各直线的坐标方位角。

如图 8-6 所示，已知起始边 OA 的方位角 α_{OA} 和 OA、OB 的水平角 β，求 OB 的方位角 α_{OB}。

在图中若 β 在推算线路前进方向(由 $A—O—B$ 的方向)的左侧，称为左角。若 β 在推算线路前进方向的右侧，称为右角。

(1)图 8-6(a)中：根据方位角的定义可知，OB 的方位角为

$$\alpha_{OB} = \alpha_{OA} + \beta$$

(2)图 8-6(b)中，已知直线 OA 的坐标方位角 α_{OA}，与图 8-6(a)不同的是没有画坐标系。但计算方法相同，即直线 OB 的坐标方位角为

$$\alpha_{OB} = \alpha_{OA} + \beta$$

(3)图 8-6(c)中，已知直线 AO 的坐标方位角 α_{AO} 及水平角 β，如何求直线 OB 的坐标方位角 α_{OB}。

首先求出直线 AO 的反方位角 α_{OA}：

$$\alpha_{OA} = \alpha_{AO} - 180°$$

有了 α_{OA}，那么直线 OB 的坐标方位角为

$$\alpha_{OB} = \alpha_{AO} - 180° + \beta$$

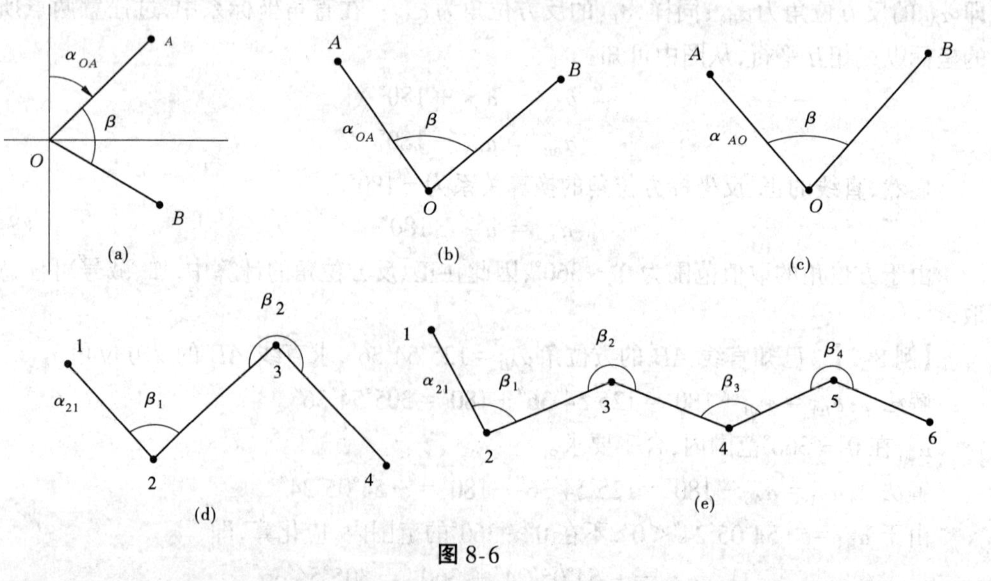

图 8-6

(4)图 8-6(d)中，已知 21 边的坐标方位角 α_{21} 及水平角 β_1、β_2，如何求直线 34 的坐标

方位角 α_{34}。

首先求 23 边的坐标方位角 α_{23}:

$$\alpha_{23} = \alpha_{21} + \beta_1$$

再求 23 边的反方位角 α_{32}:

$$\alpha_{32} = \alpha_{23} - 180^\circ = \alpha_{21} + \beta_1 - 180^\circ$$

则 34 的坐标方位角 α_{34}为

$$\alpha_{34} = \alpha_{32} + \beta_2 = \alpha_{21} + \beta_1 + \beta_2 - 180^\circ$$

(5)图 8-6(e)中,已知 21 边的坐标方位角 α_{21}及水平角 β_1、β_2、β_3、β_4,如何求直线 56 边的坐标方位角 α_{56}。

根据(3)可知:

$$\begin{aligned}\alpha_{34} &= \alpha_{21} + \beta_1 + \beta_2 - 180^\circ \\ \alpha_{45} &= \alpha_{21} + \beta_1 + \beta_2 + \beta_3 - 2 \times 180^\circ \\ \alpha_{56} &= \alpha_{21} + \beta_1 + \beta_2 + \beta_3 + \beta_4 - 3 \times 180^\circ \\ &= \alpha_{21} + \sum \beta - 3 \times 180^\circ\end{aligned}$$

由上式可知,所求终边的坐标方位角 α_{56},等于起始边 21 的坐标方位角 α_{21},加上推算路线上所有左角,减去 3×180°。

将上式推而广之,已知起始边的方位角 $\alpha_{始}$ 及 n 个水平角 β_1、β_2、…、β_n,求终边的坐标方位角 $\alpha_{终}$

$$\alpha_{终} = \alpha_{始} + \sum \beta_{左} - (n-1) \times 180^\circ \tag{8-5}$$

应用此公式推算方位角时应注意以下几点:

(1)按此式计算出的 $\alpha_{终}$ 不在 0°～360°范围内时,应通过±360°将方位角化算至 0°～360°。

(2)若 β 为右角的时候,则

$$\alpha_{终} = \alpha_{始} - \sum \beta_{右} + (n-1) \times 180^\circ \tag{8-6}$$

(3)乘 180 前的系数取决于起始方位角,如图 8-6(e)中,如已知起始方位角为 α_{21}时,则系数为($n-1$);如果已知起始方位角为 α_{12}时,则系数为 n。

【例 8-3】 如图 8-7 所示,已知 $\alpha_{AB} = 80^\circ22'00''$, $\beta_1 = 85^\circ31'24''$, $\beta_2 = 258^\circ33'21''$, $\beta_3 = 106^\circ25'45''$,求 α_{23}。

解:依公式:$\alpha_{23} = \alpha_{AB} + \sum\beta - (3-1) \times 180^\circ$

$$\begin{aligned}&= 80^\circ22'00'' + 85^\circ31'24'' + 258^\circ33'21'' + 106^\circ25'45'' - 360^\circ \\ &= 170^\circ52'30''\end{aligned}$$

5 象限角

由基本方向线北端或南端起顺时针或逆时针方向量至某直线的锐角,叫做该直线的象限角,常用 R 表示。象限角的取值范围是 0°～90°。

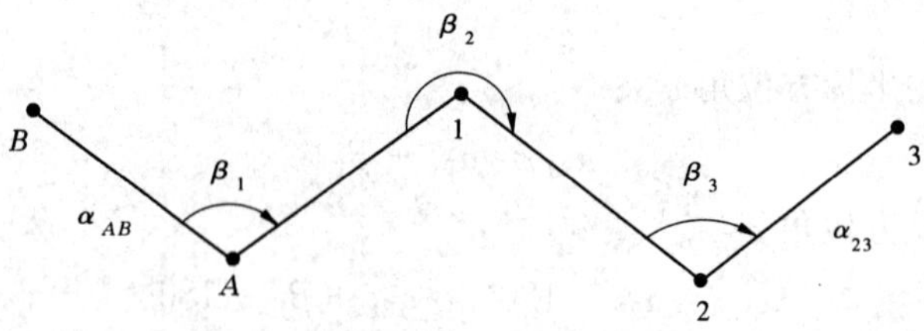

图 8-7

如图 8-8 所示，NS 为基本方向线，OP_1、OP_2、OP_3、OP_4 为地面上的四条直线，则 R_1、R_2、R_3、R_4 为该四条直线的象限角。它们分别在第Ⅰ、Ⅱ、Ⅲ、Ⅳ象限。

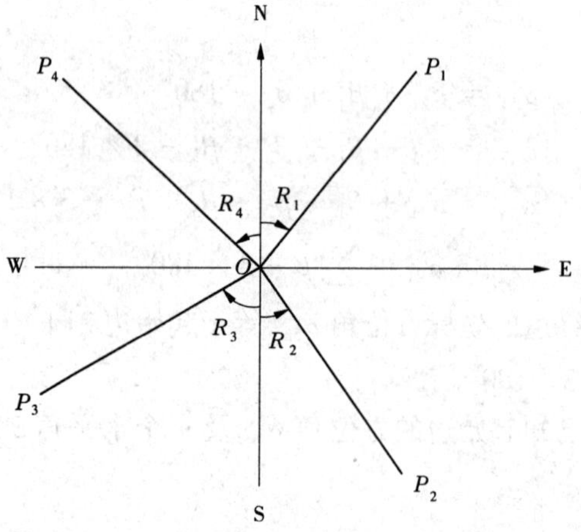

图 8-8

第三节　坐标计算的基本公式

在控制测量的内业计算中，主要任务是依据外业观测所获得的角度、边长及已知数据计算控制点的坐标，本节将主要阐述坐标计算的问题。

1　坐标正算

根据已知点坐标及已知边长 S 和坐标方位角 α，计算未知点坐标，称为坐标正算。

如图 8-9 所示，设 A 点坐标为(X_A, Y_A)，B 点的坐标为(X_B, Y_B)，则直线段 AB 相应的纵、横坐标增量分别为

$$\left.\begin{aligned}\Delta X_{AB} &= X_B - X_A \\ \Delta Y_{AB} &= Y_B - Y_A\end{aligned}\right\} \tag{8-7}$$

依上述坐标增量公式可知，若已知 A 点坐标(X_A, Y_A)，边长 S_{AB}、方位角 α_{AB}，那么依图 8-9 可知，B 点的坐标为

$$\left.\begin{aligned}X_B &= X_A + \Delta X_{AB} \\ Y_B &= Y_A + \Delta Y_{AB}\end{aligned}\right\} \tag{8-8}$$

根据三角学知识，其中：

$$\left.\begin{aligned}\Delta X_{AB} &= S_{AB}\cos\alpha_{AB}\\ \Delta Y_{AB} &= S_{AB}\sin\alpha_{AB}\end{aligned}\right\} \qquad (8\text{-}9)$$

顾及式(8-8)和式(8-9)得

$$\left.\begin{aligned}X_B &= X_A + S_{AB}\cos\alpha_{AB}\\ Y_B &= Y_A + S_{AB}\sin\alpha_{AB}\end{aligned}\right\} \qquad (8\text{-}10)$$

坐标增量 ΔX、ΔY 有正、有负，而边长 S 恒为正，因此 ΔX、ΔY 的符号主要取决于坐标方位角 α_{AB} 所在的象限。其换算关系见表 8-2。

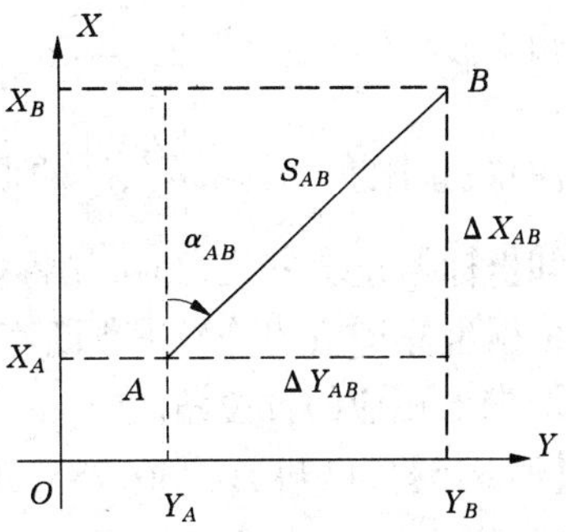

图 8-9 坐标正反算

表 8 2 坐标方位角、象限角及坐标增量间换算关系

直线方向		增量的符号		象限角与坐标方位角换算
坐标方位角	相应的象限	ΔX	ΔY	
0°～90°	Ⅰ	+	+	$\alpha = R$
90°～180°	Ⅱ	−	+	$\alpha = 180° - R$
180°～270°	Ⅲ	−	−	$\alpha = 180° + R$
270°～360°	Ⅳ	+	−	$\alpha = 360° - R$

【例 8-4】 已知 $S_{AB} = 143.758\text{m}$，$\alpha_{AB} = 185°24'39''$，$A(3\ 664\ 336.785, 487\ 702.456)$，求 B 点的坐标。

解法一，按式(8-9)先求出坐标增量。

$$\Delta X_{AB} = S_{AB}\cos\alpha_{AB} = 143.758 \times \cos(185°24'39'') = -143.117$$

$$\Delta Y_{AB} = S_{AB}\sin\alpha_{AB} = 143.758 \times \sin(185°24'39'') = -13.556$$

按式(8-8)推求待定点的坐标。

$$X_B = X_A + \Delta X_{AB} = 3\ 664\ 336.785 + (-143.117) = 3\ 664\ 193.668\text{m}$$

$$Y_B = Y_A + \Delta Y_{AB} = 487\ 702.456 + (-13.556) = 487\ 688.900\text{m}$$

解法二，直接按式(8-10)求得

$$X_B = X_A + S_{AB}\cos\alpha_{AB} = 3\ 664\ 336.785 + 143.758 \times \cos(185°24'39'')$$
$$= 3\ 664\ 336.785 + (-143.117) = 3\ 664\ 193.668\text{m}$$

$$Y_B = Y_A + S_{AB}\sin\alpha_{AB} = 487\ 702.456 + 143.758 \times \sin(185°24'39'')$$
$$= 487\ 702.456 + (-13.556) = 487\ 688.900\text{m}$$

因为 $\alpha_{AB} = 185°24'39''$ 在第Ⅲ象限，所以 ΔX、ΔY 都为负值。

2 坐标反算

根据两已知点坐标 $A(X_A, Y_A)$ 和 $B(X_B, Y_B)$，求边长 S_{AB} 以及相应边的方位角 α_{AB}，叫做坐标反算。依据图 8-9 可知：

边长 $$S_{AB} = \sqrt{\Delta X_{AB}^2 + \Delta Y_{AB}^2} = \sqrt{(X_B - X_A)^2 + (Y_B - Y_A)^2} \qquad (8\text{-}11)$$

象限角 $$R = \arctan\left|\frac{\Delta Y}{\Delta X}\right| = \arctan\left|\frac{Y_B - Y_A}{X_B - X_A}\right| \tag{8-12}$$

注意：象限角 $\arctan\left|\frac{\Delta Y}{\Delta X}\right|$ 的取值范围是(0°～90°)，方位角取值范围是 0°～360°，因此已知坐标增量求方位角时，先将坐标增量取绝对值，依据式(8-12)求出相应的象限角，然后依据坐标增量的符号来判断直线所在的象限，再根据方位角与象限角的换算关系(见表 8-3)求出相应的方位角。

【例 8-5】 已知 $A(336.785,702.456)$，$B(193.668,688.900)$，求 S_{AB}、α_{AB}。

解：依式(8-7)求坐标增量 ΔX、ΔY：

$$\Delta X = X_B - X_A = 193.668 - 336.785 = -143.117$$

$$\Delta Y = Y_B - Y_A = 688.900 - 702.456 = -13.556$$

依式(8-11)及式(8-12)求边长和方位角：

$$边长\ S_{AB} = \sqrt{(-13.556)^2 + (-143.117)^2} = 143.758(\text{m})$$

$$象限角\ R = \arctan\left|\frac{\Delta Y}{\Delta X}\right| = \arctan\left|\frac{-13.56}{-143.117}\right| = 5°24'39''$$

由于 ΔX、ΔY 皆为负值，根据表 8-2 可知 α 在第Ⅲ象限，所以

$$\alpha_{AB} = 180° + 5°24'39'' = 185°24'39''$$

测量中坐标的正、反算，在数学中相当于极坐标和直角坐标之间的换算，坐标正算就是极坐标化直角坐标，坐标反算就是直角坐标化极坐标，所以计算器就很方便。

计算时应注意以下几个问题：

(1)在坐标反算时，计算出的方位角 $\alpha<0$ 时，则方位角应 +360°。

(2)fx－4500P 计算器是用 V 和 W 两个储存器存储正、反算结果的(见表 8-3)，在没有将别的计算结果存储之前，即使关机，结果也不会消失。

表 8-3 fx－4500P 计算器进行坐标正、反算的方法

坐标正反算	计算器的功能键	计算结果	专用储存器	
			V	W
正算$(S,\alpha)\to(\Delta X,\Delta Y)$	$\mathrm{Rec}(S,\alpha)$	$\Delta X,\Delta Y$	ΔX	ΔY
反算$(\Delta X,\Delta Y)\to(S,\alpha)$	$\mathrm{Pol}(\Delta X,\Delta Y)$	S,α	S	α

(3)fx－4800P 计算器用 I 和 J 这两个储存器存储正、反算结果。

(4)计算器的左括号是自带的，而右括号可加可不加，计算结果是一样的，如 $\mathrm{Pol}((X_2-X_1),(Y_2-Y_1))$ 与 $\mathrm{Pol}(X_2-X_1,Y_2-Y_1)$ 是一样的，但建议加上。

【例 8-6】 已知 $\Delta X=-143.117$，$\Delta Y=-13.556$，求 S 和 α。

解：Pol(－143.117, －13.556)，得 $S=143.758$m。

$\alpha=-174°35'21''$，因为 $\alpha<0$，所以

$\alpha=\alpha+360°=185°24'39''$

此处的第一个符号相当于计算机语言中的赋值。

【例 8-7】 已知 $S=143.758\text{m}$，$\alpha=185°24'39''$，求 ΔX，ΔY。

解：Rec(143.758, 185°24′39″)，得

$$\Delta X=-143.117\text{m}$$
$$\Delta Y=-13.556\text{m}$$

显然，计算过程变得简单直观。

第四节 导线测量

1 导线的布设形式

导线就是由若干直线连成的折线，每条直线叫做导线边，相邻两直线间的水平角叫转折角，直线两端的控制点叫做导线点。习惯上把钢尺测定边长的导线称为钢尺量距导线，但精度较低，工作难度大，现在已不采用。用光电测距仪测定边长的导线叫做光电测距导线，精度较高，工作难度小，应用十分广泛，特别适应于地物分布较复杂的建筑区、视线障碍较多的隐蔽地区和带状地区。

根据不同的情况和要求，导线可布设成单一导线和导线网两种形式。单一导线又分为附合导线、闭合导线、支导线。

1.1 附合导线

如图 8-10(a)所示，导线起始于一个已知点，而终止于另一个已知点，这种导线叫做附合导线。

1.2 闭合导线

如图 8 10(b)所示，由一个已知点出发，最后又回到这一已知点，这种导线称为闭合导线。

1.3 支导线

如图 8-10(c)所示，从一个已知点出发，既不附合到另一已知点，又不回到原已知点的导线，称为支导线。支导线没有检核条件，不易发现错误，因此规范规定，支导线一般不超过四条边，且只能用于图根控制加密。

1.4 一个结点的导线网

如图 8-10(d)所示，从三个或更多的已知点开始，几条导线汇合于一条结点。

1.5 两个以上结点或两个以上的闭合环导线

如图 8-10(e)所示是具有两个结点的导线网，而图 8-10(f)是三个闭合环的导线网。

2 导线的等级及技术要求

导线分为三、四等及一、二、三级导线（又称 5″级、8″级和 12″级导线）和图根导线（20″级导线）。技术要求如表 8-4 所示。但本教材重点介绍一、二、三级导线和图根导线，而对于三、四等导线则主要在《控制测量学》中介绍。由于光电测距较普及，所以对钢尺量距导线也不作过多的介绍。

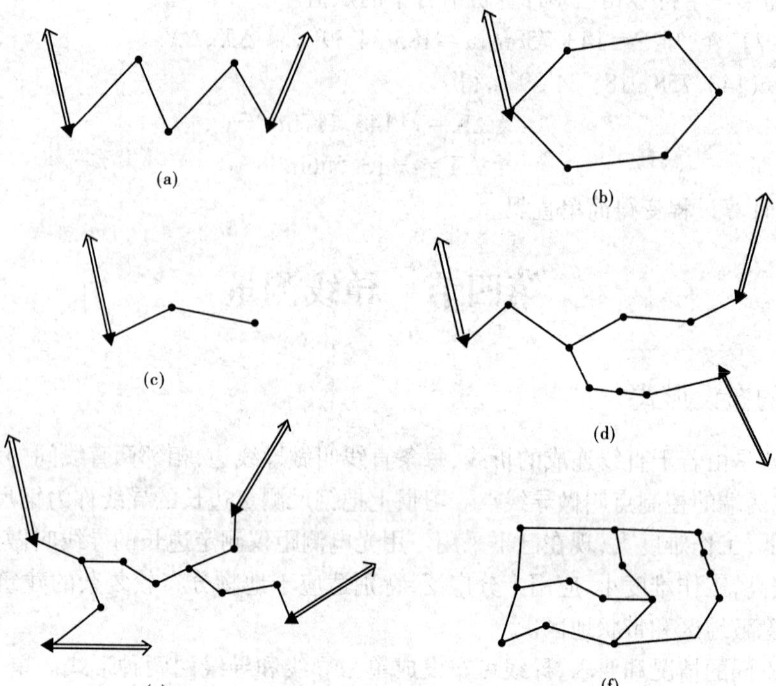

图 8-10　导线的常设形式

表 8-4　光电测距导线的主要技术要求

等级	附合导线长度(km)	平均边长(m)	每边测距中误差(mm)	测角中误差(″)	方位角闭合差	测回数		导线全长相对闭合差
						DJ_2	DJ_6	
三等	15	3 000	≤±18	≤±1.5	$\leqslant\pm3''\sqrt{n}$	12		≤1/60 000
四等	10	1 600	≤±18	≤±2.5	$\leqslant\pm5''\sqrt{n}$	6		≤1/40 000
一级	3.6	300	≤±15	≤±5	$\leqslant\pm10''\sqrt{n}$	2	4	≤1/14 000
二级	2.4	200	≤±15	≤±8	$\leqslant\pm16''\sqrt{n}$	1	3	≤1/10 000
三级	1.5	120	≤±15	≤±12	$\leqslant\pm24''\sqrt{n}$	1	2	≤1/6 000

图根导线的方位角闭合差为$\leqslant\pm40''\sqrt{n}$。

规范规定：

(1)用导线作首级控制时，宜布设成多边形格网；作为加密时，可布设成单一导线，或结点网等形式。导线相邻边长之比不宜超过 1∶3。

(2)导线网中结点与高级点或结点与结点间的导线长度不应大于附合导线规定长度的 0.7 倍。

(3)光电测距导线的总长和平均边长可放长至 1.5 倍，但其绝对闭合差不应大于 26cm。当附合导线的边数超过 12 条时，其测角精度应提高一个等级。

(4)对不存在通视条件的 GPS 网点或其他控制网的孤点,采用四等及以下各级加密导线时,可布设成无定向导线网。但严禁布设成两起算点之间单线附合形式,而应布设成具有两个或两个以上闭合环,或组成结点的导线网,以保证导线网的精度与可靠性。在闭合环数或结点数较少时,应适当提高导线测角的精度。

3 导线的外业

导线测量的外业主要包括踏勘选点、角度观测、边长观测等工作。

3.1 踏勘选点

首先收集测区已知点成果和地形图或土地利用现状图等有关资料。根据测区范围及已知点分布情况、测图比例尺等因素,拟定出导线布设的初步方案。到实地踏勘,查看所计划的路线与实际的情况是否相符,如有必要,应作适当改动,并作相应的点之记。

选点时应注意以下几点:

(1)相邻点间应通视良好,地势平坦,便于测角量距。

(2)导线边长应大致相等。

(3)导线点应选在土质坚实处,便于架仪器。

(4)视野开阔,便于加密控制点和测绘地形图。

(5)应有足够的密度,分布应尽量均匀。

控制点选好之后,打上木桩,做好标志。若为长久保存的控制点则应埋石。一般要求每幅图内有 5 个以上的埋石点。

3.2 测角及测角的精度评定

(1)导线中两相邻导线边构成的转折角用全站仪或经纬仪观测。为计算方便,常观测导线前进方向的左角。但对于支导线,应分别测导线前进方向的左角和右角,以增加检核条件。

(2)测角之前对仪器进行检核,测角的方法主要是方向观测法(当方向数不多于 3 个时,可不归零)。

(3)水平角观测过程中,仪器不应受日光直接照射,气泡中心位置偏离整置中心不应超过一格,当超过一格时,应在测回间重新整置仪器,使气泡居中。有纵轴倾斜传感器校正的电子经纬仪可不受此限。

(4)为了减弱对中误差对测角量距的影响,各等级导线宜采用三联脚架法。通常使用三个既能安置全站仪又能安置觇板的基座和脚架,基座有光学对点器。在完成一个测站的观测工作之后,到下一个测站时,将后视点($i-1$)的觇板及棱镜取下来,将脚架和基座移到下一个观测点($i+2$)上,并保持测站(i)上和前视($i+1$)的脚架和基座不动,只取下全站仪的上半部分和前视点($i+1$)的觇板及棱镜,然后,将三者各往前移动一个位置即可。

(5)角度外业观测工作结束之后,必须对手簿进行 200% 的检查。确认无误之后,绘制草图,将水平角标定在草图上,并求出各导线的闭合差 f_β,然后按下式评定测角精度:

$$m_\beta = \pm\sqrt{\frac{1}{N}\left[\frac{f_\beta f_\beta}{n}\right]} \tag{8-13}$$

式中　f_β——附合导线或闭合导线环的方位角闭合差；

　　n——计算 f_β 时的测站数；

　　N——f_β 的个数；

　　m_β——导线测角中误差。

3.3　**边长观测**

具体内容参见第五章。

第五节　导线测量的内业计算

本节仅阐述单一导线的计算问题。由于其精度较低，多用于地形测量控制点加密的工作中。具有结点的导线网计算或要求精度较高的单一导线，则采取严密平差程序在计算机上进行平差计算。这一内容将在《测量平差》中讲述。

单一导线的计算问题主要是根据起算数据（已知点坐标和方位角）和外业观测数据（角度和边长），推算出各导线点的坐标。

1　支导线的计算

如图 8-11 所示，支导线的计算步骤如下：

(1)根据已知方位角 α_{BA} 及 β_1、β_2、…推算出各边的坐标方位角。

(2)由各边坐标方位角及边长，按坐标正算求出各边的坐标增量。

(3)依次求出各点的坐标。

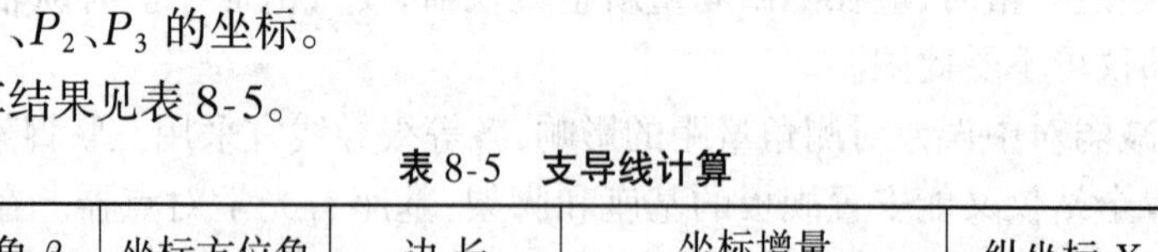

图 8-11　支导线

【例 8-8】　如图 8-11，已知 $\alpha_{AB}=80°33'54''$，A 点的坐标为(1 806.004，5 785.775)，求各待定点 P_1、P_2、P_3 的坐标。

解：其计算结果见表 8-5。

表 8-5　支导线计算

点名	观测角 β (° ′ ″)	坐标方位角 (° ′ ″)	边长 (m)	坐标增量 ΔX(m)	坐标增量 ΔY(m)	纵坐标 X (m)	横坐标 Y (m)
B							
		80 33 54					
A	156 22 00					1 806.004	5 785.775
		236 55 54	109.467	−59.729	−91.736		
P_1	198 31 24					1 746.275	5 694.039
		255 27 18	234.378	−58.862	−226.866		
P_2	146 02 09					1 687.413	5 467.173
		221 29 27	130.987	−98.117	−86.779		
P_3						1 589.296	5 308.394

表 8-5 中

$$\alpha_{AP1}=\alpha_{AB}+\beta_1$$
$$\alpha_{P1P2}=\alpha_{AP1}+\beta_2-180°$$
$$\alpha_{P2P3}=\alpha_{P1P2}+\beta_3-180°$$

从以上支导线的计算可以看出，由于支导线没有任何的检核条件，所以当测角和量距存在错误和误差时，求出的坐标是不正确的，但我们无法知道。因此，在地形测量中，对于地形较困难，无法布设附合导线或闭合导线来进行图根加密时，可布设支导线，但支导线的边数最多不得超过四条。

2 附合导线的计算

根据连接角的不同，附合导线分为有两个连接角的附合导线、有一个连接角的附合导线、未测连接角的附合导线。下面分别加以介绍。

2.1 有两个连接角的附合导线的计算

2.1.1 角度闭合差的计算与配赋

如图 8-12 所示，是附合在两已知边 AB、CD 之上的一条附合导线。根据方位角的计算公式(8-5)可知：

$$\alpha_{CD}'=\alpha_{AB}+\beta_1+\beta_2+\beta_3+\beta_4-3\times180°$$

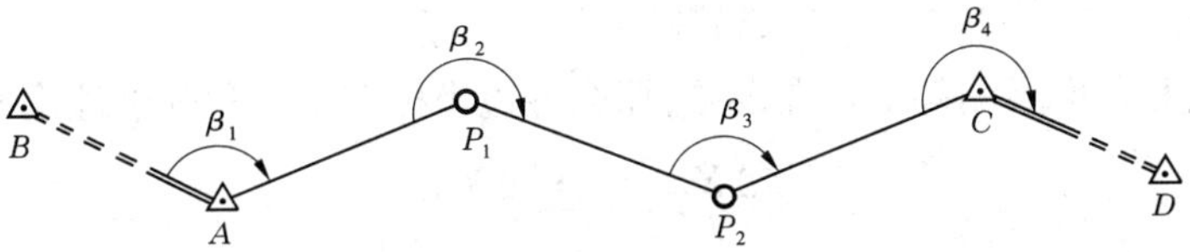

图 8-12 有两个连接角的附合导线

当转折角有 n 个的时候，则上式推广为

$$\alpha_{CD}'=\alpha_{AB}+\sum\beta_{左}-(n-1)\times180° \tag{8-14}$$

在式(8-14)中，要注意起始边的方位角的确定，如图 8-12 所示，已知 α_{AB}，则"×180°"前的系数为($n-1$)，若已知 α_{BA}，则系数为 n。

按式(8-14)，从已知方位角 α_{AB} 推导出 CD 边的方位角 α_{CD}'，应与理论值 α_{CD} 相符，但由于图 8-12 中的 β 角存在误差，因此二者不相等，存在一个差值，称为方位角闭合差，用 f_β 表示：

$$f_\beta=\alpha_{CD}'-\alpha_{CD}=\alpha_{AB}-\alpha_{CD}+\sum\beta-(n-1)\times180°$$
$$f_\beta=\alpha_{始}-\alpha_{终}+\sum\beta-(n-1)\times180° \tag{8-15}$$

按式(8-15)求出闭合差，用平均分配的原则分配给每一个转折角：

$$v_\beta=\frac{-f_\beta}{n} \tag{8-16}$$

在计算的过程中，角度精确到 1″，因此在平均分配时出现多几秒或不够的情况，此时应将多或不够的分配到短边的角上。

2.1.2　求各边的方位角

$$\alpha_{AP1} = \alpha_{AB} + \beta_1 + \upsilon_{\beta_1}$$

$$\alpha_{P1P2} = \alpha_{AP1} - 180^\circ + \beta_2 + \upsilon_{\beta_2}$$

$$\alpha_{P2C} = \alpha_{P1P2} - 180^\circ + \beta_3 + \upsilon_{\beta_3}$$

$$\alpha_{CD} = \alpha_{P2C} - 180^\circ + \beta_4 + \upsilon_{\beta_4}$$

推而广之，除第一条边要考虑起始方位角的情况之外，其他各边都满足如下条件：

$$\alpha_{i,i+1} = \alpha_{i-1,i} - 180^\circ + \beta_{左} + \upsilon_\beta \tag{8-17}$$

$$\alpha_{i,i+1} = \alpha_{i-1,i} - 180^\circ - \beta_{右} + \upsilon_\beta \tag{8-18}$$

2.1.3　求坐标增量

依公式(8-9)，求出各边对应的坐标增量：

$$\Delta X_{i,i+1} = S_{i,i+1}\cos\alpha_{i,i+1}$$

$$\Delta Y_{i,i+1} = S_{i,i+1}\sin\alpha_{i,i+1}$$

2.1.4　坐标增量闭合差及分配

两已知点 A、C 之间的坐标增量的理论值为

$$\Delta X_{理} = X_C - X_A$$

$$\Delta Y_{理} = Y_C - Y_A$$

如果边长和角度观测都不存在误差，那么各边坐标增量之和等于理论值：

$$\Delta X_{理} = \sum \Delta X_{计}$$

$$\Delta Y_{理} = \sum \Delta Y_{计}$$

实际上由于边长观测值有误差，坐标方位角虽然是由改正后的转折角推算的，但转折角的改正也存在不完全合理的因素，因此用含有误差的边长和方位角计算的纵、横坐标增量的代数和$\sum\Delta X_{计}$ 和$\sum\Delta Y_{计}$ 一般都不等于理论值，而与理论值之间存在一个差值，称为坐标增量闭合差，分别用 f_X、f_Y 表示：

$$\left.\begin{aligned} f_X &= \sum \Delta X_{计} - (X_C - X_A) \\ f_Y &= \sum \Delta Y_{计} - (Y_C - Y_A) \end{aligned}\right\} \tag{8-19}$$

由于 f_X、f_Y 的存在，使得导线从 A 点出发，经过各导线点推算出来的 C 点坐标与 C 点的已知坐标不相同，二者之间的距离之差叫做全长闭合差，用 f_S 表示：

$$f_S = \pm\sqrt{f_X^2 + f_Y^2} \tag{8-20}$$

导线测量的精度一般用 f_S 与导线全长的比值来衡量，并化作分子为 1 的分数形式表示，叫做导线全长相对闭合差。

$$导线全长相对闭合差 = \frac{f_S}{\sum S} = \frac{1}{M} \tag{8-21}$$

在表 8-8 中 $f_X = 0.027\text{m}$，$f_Y = -0.034\text{m}$，导线全长相对闭合差为 1/29 450。

若相对闭合差在容许值范围内时，则将 f_X、f_Y 反号并按与边长成正比的原则分别对

坐标增量进行改正：

$$
\begin{aligned}
\upsilon_{x_{i,i+1}} &= \frac{-f_X}{\sum S} S_{i,i+1} \\
\upsilon_{y_{i,i+1}} &= \frac{-f_Y}{\sum S} S_{i,i+1}
\end{aligned}
\tag{8-22}
$$

由于凑整误差的影响，改正数之和与闭合差不相符时，可将其差数分配给较长边上。

2.1.5 导线点坐标计算

依据

$$
\left.
\begin{aligned}
X_{i+1} &= X_i + \Delta X_{i,i+1} + \upsilon_{x_{i,i+1}} \\
Y_{i+1} &= Y_i + \Delta Y_{i,i+1} + \upsilon_{y_{i,i+1}}
\end{aligned}
\right\}
\tag{8-23}
$$

求各点的坐标。

2.1.6 计算举例

见表 8-6。

2.2 仅有一个连接角的附合导线

这种导线的计算与上述有两个连接角的不同，它不存在求方位角闭合差。所以，在计算时，相当于支导线的计算。

2.2.1 求各点的坐标

因为有起始方位角和连接角，因此可以直接推算出各边的方位角，并按坐标计算有关公式，求出每一待定点的坐标。

2.2.2 求坐标增量闭合差及配赋

因为最后一点是已知点 C，因此最后求出的坐标 X_C' 和 Y_C' 的值由于观测值（水平角 β 和边长 S）存在误差，必然与已知的坐标 X_C 和 Y_C 不相同，它将产生坐标闭合差 f_X 和 f_Y：

$$
\begin{aligned}
f_X &= X_C' - X_C \\
f_Y &= Y_C' - Y_C
\end{aligned}
\tag{8-24}
$$

有了坐标增量闭合差之后，较简单的配赋原则是按各导线边的长度依比例地改正它们的坐标增量。

$$
\left.
\begin{aligned}
\upsilon_{\Delta X_{i,i+1}} &= -\frac{f_X}{\sum S} S_{i,i+1} \\
\upsilon_{\Delta Y_{i,i+1}} &= -\frac{f_Y}{\sum S} S_{i,i+1}
\end{aligned}
\right\}
\tag{8-25}
$$

坐标增量为

$$
\begin{aligned}
\Delta X_{i,i+1} &= \Delta X'_{i,i+1} + \upsilon_{\Delta X_{i,i+1}} \\
\Delta Y_{i,i+1} &= \Delta Y'_{i,i+1} + \upsilon_{\Delta Y_{i,i+1}}
\end{aligned}
\tag{8-26}
$$

最后推求各点坐标（略）。

2.3 未测连接角的附合导线的计算

如图 8-14 所示，由于这种导线两端都未测连接角，因此无法直接从已知的坐标方位

表 8-6　有两个连接角的附合导线计算

点名	观测角 β (° ′ ″)	改正数 υ_β	坐标方位角 α (° ′ ″)	边长 (m)	ΔX (m)	υ_X (mm)	ΔY (m)	υ_Y (mm)	纵坐标 X (m)	横坐标 Y (m)
B										
			57 59 30							
A	99 01 06	+4							3 284 618.755	498 345.607
			157 00 40	225.852	−207.915	−11	88.207	−6		
P_1	167 45 32	+4							3 284 410.829	498 433.808
			144 46 16	139.128	−113.647	−6	80.255	−4		
P_2	123 11 28	+4							3 284 297.176	498 514.059
			87 57 48	172.569	6.133	−8	172.460	−4		
P_3	189 20 40	+4							3 284 303.301	498 686.515
			97 18 32	100.072	−12.731	−5	99.259	−3		
P_4	179 59 20	+4							3 284 290.565	498 785.771
			97 17 56	102.480	−13.020	−5	101.650	−3		
C	129 27 30	+4							3 284 277.540	498 887.418
			46 45 30							
D										
	888 45 36			$\sum S=740.101$	$\sum\Delta X=-341.180$		$\sum\Delta Y=541.831$		$X_C-X_A=-341.215$	$Y_C-Y_A=541.811$

$f_\beta=57°59'30''+\sum\beta_{左}-46°45'30''-(6-1)\times180=-24''$

$f_{\beta容}=\pm24''\sqrt{6}=59''$

$f_X=\sum\Delta X-(X_C-X_A)=0.035\text{m}$

$f_Y=\sum\Delta Y-(Y_C-Y_A)=0.020\text{m}$

$f_S=\sqrt{f_X^{\ 2}+f_Y^{\ 2}}=0.040\text{m}$

$\frac{f_S}{\sum S}=\frac{0.040}{740.101}=\frac{1}{18\ 500}$

已知 $\alpha_{BA}=57°59'30''$　　$\alpha_{CD}=46°45'30''$

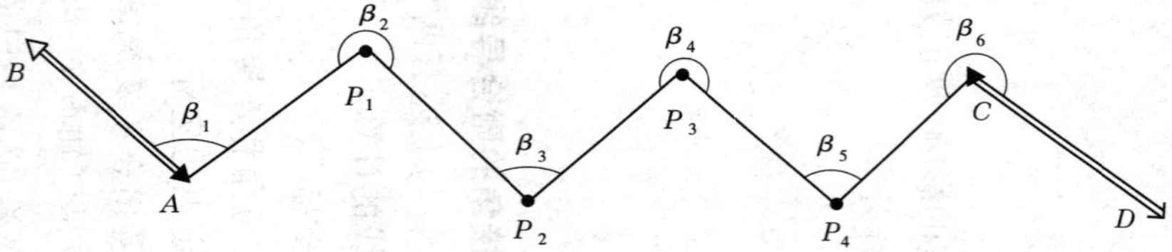

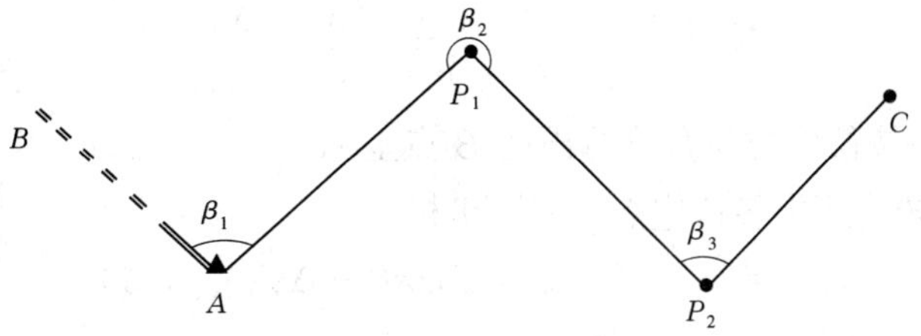

图 8-13　只有一个连接角的附合导线

角推算出各导线边的坐标方位角。对于这一问题,可以按以下办法来解决。

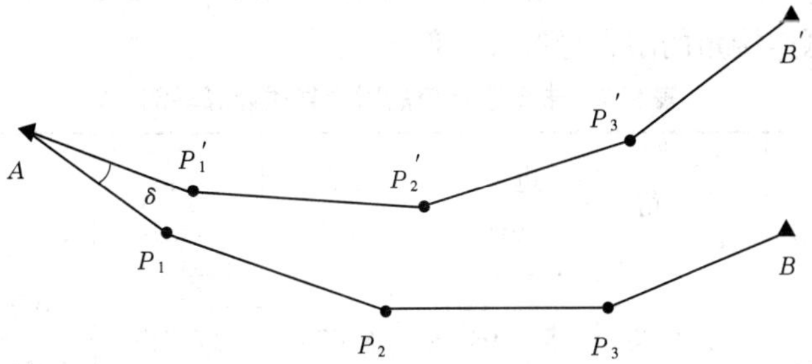

图 8-14　未测连接角的附合导结

2.3.1　假定坐标方位角,求出各点的假定坐标

先假定第一条边的方位角为 α'_{AP1},再根据观测的水平角依次推算出其他各边的坐标方位角,并按坐标计算的有关公式,求出每一待定点假定的坐标。

2.3.2　计算旋转角,求出各边实际的坐标方位角

由于第一条边的坐标方位角是任意假定的,它与实际的方位角之间有一个旋转角 δ。由几何原理可知,实际导线与按假定坐标方位角推算的导线存在形状与大小相同的关系(不考虑观测误差的前提下),所以它与实际导线也存在一个旋转角 δ。

$$\delta = \alpha_{AB} - \alpha'_{AB} \tag{8-27}$$

式中,α_{AB}和α'_{AB}可由A、B 和A、B'的坐标反算求得。

δ 算出之后,将各假定的坐标方位角加以改正,得实际的坐标方位角为

$$\alpha_{i,i+1} = \alpha'_{i,i+1} + \delta \tag{8-28}$$

2.3.3　求各待定点的实际坐标

有了各边的实际坐标方位角之后,就可以参照前面介绍的两种情况,先计算各边的实际坐标增量,然后求坐标增量闭合差,并按比例反号分配,最后求各点的坐标。

当然,还有一种较为简单的计算方法如下:

(1)假定坐标方位角,求出各点的假定坐标(同上)。

(2)计算旋转角(同上)。

(3)求出伸缩倍数。

$$K = \frac{\sqrt{(x_B - x_A)^2 + (y_B - y_A)^2}}{\sqrt{x'_B - x_A)^2 + (y'_B - y_A)^2}} \tag{8-29}$$

式中　x_B'、y_B'——按假定方位角推算出的 B 点坐标。

(4)用坐标旋转公式求各待定点的实际坐标

$$\left.\begin{aligned} x_{i+1} &= x_i + K(\Delta x'_{i,i+1}\cos\delta - \Delta y'_{i,i+1}\sin\delta) \\ y_{i+1} &= y_i + K(\Delta x'_{i,i+1}\sin\delta + \Delta y'_{i,i+1}\cos\delta) \end{aligned}\right\} \tag{8-30}$$

式中　x_{i+1}、y_{i+1}——第 $i+1$ 点的坐标；

x_i、y_i——第 i 点的坐标，当 $i=0$ 时，$x_i = x_A$，$y_i = y_A$；

$\Delta x'_{i,i+1}$，$\Delta y'_{i,i+1}$——各边按假定方位角推算出的坐标增量。

表 8-7 为未测连接角的附合导线计算例子。

表 8-7　未测连接角的附合导线计算举例

点号	观测角 (° ′ ″)	假定坐标方位角 (° ′ ″)	边长 (m)	$\Delta X'$ (m)	$\Delta Y'$ (m)	X (m)	Y (m)
A						5 075.215	5 111.594
		20 00 00	51.794	48.670	17.715		
P_1	211 35 05					5 126.342	5 119.840
		51 35 05	66.781	41.495	52.325		
P_2	144 35 41					5 176.930	5 163.424
		16 10 46	123.898	118.991	34.524		
P_3	208 53 07					5 300.277	5 174.955
		45 03 53	146.298	103.331	103.565		
B						5 421.225	5 257.232

表格中：

$$\alpha_{AB} = 33°39'55'' \qquad \alpha'_{AB} = 22°49'36''$$

$$\delta = \alpha_{AB} - \alpha'_{AB} = -10°50'19''$$

$$K = 0.999\ 885\ 472$$

3　闭合导线的计算

3.1　角度闭合差的计算和配赋

图 8-15 所示为一个多边形闭合导线，由平面几何学可知，其内(外)角和理论值为

$$\left.\begin{aligned} \sum\beta_{内} &= (n-2)\times 180° \\ \sum\beta_{外} &= (n+2)\times 180° \end{aligned}\right. \tag{8-31}$$

由于角度观测中不可避免地存在误差，实测的内(外)角之和 $\sum\beta_{测}$ 与理论值不相等，存在一个角度闭合差 f_β：

$$f_\beta = \sum\beta_{测} - \sum\beta_{理} = \sum\beta_{测} - (n\pm 2)\times 180° \tag{8-32}$$

角度闭合差绝对值的大小能反映出测角精度的高低。由表 8-4 可知，规范规定了不同等级导线闭合差容许值。当 $f_\beta > f_{\beta容}$，说明测角误差超限，应检查计算过程；若计算无

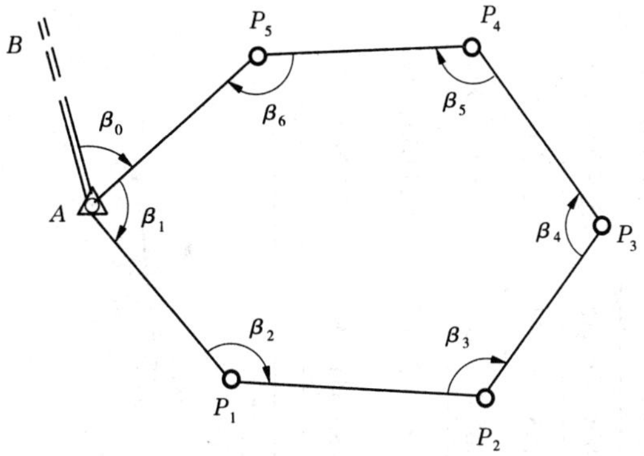

图 8-15　闭合导线

误，应重新观测折角；若 $f_\beta < f_{\beta容}$，则将闭合差 f_β 反号后按平均分配的原则，分配给各内(外)角上。

当 f_β 不能被 n 整除时，应将余数部分均匀地分配在较短边所夹的角上。角度改正数应满足：$\sum \upsilon_\beta = -f_\beta$，此条件用于检核计算。

3.2　坐标方位角的推算

根据已知坐标方位角和改正后的转折角，(依导线的前进方向)按下式依次计算各边坐标方位角

$$\left.\begin{aligned} \alpha_{前} &= \alpha_{后} - 180° + \beta_{左} + \upsilon_\beta \\ \alpha_{前} &= \alpha_{后} - 180° - \beta_{右} + \upsilon_\beta \end{aligned}\right\} \tag{8-33}$$

按式(8-33)求出 $\alpha_{前}$；若 $\alpha_{前} < 0°$，则 +360°；若 $\alpha_{前} > 360°$ 则 −360°，使之化算至 0°～360°的范围内。

如表 8-8 中，对于第一条边 AP_1 边的方位角 α_{AP1} 应按下式计算

$$\alpha_{AP1} = \alpha_{AB} + \beta_0 + \beta_1 + \upsilon_\beta$$

式中　α_{AB}——已知边方位角；

β_0——连接角；

β_1——B 点处的内角。

3.3　坐标增量的计算与配赋

依公式(8-9)，求出各边对应的坐标增量。从图 8-15 可知，闭合导线纵、横坐标增量的代数和理论上应为 0。即

$$\left.\begin{aligned} \sum \Delta X_{理} &= 0 \\ \sum \Delta Y_{理} &= 0 \end{aligned}\right\} \tag{8-34}$$

坐标增量闭合差，分别用 f_X、f_Y 表示：

$$\left.\begin{aligned} f_X &= \sum \Delta X_{计} - \sum \Delta X_{理} = \sum \Delta X_{计} \\ f_Y &= \sum \Delta Y_{计} - \sum \Delta Y_{理} = \sum \Delta Y_{计} \end{aligned}\right\} \tag{8-35}$$

由于 f_X、f_Y 的存在，使得导线从 A 点出发，经过各导线点的推算再返回到 A 点，它

表 8-8　闭合导线计算表

点名	观测角 β (° ′ ″)	改正数 υ_β	坐标方位角 α (° ′ ″)	边长 (m)	ΔX (m)	υ_X (mm)	ΔY (m)	υ_Y (mm)	纵坐标 X (m)	横坐标 Y (m)
A									3 485 341.389	527 762.657
			145 43 18	162.495	−134.271	−4	91.519	+4		
P_1	139 32 50	−4							3 485 207.114	527 854.180
			105 16 04	126.344	−33.270	−3	121.885	+3		
P_2	191 33 26	−4							3 485 173.841	527 976.068
			116 49 26	114.181	−51.524	−2	101.895	+3		
P_3	109 21 42	−4							3 485 122.315	528 077.966
			46 11 04	182.281	126.200	−4	131.529	+5		
P_4	123 13 36	−4							3 485 248.511	528 209.500
			349 24 36	248.004	243.780	−5	−45.578	+7		
P_5	91 24 24	−4							3 485 492.286	528 163.929
			260 48 56	150.214	−23.976	−3	−148.288	+4		
P_6	162 32 44	−4							3 485 463.307	528 015.645
			243 21 36	283.043	−126.912	−6	−252.996	+8		
A	82 21 46	−4							3 485 341.389	527 762.567
						−27		+34		

$\sum\beta=900°00'28''$　　$\sum S=1\ 266.562$　　$f_X=+0.027\text{m}$　　$f_Y=-0.034\text{m}$

$f_\beta=\sum\beta-(7-2)\times180°=28''$　　$f_S=\sqrt{f_X^2+f_Y^2}=0.043\text{m}$　　$\dfrac{f_S}{\sum S}=\dfrac{0.043}{1\ 266.562}=\dfrac{1}{29\ 450}$

$f_{\beta容}=\pm24''\sqrt{7}=63''$

图中定向边 BA 的方位角为 $\alpha_{BA}=323°25'12''$

连接角 $\beta_0=99°56'24''$

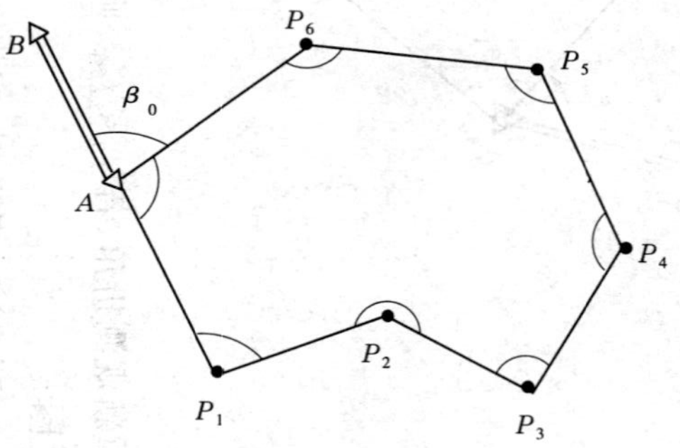

与原有点位不重合而在 A'点，如图 8-16 所示，线段 AA' 叫做全长闭合差，用 f_S 表示：

$$f_S = \pm \sqrt{f_X^2 + f_Y^2}$$

$$导线全长相对闭合差 = \frac{f_S}{\sum S} = \frac{1}{M}$$

若相对闭合差在容许值范围内时，则将 f_X、f_Y 反号并按与边长成正比的原则分别对坐标增量进行改正。

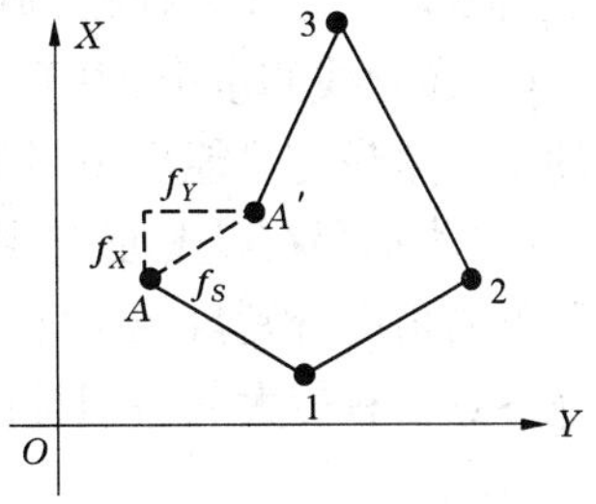

图 8-16　闭合导线闭合差

3.4　求各边的改正数

依式(8-22)计算

$$\upsilon_{x_{i,i+1}} = -\frac{f_X}{\sum S} S_{i,i+1}$$

$$\upsilon_{y_{i,i+1}} = -\frac{f_Y}{\sum S} S_{i,i+1}$$

由于凑整误差的影响，改正数之和与闭合差不相符时，可将其差数分配给较长边上。

3.5　导线点坐标计算

依式(8-23)有

$$X_{i+1} = X_i + \Delta X_{i,i+1} + \upsilon_{x_{i,i+1}}$$

$$Y_{i+1} = Y_i + \Delta Y_{i,i+1} + \upsilon_{y_{i,i+1}}$$

求各点的坐标。坐标计算最后回到起始点时，起始点坐标的推算值应等于已知值，否则应检查各计算过程。

必须指出，如果量边中存在系统的、与边长成比例的误差时，即使误差值很大，闭合导线仍能以相似形闭合。也就是说，这种误差不能反映在闭合导线的 f_X、f_Y 上。因此，布设闭合导线时，应考虑在导线中间点上，以其他方式作必要的点位检查。

3.6　闭合导线的计算示例

计算前应认真检查观测手簿中所有角度和边长的记录和计算是否无误，是否符合各项限差要求。在确认观测成果合格后，方可进行计算。表 8-8 为闭合导线计算表。

第六节　检查导线测量错误的方法

在导线计算中，当角度闭合差或导线全长闭合差超限时，很可能是测角和量距的错误所造成的。当发现闭合差超过容许范围时，应认真检查手簿记录和计算是否有错，若不能发现错误时，则到实地检查外业。到底该检查哪个测站呢？这就得认真分析，寻找错误可能发生的地方，然后做到有的放矢。

1　角度闭合差超限

(1)检查仪器和觇板的光学对点器是否存在误差。

(2)检查仪器的管气泡水准轴是否与垂直轴垂直。

若发现以上原因存在，则应重测全部测站。

(3)在导线测量中，由于某一条边或几条边太短，从而产生较大的照准误差。短边两端的水平角最有可能出现测角误差，所以应检查导线的边长情况。

(4)若不存在以上原因，则可按如下方法来检查。图 8-17 所示为一附合导线，根据未经调整的角度分别自 A 向 C 和自 C 向 A 计算各点的坐标，如果只有一点坐标很接近，而其他各点均有较大的差别时，则坐标很接近的这一点上，很有可能角度测错。

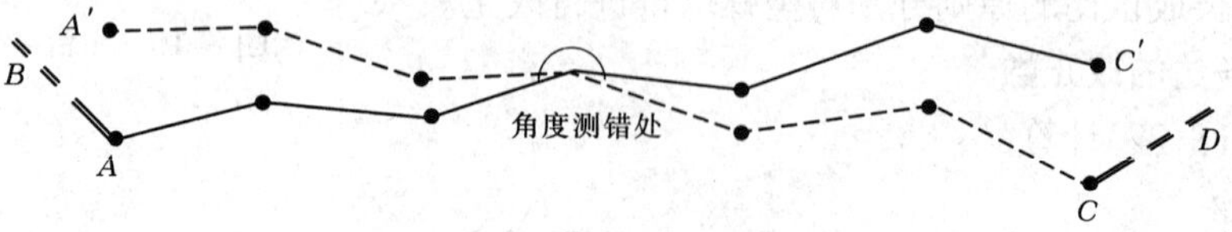

图 8-17　角度闭合差超限检查

2　全长闭合差超限

角度闭合差未超限时才进行导线全长闭合差的计算。导线全长闭合差超限的原因有三方面，一是边长数据读错记错，可以从导线全长闭合差 $f_S = \pm\sqrt{f_X^2 + f_Y^2}$ 来确定。如 196.36 写成 169.36，这时的 f_S 为 27m 左右。

二是边长测错，如图 8-18 所示，BB' 将平行于测错的边。此时可根据 f_X 和 f_Y 计算出方位角 $\alpha = \arctan\dfrac{f_Y}{f_X}$，然后，依据 α 与导线边的坐标方位角相比较，找出方位角相近的边。

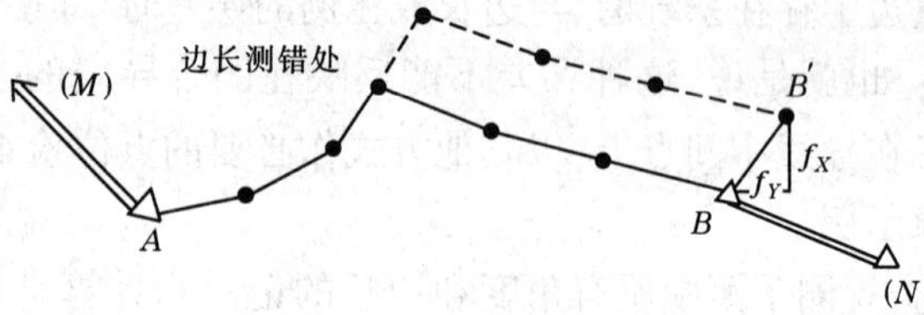

图 8-18　边长测错检查

三是坐标方位角有错，则最后的闭合差将大致垂直于错误方向的导线边(见图 8-19)，为了要确定错误所在，就必须先确定导线全长闭合差的方向。

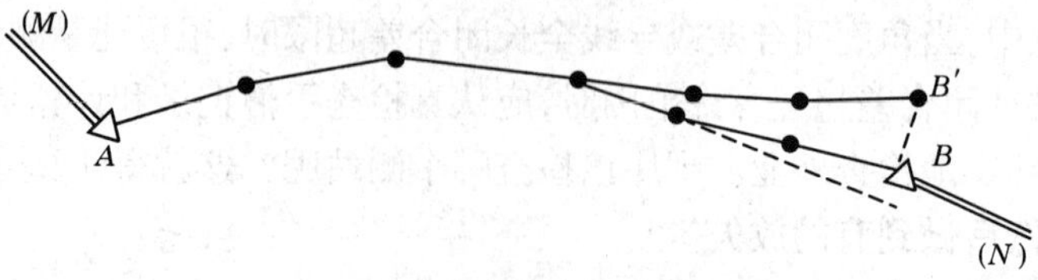

图 8-19　角度用错检查

按 $\alpha = \arctan\dfrac{f_Y}{f_X}$，求导线全长闭合差的方向，则将其各边的坐标方位角与之相比较，如有与之相差约90°者,则检查其坐标方位角有无用错或算错。如有与之平行或大致平行的导线边,则应检查该处角度的计算或者是方位角的计算是否正确。如果从手簿中查不出错误,则应到现场重测。

第七节 单三角形计算

由于国家高精度的大地点和测区的首级控制点密度较小,必须根据实际需要,以这些已知点为基础,再发展若干精度较低的解析控制点。解析控制点布设的形式主要有导线、测角交会、测边交会和小三角等。本节仅阐述单三角形,而其他内容则在后续章节中加以介绍。

如图8-20所示,图中A、B为已知点,P点为加密点,这样ABP构成一个单三角形,分别在A、B、P上观测三角形内角α、β、γ,然后依余切公式求待定点P的坐标。

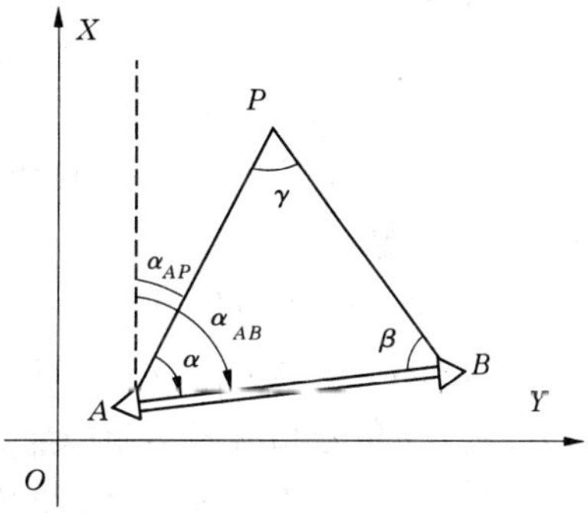

图8-20 单三角形计算

1 角度平差

在三角形中,由于内角和为180°,而α、β、γ都存在测量误差,因而二者之间存在差值,称之为三角形闭合差,用ω表示:

$$\omega = \alpha + \beta + \gamma - 180° \qquad (8\text{-}36)$$

将三角形闭合差ω按平均分配的原则反号分配给每一个角,即

$$v_1 = v_2 = v_3 = -\omega/3$$

因此

$$\left.\begin{aligned}\alpha &= \alpha_{测} - \omega/3 \\ \beta &= \beta_{测} - \omega/3 \\ \gamma &= \gamma_{测} - \omega/3\end{aligned}\right\} \qquad (8\text{-}37)$$

2 余切公式

已知A、B两点的坐标分别为(X_A, Y_A)和(X_B, Y_B),待定点P的坐标为(X_P, Y_P),由图8-20,公式的推算思路如下:

(1)依式(8-37)对内角进行平差计算。

(2)根据A、B两点的坐标,利用坐标反算公式,求出AB边的边长S_{AB}和方位角α_{AB}

(3)根据$\alpha_{AP} = \alpha_{AB} - \alpha$,求出$AP$边的方位角。

(4)根据正弦定理求出AP边的边长$S_{AP} = \dfrac{S_{AB}\sin\beta}{\sin(\alpha + \beta)}$。

(5)用坐标正算公式,求出AP边的坐标增量,再加上A点的坐标,即为P点的坐标。

$$\begin{aligned}X_P - X_A &= S_{AP}\cos\alpha_{AP} = S_{AP}\cos(\alpha_{AB} - \alpha) \\ &= \frac{S_{AB}\sin\beta}{\sin(\alpha + \beta)}\cos(\alpha_{AB} - \beta)\end{aligned}$$

$$= \frac{\sin\beta}{\sin(\alpha+\beta)}(S_{AB}\cos\alpha_{AB}\cos\alpha + S_{AB}\sin\alpha_{AB}\sin\alpha)$$

顾及到

$$\begin{cases} S_{AB}\cos\alpha_{AB} = X_B - X_A = \Delta X \\ S_{AB}\sin\alpha_{AB} = Y_B - Y_A = \Delta Y \end{cases}$$

将等式右边分子分母同除以 $\sin\alpha\sin\beta$，并将 X_A 移项后得

$$X_P = X_A + \frac{X_B\cot\alpha - X_A\cot\beta - Y_A + Y_B}{\cot\alpha + \cot\beta}$$

经整理后得

$$X_P = \frac{X_A\cot\beta + X_B\cot\alpha - Y_A + Y_B}{\cot\alpha + \cot\beta} \tag{8-38a}$$

同理可得

$$Y_P = \frac{Y_A\cot\beta + Y_B\cot\alpha + X_A - X_B}{\cot\alpha + \cot\beta} \tag{8-38b}$$

式(8-38)叫做余切公式，只要是能组成三角形的都可以适应这一公式求待定点的坐标。

关于余切公式的几点说明：

(1)式(8-38)是按点号 A、B、P 三点作逆时针方向排列的，且各点所对应的角度分别为 α、β、γ。角号和点号不能排乱。

(2)当 A、B、P 三点是按顺时针方向排列时，余切公式作如下变动：

$$\begin{aligned} X_P &= \frac{X_A\cot\beta + X_B\cot\alpha + Y_A - Y_B}{\cot\alpha + \cot\beta} \\ Y_P &= \frac{Y_A\cot\beta + Y_B\cot\alpha - X_A + X_B}{\cot\alpha + \cot\beta} \end{aligned} \tag{8-39}$$

(3)为了检查计算的正确性，可以用 P、A 两点的坐标求 B 点坐标进行检核。

(4)计算坐标时，应将坐标前相同的大数部分去掉，仅用不同的几位数参加计算，一方面计算简单，另一方面保留了计算结果的有效位。

单三角形计算示例见表 8-9。

表 8-9　单三角形计算示例

点号	观测角(° ′ ″)		$-\omega/3$	(° ′ ″)	X(m)	Y(m)
P	γ	67 22 25	+7″	67 22 32	3 484 741.88	20 544 970.54
A	α	58 39 53	+6″	58 39 59	3 484 532.34	20 545 016.43
B	β	53 57 23	+6″	53 57 29	3 484 701.47	20 545 193.50
		179 59 41	19″			

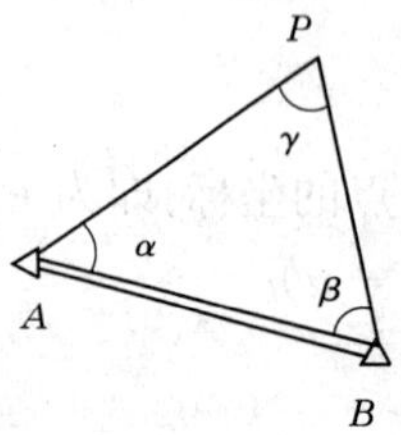

说明：

在角度平差中由于存在凑整误差，因此多一秒或少一秒的时候，应加(减)在大角上。

第八节　测角交会

通过在已知点或交会点上观测角度，求交会点坐标的方法，叫做测角交会。测角交会的方法有前方交会、侧方交会和后方交会。由于测角交会这一方法，在测量工作中现在已很少用，所以本节简单介绍前方交会。

如图 8-21 所示，已知 $A(X_A, Y_A)$，$B(X_B, Y_B)$，求交会点 P 的坐标。在 A、B 两点上整置仪器，分别观测其水平角 α、β，然后按余切公式(8-38)求得 P 点的坐标。

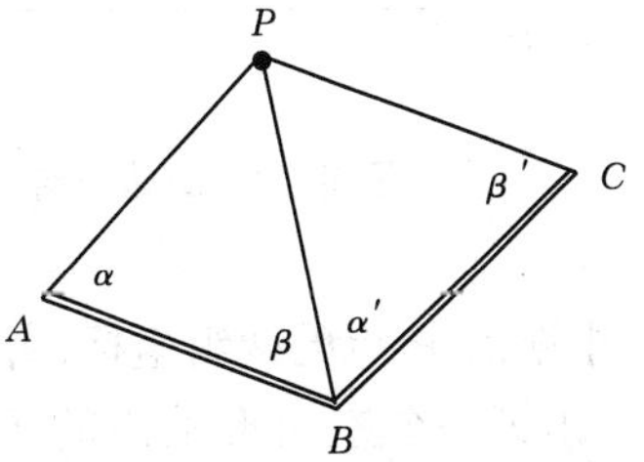

图 8-21　前方交会

由于 α、β 存在观测误差，因此 P 点坐标势必存在误差。为了检核 P 点的点位精度，前方交会一般在三个已知点 A、B、C 上进行观测，分别观测 α、β 和 α'、β'，然后用余切公式求得 P 点的两组坐标 $P(X_P, Y_P)$ 和 $P'(X'_P, Y'_P)$。当两组坐标的较差在容许值范围内时，取其平均值作为 P 点最后坐标。

规范规定，两组坐标的较差不大于两倍的比例尺精度：

$$\Delta S = \sqrt{\delta_X^2 + \delta_Y^2} \leqslant 2 \times 0.1M(\text{mm}) \tag{8-40}$$

式中，$\delta_X = X_P - X'_P$；$\delta_Y = Y_P - Y'_P$；M 为比例尺的分母。

【例 8-9】　已知 A(37 477.54, 16 307.24)，B(37 327.20, 16 078.90)，C(37 163.69, 16 046.65)，$\alpha = 40°41'57''$，$\beta = 75°19'02''$，$\alpha' = 59°11'35''$，$\beta' = 69°06'23''$。

依余切公式(8-38)求得 P 点的两组坐标分别为：

P(37 194.57,16 226.42)，P'(37 194.54,16 226.42)

其中 $\delta_X = 0.57 - 0.54 = 0.03$，$\delta_Y = 0.42 - 0.42 = 0.00$

$\Delta S = 0.03(\text{m}) = 30\text{mm}$

设 $M = 1\,000$，那么 $\Delta S \leqslant 2 \times 0.1 \times 1\,000 = 200(\text{mm})$

故取二者的平均值得 P 点的坐标(37 194.56, 16 226.42)。

在测角交会的图形中，由未知点至相邻两已知点间方向夹角称为交会角。当交会角过小或过大时，由于 α、β 角含有误差 δ_α、δ_β，将使 P 点有较大的位移 PP'，见图 8-22，所以规范要求交会角大于 30°和小于 150°。

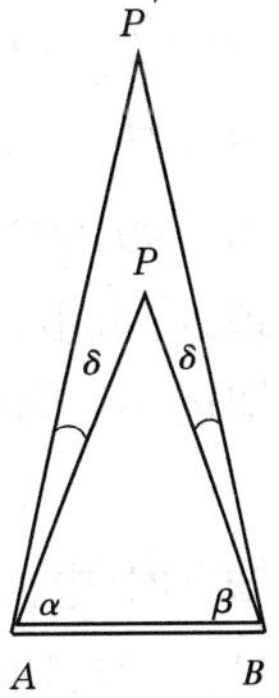

图 8-22　交会角要求

第九节　测边交会

随着光电测距技术不断发展，测边交会变得更加简单，因其精度高而越来越受到重视，因此本节主要介绍测边交会。

如图 8-23 所示，已知 A、B 两点的坐标为 (X_A, Y_A)、(X_B, Y_B)，当测得待定点 P 到 A、B 的距离 S_1、S_2，则可以求待定点 P 的坐标。

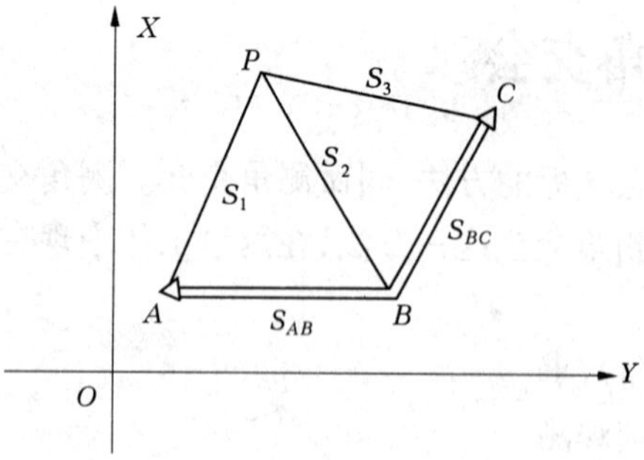

图 8-23　测边交会

根据余弦定理可知：

$$\angle A = \arccos\left(\frac{S_1{}^2 + S_{AB}^2 - S_2{}^2}{2S_1 S_{AB}}\right)$$

当$\angle A$已知，又 A、B 两点坐标已知，则 α_{AB}已知，那么

$$\alpha_{AP} = \alpha_{AB} - A$$

$$X_P = X_A + S_1 \cdot \cos\alpha_{AP}$$

$$Y_P = Y_A + S_1 \cdot \sin\alpha_{AP}$$

同前方交会一样，为了检查 P 点的点位精度，测边交会需测定三条边组成两个三角形，求解出 P 点的两组坐标，若满足精度要求，则取平均值作为 P 点的最后结果。

由第一个三角形求出的 P 点坐标，计算出 PC 的边长 $S_{PC计}$，然后与 PC 的观测值 $S_{PC测}$进行比较，求出 $\Delta S = S_{PC计} - S_{PC测}$。其中，$\Delta S_{容} \leqslant 2\times0.1\times M$(mm)。

【例 8-10】　如图 8-23 所示，已知

A:(524.767, 919.750)	S_1 = 321.180m	S_{AB} = 301.065m
B:(479.593,1 217.407)	S_2 = 312.266m	S_{BC} = 260.633m
C:(700.358,1 355.944)	S_3 = 248.177m	

假设测图比例尺为 1∶1 000，求 P 点的坐标。

解：依公式$\angle A = \arccos\left(\frac{S_1{}^2 + S_{AB}{}^2 - S_2{}^2}{2S_1 S_{AB}}\right)$，可知$\angle A = 60°08'24''$

且已知 $\alpha_{AB} = 98°37'47''$，那么：$\alpha_{AP} = \alpha_{AB} - \angle A = 38°29'23''$

已知 AP 边的边长 S_1 和方位角 α_{AP}，利用坐标正算求出 AP 边的坐标增量为(251.394,199.894)，所以 P 点的第一组坐标为P(776.161,1 119.644)。

同理，可求出$\angle PBC = 50°21'29''$。

已知边 BC 的坐标方位角为$\alpha_{BC} = 32°06'34''$，那么 BP 边的坐标方位角为

$$\alpha_{BP} = \alpha_{BC} - \angle PBC = 341°45'05''$$

已知 BP 边的边长 S_2 和方位角 α_{BP}，利用坐标正算求出 BP 边的坐标增量为(296.561, −97.783)，所以 P 点的第二组坐标为P'(776.154,1 119.624)。

检核 1：

$\delta_X = 776.161 - 776.154 = 0.007$

$\delta_Y = 1\,119.644 - 1\,119.624 = 0.020$

$\Delta S = 21 \leqslant 2\times0.1\times1\,000$(mm)

检核 2：

$S_{PC计} = 248.160$m，$S_{PC测} = 248.177$　　　　$\Delta S = 17 \leqslant 2\times0.1\times1\,000$(mm)

满足要求，最后取两组坐标的平均值作为 P 点坐标P(776.158,1 119.634)。

第九章　数字化测图

第一节　地形图的认识

1　地形图的概念

地球表面的固定物体，如建筑物、道路、河流、森林等称为地物；地球表面各种高低起伏的形态，如高山、深谷、陡坎、悬崖峭壁、雨裂冲沟等称为地貌。地物和地貌总称为地形。所谓地形图就是按一定的比例尺，用规定的符号和一定的表示方法表示地物地貌平面位置和高程的正形投影图。

在测区面积不大的情况下，可以不考虑地球曲率的影响，而直接将地面上各要素沿铅垂线投影到水平面上、按比例尺缩绘成地形图。但是，在测区面积较大（例如超过 $100km^2$）的情况下，要把地面上的地物、地貌描绘到平面图纸上，必须顾及地球曲率的影响。在具体测绘地形图时，先将控制点经过高斯－克吕格投影处理到高斯平面上，再把根据这些控制点所测得的地物地貌按绘制地形图的原则绘成地形图。

2　地形图的内容

图 9-1 是一幅比例尺为 1∶1 000 地形图，图中主要是房屋、道路、工业设备及一些管线等地物，还有一些高程注记和各种符号。图 9-2 也是一幅 1∶1 000 的地形图，与图 9-1 的区别在于图中有很多曲线，这些曲线称为等高线，是表示地面高低起伏即地貌的一种符号。除此之外，地形图上还标注有图名、比例尺、坐标系、高程系、施测单位及日期等。

3　地形图分类

地形图作为普通地图的一种，根据其成图方法的不同，可以分为实地施测而用线划描绘的线划地图，如图 9-1、图 9-2 所示，以及把航空摄影或卫星遥感影像和简单的地形图符号及注记，按一定的原则综合表现在图面上的所谓影像地图。线划地图和影像地图的特点是真实直观、一目了然。随着测绘仪器及计算机技术的不断发展，地形图主要以数字方式来表达，这种地形图称为数字地形图。数字地形图具有精度高、好维护、便于更新和保存等特点。

除一般的地形图外，还有各种专题地图，如地质图、森林分布图等，这类图也包括一般地形图所具有的内容，再加上专业所需要的内容。

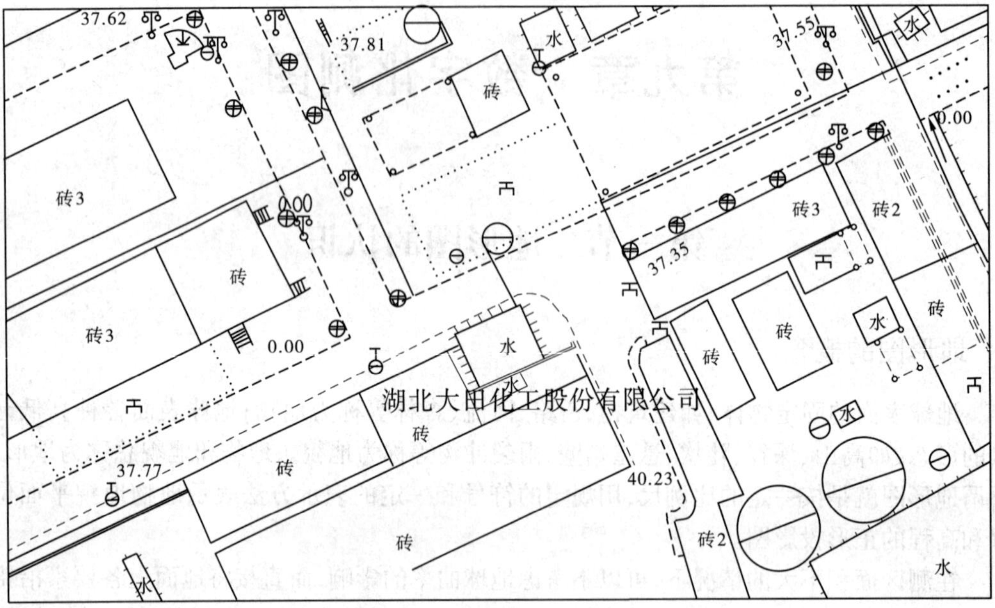

图 9-1　1∶1 000 地形图(1)

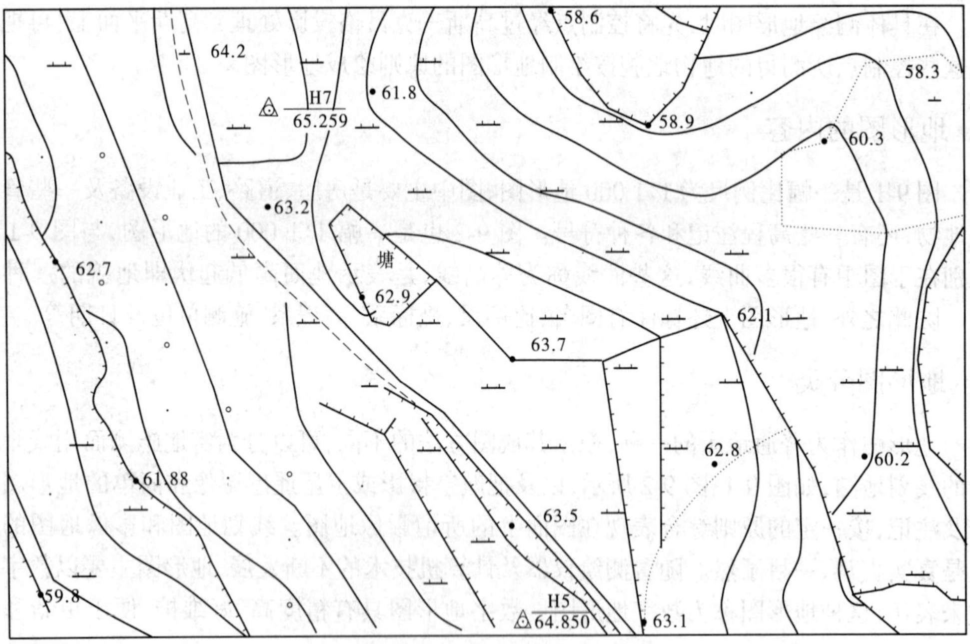

图 9-2　1∶1 000 地形图(2)

4　地形图分幅和编号

4.1　目的和原则

为了便于测绘、使用和保管地形图，必须对大范围内的地形图进行科学、统一的分幅，并进行系统的编号。这项工作称为地形图的分幅和编号。

地形图的分幅,一方面要保证各图幅之间有明确的界线,不至于使测区发生遗漏和重叠现象,而且能很好地拼接起来;另一方面要顾及到测绘、使用、保管的方便,使各种比例尺的地形图图幅大小近于相等,同地区的各种比例尺的分幅应相互联系。地形图的编号要具有科学性、系统性,各种比例尺图幅编号要自成体系并与其他比例尺图幅编号形成有机的联系。此外,图幅编号要尽可能包含地理位置要素,以便根据编号确定图幅的地理位置和与其他图幅的邻接关系,以及与相邻比例尺图幅的包含关系。

4.2 基本方法

地形图有两种分幅方法:矩形分幅和按经纬线分幅(也称梯形分幅)。

4.2.1 矩形分幅与编号

矩形分幅就是用直线将域内的地形图划分为若干矩形(或正方形)图幅。我国工程比例尺地形图一般都采用矩形分幅。通常 1∶5 000 比例尺地形图的图幅为 40cm×40cm,1∶2 000、1∶1 000、1∶500 比例尺地形图采用 50cm×50cm,但根据需要也有采用 50cm×40cm(宽×高)分幅的,特别是地籍测量中多采用这一分幅方式。为了减少分幅数和方便接图,也可采用任意分幅。

正方形分幅的图幅大小如表 9-1 所示。

表 9-1 正方形分幅的图幅尺寸

比例尺	内图廓尺寸(cm×cm)	每幅相当实地的面积(km^2)	每平方公里的图幅数(幅)
1∶5 000	40×40	4	1/4
1∶2 000	50×50	1	1
1∶1 000	50×50	0.25	4
1∶500	50×50	0.062 5	16

矩形分幅的优点主要是图幅之间接合紧密,便于拼接使用,各图幅印刷面积可以相对平衡,有利于利用纸张和印刷版面;可以使分幅线有意识地避开重要地物(如大城市),以保持其在图面上的完整。它的缺点是图廓线没有明确的地理坐标,因此使图幅的地理位置概念不明显。

编号的方法主要以该图幅西南角的坐标表示(以 km 为单位)。除此之外,还有以工程代号和阿拉伯数字相结合进行编号,或以流水顺序或行列顺序编号。总之,应从实际情况出发,根据用图单位的意见和要求,灵活选用编号方法,以达到测图、用图、管图方便的目的。

为了用图的方便,除了将图幅编号之外,有时还要对图幅命名,一般可以根据图内较大的地名(如村庄、工厂、河流、湖泊、山头、冲沟等)来进行命名。当然也可以用图幅编号直接命名。

4.2.2 按经纬线分幅

按经纬线分幅就是用经线和纬线作为图幅分界线的分幅方法(又称梯形分幅),它是当前世界各国和大区域的中小比例尺分幅所采用的主要分幅形式。我国的八种基本比例尺地形图就是经纬线分幅的，它们都是以 1∶100 万地形图为基础，按规定的经差和纬差划分图幅，使相邻比例尺地形图的数量成简单的倍数关系(见表 9-2)。

表 9-2　按经纬线分幅的图幅数量关系

分幅基础图			分出新图幅					
比例尺	经差	纬差	幅数	比例尺	经差	纬差	序号	图幅编号示例
1∶100 万	6°	4°	4	1∶50 万	3°	2°	A,B,C,D	J-50-A
	6°	4°	16	1∶25 万	1°30′	1°	[1],[2],…,[16]	J-50-[2]
	6°	4°	144	1∶10 万	30′	20′	1,2,…,144	J-50-2
1∶10 万	30′	20′	4	1∶5 万	15′	10′	A,B,C,D	J-50-2-B
	30′	20′	64	1∶1 万	3′45″	2′30″	(1),(2),…,(64)	J-50-2-(2)
1∶5 万	15′	10′	4	1∶2.5 万	5′	5′	1,2,3,4	J-50-2-B-4
1∶1 万	3′45″	2′30″	4	1∶5 000	1′15″	1′15″	a,b,c,d	J-50-2-(2)-b

按经纬线分幅的主要优点是：每个图幅都有明确的地理概念，因此可适用于很大区域范围(全国、大洲、世界)的地形图分幅。它的缺点是：当经纬线投影后成为曲线时，图幅拼接不方便，以及随着纬度的升高相同经纬差的图幅面积不断缩小，这就不利于有效地利用纸张和印刷版面。为了克服后一缺点，在高纬度的地区不得不采用合幅的方式，这样又干扰了分幅的系统性。此外，按经纬线分幅还经常会破坏重要地物(如大城市)的完整性。

4.2.2.1　1∶100 万比例尺地形图的分幅编号

1∶100 万地形图的分幅采用国际 1∶100 万地图分幅标准。图 9-3 为北半球 1∶100 万比例尺地形图的分幅。每幅1∶100万比例尺地形图的范围是经差 6°、纬差 4°。由于图幅面积随纬度增高而迅速减小，规定在纬度 60°至 72°之间双幅合并，在纬度 76°至 88°之间四幅合并，即纬差都是 4°，而经差分别为 6°、12°和 24°。我国位于北纬 60°以下，故没有合幅图。

1∶100 万地形图的编号采用国际统一行列式编号。从赤道起分别向南向北，每纬差 4°为一列，至 88°各分为 22 横列，依次用大写拉丁字母 A、B、C、…、V 表示。从 180°经线起，自西向东每经差 6°为一行，分为 60 纵行，依次用阿拉伯数字 1、2、3、…、60 表示。以两极为中心，以纬度 88°为界的圆用 Z 表示。

4.2.2.2　1∶50 万、1∶25 万、1∶10 万比例尺地形图的分幅编号

这三种比例尺地形图的分幅编号都是在 1∶100 万地形图的基础上进行的。

每一幅 1∶100 万地形图分为 2 行 2 列，共 4 幅 1∶50 万地形图，分别以 A、B、C、D 表示。如图 9-4 所示，某地所在的 1∶50 万地形图的编号为 J-50-A。

每一幅 1∶100 万地形图分为 4 行 4 列，共 16 幅 1∶25 万地形图，分别以[1]、[2]、[3]、…、[16]表示。如图 9-4 所示，某地所在的 1∶25 万地形图的编号为 J-50-[2]。

每一幅 1∶100 万地形图分为 12 行 12 列，共 144 幅 1∶10 万地形图；分别以 1、2、3、…、144 表示。如图 9-4 所示，某地所在的 1∶25 万地形图的编号为 J-50-2。

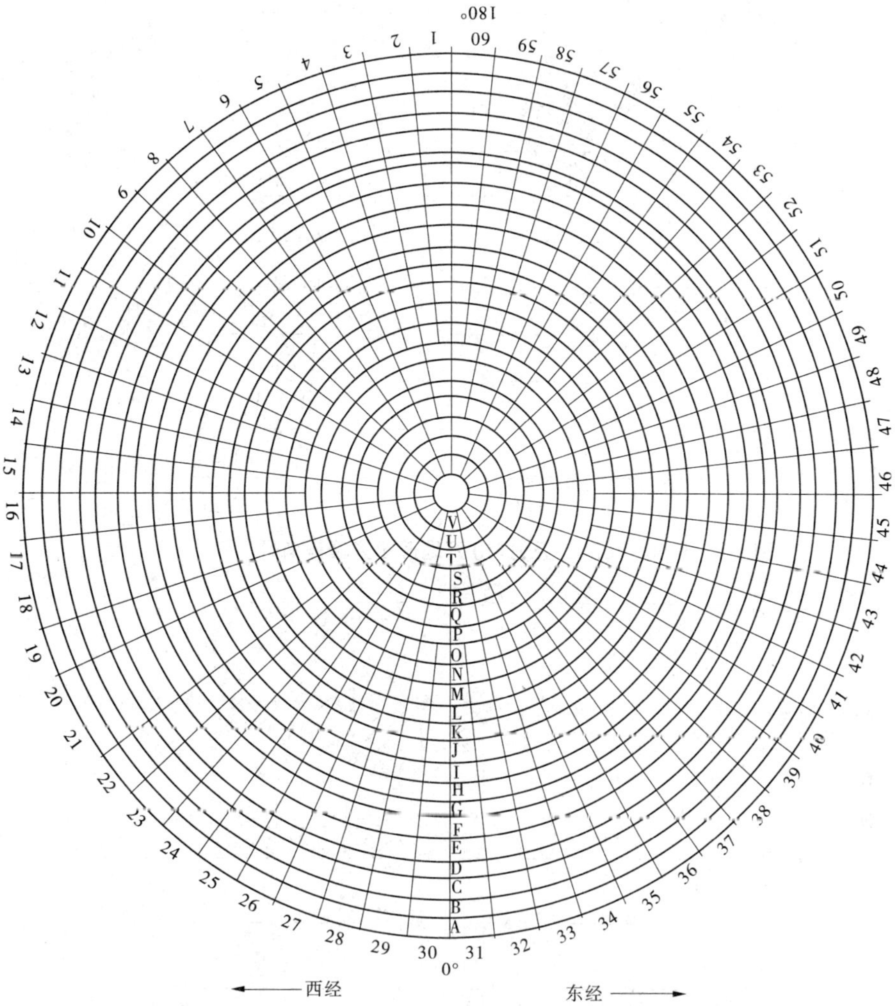

图 9-3　1∶100 万地图国际分幅

4.2.2.3　1∶5 万、1∶2.5 万、1∶1 万比例尺地形图的分幅编号

这三种比例尺地形图的分幅编号是在 1∶10 万地形图的基础上进行的，如图 9-5 所示。

每一幅 1∶10 万地形图分为 4 幅 1∶5 万地形图，分别以 A、B、C、D 表示。其编号是在 1∶10 万地形图的编号后加上各自的代号组成。如图 9-5 所示，某地所在的 1∶5 万地形图的编号为 J-50-2-B。

每一幅 1∶5 万地形图分为 4 幅 1∶2.5 万地形图，分别以 1、2、3、4 表示。其编号是在 1∶5 万地形图的编号后加上各自的代号组成。如图 9-5 所示，某地所在的 1∶2.5 万地形图的编号为 J-50-2-B-4。

每一幅 1∶10 万地形图分为 8 行、8 列，共 64 幅 1∶1 万地形图；分别以(1)、(2)、

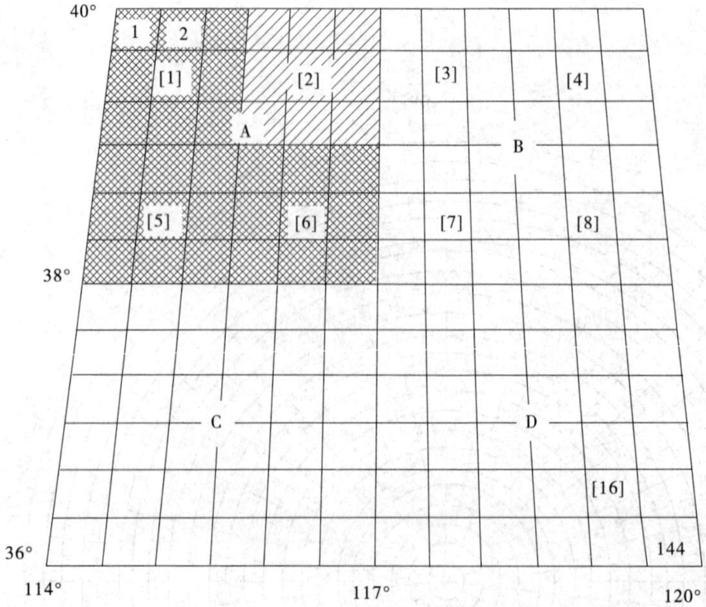

图 9-4　1∶50 万、1∶25 万、1∶10 万地形图分幅与编号

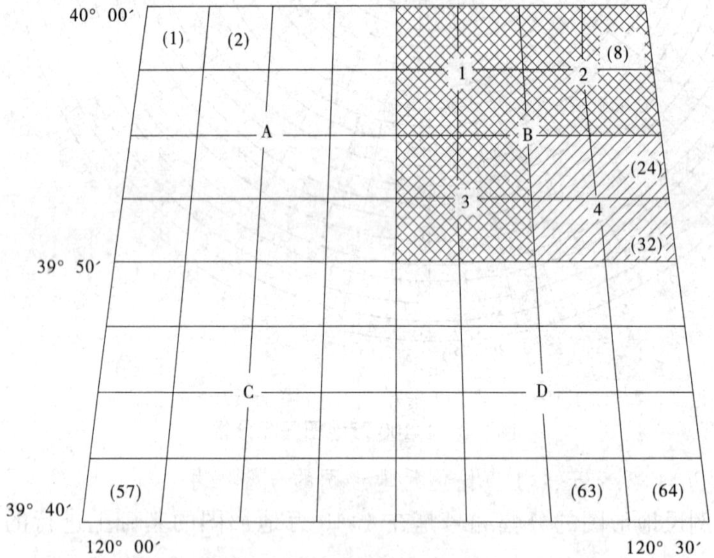

图 9-5　1∶5 万、1∶2.5 万、1∶1 万地形图分幅与编号

(3)、…、(64)表示。其编号是在 1∶10 万地形图的编号后加上各自的代号组成。如图 9-5 所示,某地所在的 1∶1 万地形图的编号为 J-50-2-(2)。

4.2.3　现行的国家基本比例尺地形图分幅和编号

为便于计算机管理和检索,1992 年国家技术监督局发布了新的《国家基本比例尺地形图分幅和编号》(GB/T13989—92)国家标准,自 1993 年 7 月 1 日起实施。

新的国家基本比例尺地形图分幅编号关系见表 9-4。

新标准仍以 1:100 万比例尺地形图为基础,1:100 万比例尺地形图的经差、纬差不变,但由过去的纵行、横列改为横行、纵列,它们的编号由其所在的行号与列号组合而成,如北京所在的 1:100 万比例尺地形图的图号为 J－50。

1:50 万～1:5 000 地形图的分幅全部由 1:100 万地形图依次加密划分而成,编号均以 1:100 万地形图为基础,采用行列编号方法,由其所在 1:100 万地形图的图号、比例尺代码和图幅的行列号共十位码组成。编码长度相同,编码系列统一为一个根部,便于计算机处理(见图 9-6)。

各种比例尺代码见表 9-3

表 9-3　各种比例尺代码

比例尺	1:500 000	1:250 000	1:100 000	1:50 000	1:25 000	1:10 000	1:5 000
代　码	B	C	D	E	F	G	H

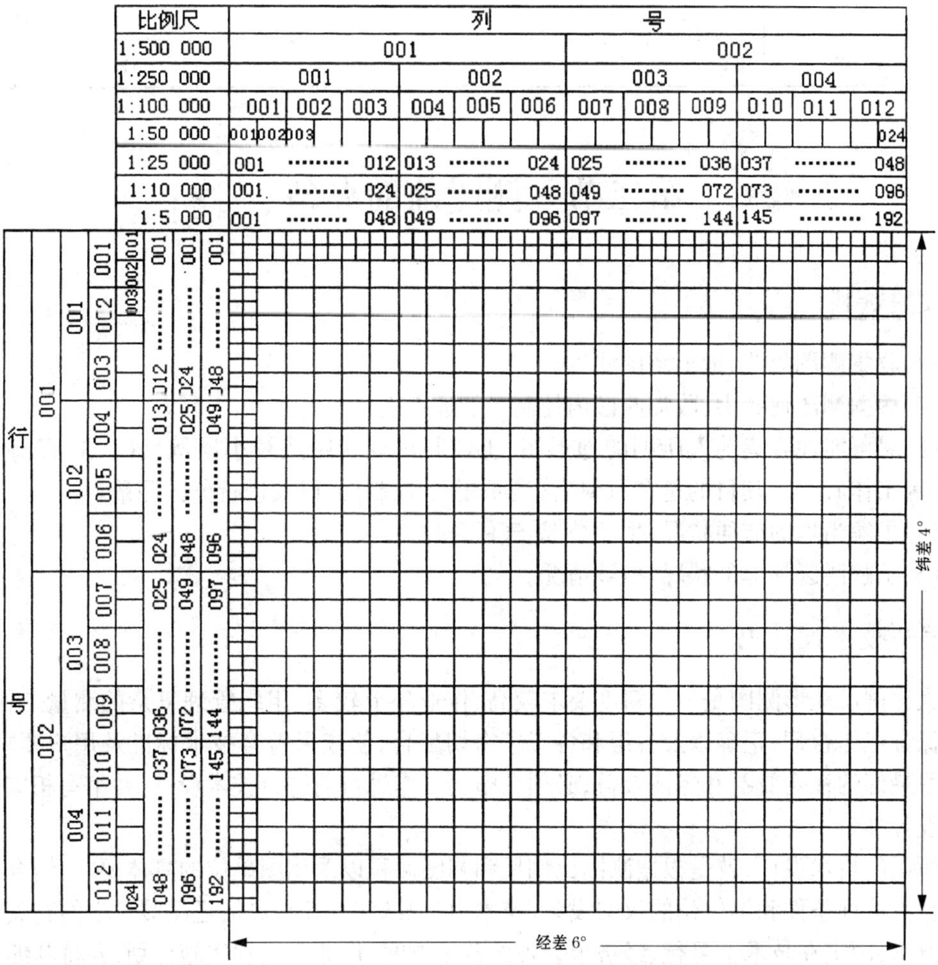

图 9-6　1:100 万～1:5 000 地形图的行、列编号

表 9-4　新的国家基本比例尺地形图分幅编号关系

比例尺		1∶100 万	1∶50 万	1∶25 万	1∶10 万	1∶5 万	1∶2.5 万	1∶1 万	1∶5 000
图幅	经差	6°	3°	1°30′	30′	15′	7′30″	3′45″	1′52.5″
	纬差	4°	2°	1°	20′	10′	5′	2′30″	1′15″
行列	行数	1	2	4	12	24	48	96	192
	列数	1	2	4	12	24	48	96	192
图幅数量关系		1	4	16	144	576	2 304	9 216	3 6864
			1	4	36	144	576	2304	9 216
				1	9	36	144	576	2 304
					1	4	16	64	256
						1	4	16	64
							1	4	16
								1	4

第二节　测图前的准备

1　收集资料

(1)收集测图规范、地形图图式等。

(2)根据测图任务书,收集测区内控制点的成果表。

(3)尽可能地收集前人所测的地形图、土地利用现状图或较小比例尺(1∶5 万)地形图,作为工作底图。其目的是在原图上布设测区的控制网,以及进行分区测量。

(4)了解当地的交通状况、生活情况、气候条件。

(5)了解测区的地形状况、植被情况。

2　编写技术设计书

大比例尺地形测图是一项精度要求较高、作业环节较多、组织管理复杂的测量工作。为了保证工作合理、正确以及各组和各工序密切配合,使成果符合技术标准及用户要求,以获取最好的社会效益和经济效益,必须在施测工作进行前进行技术设计,并编写相应的技术设计书。

所谓的技术设计,就是根据测图比例尺和测图面积以及用图单位的具体要求,结合测区的自然地理条件和本单位的仪器设备、技术力量及资金情况,灵活运用测量学的有关理论和方法,制定在技术上可行、经济上合理的技术方案、作业方法和实施计划,并将其编写成技术设计书。

技术设计书应呈报上级主管部门或测图任务的委托单位审批,未经批准不得实施。

当技术设计书要作原则性修改或补充时,可由生产单位或设计单位提出修改意见或补充稿,及时上报原审批单位核准后执行。

2.1 技术设计的依据

(1)上级下达任务的文件或测绘合同书。

(2)有关法规和技术规范。

(3)地形测量的生产定额。

(4)测区已有的资料。

2.2 技术设计基本原则

(1)技术设计方案应先考虑整体而后局部,顾及发展;要满足用户的要求,重视社会效益。

(2)从测区的实际情况出发,考虑作业单位的人员素质和装备情况,选择最佳的作业方案。

(3)广泛收集、认真分析和充分利用已有的测绘成果和资料。

(4)尽量采用新技术、新方法和新工艺。

(5)当测区面积很大、时间较长时,可根据用图单位的规划将测区划分为几个小区,分别进行技术设计。

2.3 编写技术设计书的要求

(1)内容明确,文字简练。

(2)采用新仪器、新方法和新工艺成图时,要对其可行性及能达到的精度进行充分的论证。

(3)技术设计书中使用的名词、术语、公式、符号、代号和计量单位等应与有关规范和标准一致。

2.4 技术设计书的内容

2.4.1 一般性说明

任务概述:说明任务来源、测区范围、地理位置、行政隶属、测图面积、测图比例尺、采用的技术依据、计划开工日期和完成的期限等。

测区的自然地理概况:说明测区高程、相对高差、地形类别、困难类别和居民地、道路、水系、植被等要素的分布与主要特征;说明气候、风雨季节、交通情况及生活条件。

已有的资料利用情况:说明已有资料情况,包括控制测量成果的等级、精度,现有图的比例尺、等高距、年代,平面和高程系统,技术总结;并对其主要质量进行分析评价,提出已有资料利用的可能性和利用的方案。

2.4.2 设计方案

测图技术规范和细则:说明整个测图工作所依据的规范、图式以及有关部门颁发的技术规定。

平面控制测量设计:平面控制坐标系统的确定,首级网的等级,起算数据的配置,加密层次及图形结构,点的密度,埋石要求,使用的仪器和施测的方法,平差计算方法,各项主要限差及应达到的精度指标。

高程控制测量设计:高程系统的选择,首级高程控制的等级及起算数据的选择;加密方案及网形结构，路线长度和点的密度，埋石要求，使用的仪器和施测的方法，平差计算方法，各项主要限差及应达到的精度指标。

地形测图设计：地形图采用的分幅和编号方法，测站观测的方法和要求，对地形要素的表示和取舍要求。

2.4.3　工作量统计、计划安排和经费预算

2.4.4　上交的资料清单

2.5　技术设计书实例

技术设计书实例见本章附录一。

第三节　碎部测量的基本方法

碎部点就是要确定地形点（地物的中心点、轮廓点，地貌的特征点）的位置和高程，并用一定的方法描绘在图纸上。

1　碎部点平面位置的测定

1.1　极坐标法

极坐标法是通过测定测站到地形点方向与基本方向之间的关系和测站到地形点的距离，以确定地形点平面位置和高程的一种方法 。

例如，在图 9-7 中，A、B 为两已知点，其中 A 为测站点。如何将房屋测绘到图纸上？可将仪器安置在测站点 A，照准 B 方向定向；然后分别照准房角点 1，测出 $A1$ 的水平距离 S_1 以及与 AB 方向之间的夹角 β。按测图比例尺在图上标出 A、B 两点，从 AB 方向开始旋转 β 角划一直线，在直线上截取相应长度 S_1（按比例尺）而得点 1。同样的方法可以确定其他两点，用直线把它们连起来，就将房屋测绘到图纸上。

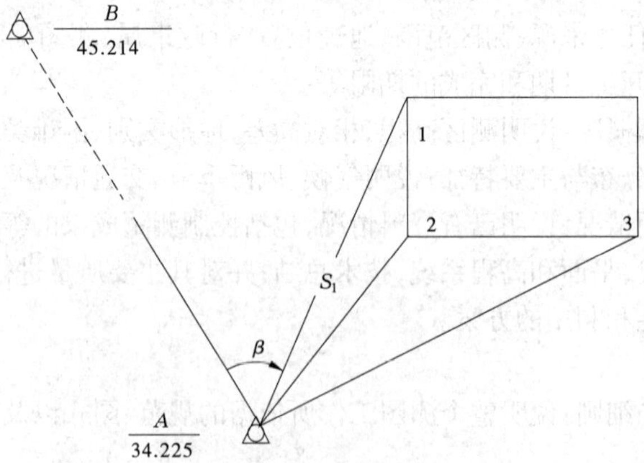

图 9-7　极坐标法测图

极坐标最后可以计算出地形点的坐标，具体方法如下：

如图 9-7 所示，B、A、1 三点组成的图形相当于前面介绍的支导线，因为 A、B 是已知点，所以其坐标方位角 α_{AB} 可以通过坐标反算求得，那么边 $A1$ 的方位角 α_{A1} 为

$$\alpha_{A1} = \alpha_{AB} + \beta_1$$

又已知 $A1$ 的边长为 S_1,通过坐标正算求出 1 点的坐标。

$$x_1 = x_A + S_1\cos\alpha_{A1}$$

$$y_1 = y_A + S_1\sin\alpha_{A1}$$

在计算机中绘图时,既可以根据计算的坐标展点,也可以直接根据观测值来绘:先画一根方向线与 AB 之间的夹角为 β_1,以 A 为圆心,以 S_1 为半径画一个圆,与方向线相交于 1 点。同样的方法可以画出其他各点。

1.2 距离交会法

距离交会法:测量地形点到已知点的距离而交会出地形点位置的一种方法。常用于测设隐蔽在建筑群内部的一些地物点。

例如,在图 9-8 中,A、B 为控制点(或已知坐标的地形点),通过丈量 AM、BM 的水平距离 S_{AM}、S_{BM},交会出 M 点的坐标。

$$x_M = x_A + S_{AM}\cos(T_{AB} - \beta_1)$$

$$y_M = y_A + S_{AM}\sin(T_{AB} - \beta_1)$$

式中,T_{AB}是已知边 AB 的坐标方位角,$\beta_1 = \arccos\left(\dfrac{S_{AM}^2 + S_{AB}^2 - S_{BM}^2}{2S_{AM}S_{AB}}\right)$。

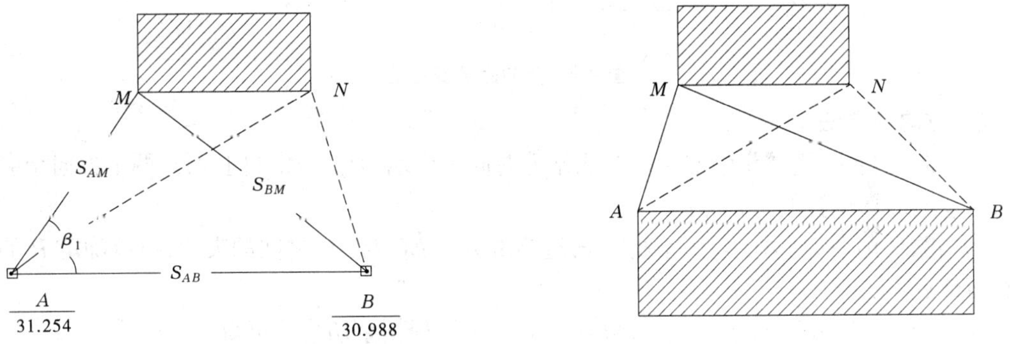

图 9-8 距离交会法

在计算机中绘图时,既可以根据计算的坐标展点,也可以直接根据观测值来绘:分别以 A、B 为圆心,以 S_{AM}、S_{BM} 为半径画圆,两圆相交于 M 点。同样的方法可以画出 N 点。

1.3 方向距离交会法

方向距离交会法是通过测定地形点至测站点的方向,以及地形点与地形点之间的距离,以确定地形点平面位置的一种方法。

例如图 9-9 中,A 为测站点,M 点为已测坐标的地形点,而另一点 P 在测站上只能观测方向(例如在 AP 之间有一障碍物,从而无法在 P 点处放置棱镜),不能测距。但只要测量 PM 的距离 S_{PM},就可以求得 P 点的坐标。

先求出 AM 的边长 S_{AM} 和坐标方位角 α_{AM}。由于 AP 的方向已知为 α_{AP},那么有 $\beta = \alpha_{AP} - \alpha_{AM}$。

再依正弦定理可以求出$\angle MPA=\gamma=\arcsin\left(\frac{S_{AM}}{S_{PM}}\sin\beta\right)$。

从而可以推出$\angle AMP=180°-\gamma-\beta$,那么,MP 的坐标方位角 $\alpha_{MP}=\alpha_{AM}+\gamma+\beta$。

所以 P 点的坐标:

$$x_P = x_M + S_{PM}\cos\alpha_{MP}$$

$$y_P = y_M + S_{PM}\sin\alpha_{MP}$$

在计算机中绘图时,既可以根据计算的坐标展点,也可以直接根据观测值来绘:先画一方位角为 α_{AP} 方向线 AP;以 M 为圆心,以 S_{PM} 为半径画一个圆,与方向线 AP 相交于 P 点。

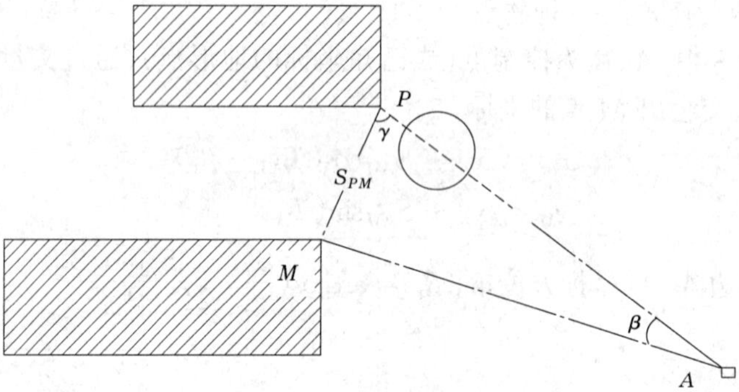

图 9-9 方向距离交会法

1.4 方向交会法

方向交会法:用测量仪器从两个测站上对同一个地形点观测方向,通过两个方向交会来确定地形点位置的一种方法 。

如图 9-10 所示,A、B 为测站点,通过测量 AP、BP 与 AB 之间的夹角,可以确定 P 的平面位置。

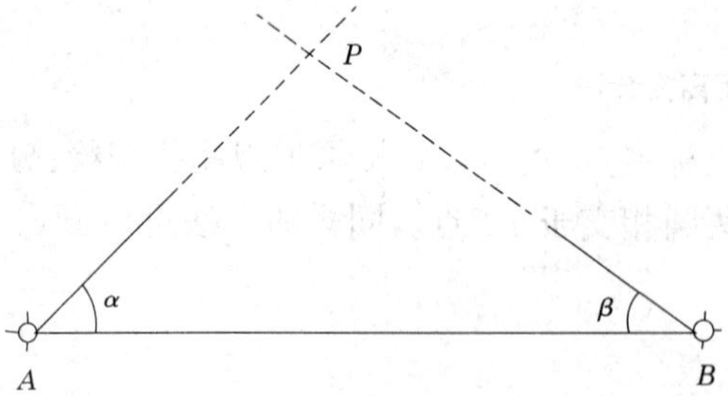

图 9-10 方向交会法

根据余切公式可得

$$x_P = \frac{x_A\cot\beta + x_B\cot\alpha - (y_A - y_B)}{\cot\alpha + \cot\beta}$$

$$y_P = \frac{y_A\cot\beta + y_B\cot\alpha + (x_A - x_B)}{\cot\alpha + \cot\beta}$$

在计算机中绘图时,既可以根据计算的坐标展点,也可以直接根据观测值来绘:先从 A、B 两点分别以夹角 α、β 画方向线 AP、BP;两方向线相交于 P 点。

方向交会法在实际工作中经常用到,特别是到达 P 点较困难时(如在较大的水塘中有一根电线杆,要确定它的位置),多采用方向交会法。这种交会方式称为前方交会。

1.5 直角坐标法

直角坐标法是按直角坐标原理确定地物点平面位置的一种方法。用于测图时,是以某一测站点为坐标原点,并以该点至另一测站点为定向点,计算测定的碎部点的坐标,然后把所测点的坐标展绘在图上。测定碎部点的坐标可用全站仪或用经纬仪测定视距和水平角计算碎部点的坐标。

由于全站仪和计算机的普及,直角坐标法是数字化测图的一种常见的方法。野外直接测量碎部点的坐标,然后展绘到计算机上成图。

2 碎部点高程的测定方法

测定碎部点高程的方法一般采用三角高程测量。

在采用经纬仪或大平板仪进行传统测图时,计算碎部点高程的公式为

$$H = H_0 + D\tan\alpha + i - v$$

或

$$H = H_0 + \frac{1}{2}kl\sin2\alpha + i - v$$

式中 H_0——测站点的高程;

i——仪器高;

v——碎部点上标尺中丝的读数;

α——垂直角;

k——乘常数;

l——尺间距。

采用全站仪进行数字化测图时,计算碎部点高程的公式为

$$H = H_0 + D\sin\alpha + i - v$$

式中 H_0——测站点的高程;

i——仪器高;

v——镜高;

α——垂直角。

当然,全站仪进行数字化测图时,只须在仪器中将仪器高和镜高设置好后,碎部点的高程就会自动计算出来,与该点的坐标一并保存在仪器的内存中。

3 地形图的测绘方法

在野外测绘地形图,过去常用的测图方法有大平板测图法、经纬仪配合量角器法。但这两种方法现在已不再用了,所以本教材只作简单介绍。主要是介绍数字化测图方法。

3.1 平板仪测图

(1)在测站上安置大平板仪(图 9-11),进行对中、整平和定向,并量取仪器高。

(2)用照准仪瞄准碎部点上的标尺,使照准仪的直尺边正确地通过图板上测站点的刺孔,读取测站至标尺的视距 kl 和垂直角 α,并计算出测站至标尺的水平距离 D 和碎部点的高程 H。

(3)按测图比例尺,用卡规在复比例尺上截取水平距离 D 在图上的长度,沿照准仪的直尺边将碎部点展刺在图板上,并在点位旁注记高程 H。

(4)重复上述步骤,将测站四周所要测的全部碎部点测完为止。

(5)根据所测的碎部点,按规定的符号着手描绘地物、地貌,并随时注意和实地对照检查,发现错误立即改正。经全面检查后,方可迁入下一测站。

3.2 经纬仪配合量角器法

如图 9-12 所示,将经纬仪在测站 A 上对中、整平,并量取仪器高;照准另一已知点 B,把水平度盘置为 0°00′00″,以 AB 作为起始方向(又称零方向)。图板安置在一旁的适当位置,并将量角器中心圆孔固定在图板的 a 点上,沿 ab 画一条直线。然后照准碎部点 P 上的标尺,读取该方向与起始方向间的水平角 β、视距 kl、垂直角 α,计算出测站点至碎部点的水平距离 D 和碎部点的高程 H。按碎部点水平角放置量角器,并在量角器直径刻划上依照比例尺量取水平距离 D 在图上的长度,即可定出 P 点在图上的位置,在点旁注记碎部点的高程。

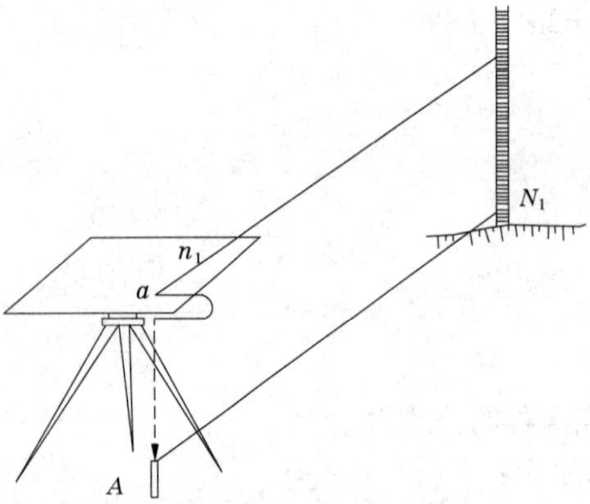

图 9-11　平板仪测图

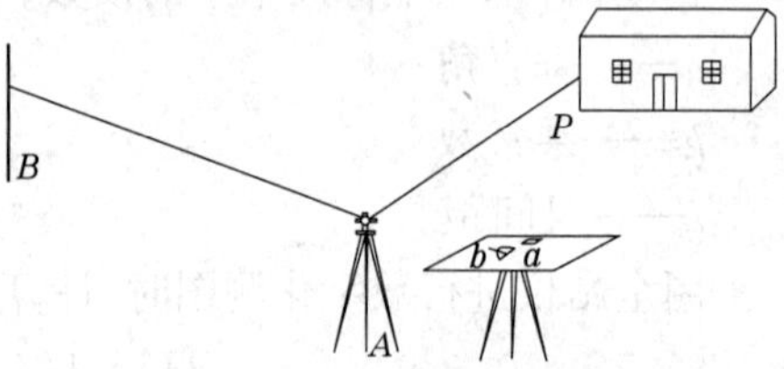

图 9-12　经纬仪配合量角器测图

经纬仪测图,也可以通过野外测量获取原始数据,录入到计算机中,并计算出相应碎部点的坐标,再在计算机中展绘这些坐标点,同样可以进行数字化成图。但由于精度低、速度慢,现在很少采用这一方法。

3.3 数字化测图

3.3.1 数字化测图的概念

前面所介绍的两种方法是将地物和地貌测绘在图纸上,经手工整饰、描、晒后,得到地形图,数字化测图则是将地面上的地物和地貌用数字形式表示,经过计算机处理后,得到数字化地形图再经绘图仪输出所需的地形图或存盘。

3.3.2 数字化测图的优点

与传统的成图方式相比较,数字化测图具有许多优点:

打破了内外业的界线,从首级控制到最终成图,实行一体化作业,并且大大减轻了外业的强度,缩短了成图周期。

打破了分级布网、逐级控制的原则。一个测区可一次性整体布网、整体平差,控制网可以是任意混合,所需控制点数目比传统白纸测图大大减少,图根控制的加密可与碎部测量同时进行。同时,外业可不用分幅作业,由内业成图时自动进行分幅与接边处理。

数字化测图的成果是以点的坐标形式存入计算机,当实地发生变化时,只需修测变化的部分,并输入变化后的信息,经过编辑处理,很快便可得到更新的地形图,从而保证了地形图随时更新。

数字化测图的成果是数字,因而可以用存储介质对其进行长期保存,且不会产生像纸质图那样因时间的推移而发生图纸变形或损坏的情况。随着网络的普及,数字图的传输通过网络瞬间即可完成,使得数字图的交流、应用更加容易。

传统的白纸测图,地物点的平面位置误差主要受测定地物点的视距误差、解析图根点的展点误差、方向误差、地物点的刺点误差等,其综合影响图上平面位置约为 0.6mm,其中展点误差与刺点误差约占 0.4mm。而数字化测图则不存在这两项主要误差,因此数字化测图的精度明显高于白纸测图。

计算机与显示器、打印机、绘图仪相联时,可以显示或打印各种需要的资料信息;也可以绘出各种比例尺的地形图、专题图,以满足不同用户的需要。

数字化测图分层管理,可使地面信息无限存放,不受图面负载量的限制,从而便于成果的深加工利用,拓宽测绘工作的服务面,开拓市场。

3.3.3 数字化测图的作业过程

数字化测图的作业过程,一般可分为数据采集、内业数据处理和图形输出三个阶段。数字化测图的作业过程与作业模式、数据采集方法以及使用的软件有关。在众多的数字化测图模式中,以全站仪自动记录作业模式应用最为普遍。

数字测图系统是以计算机为核心,连接测量仪器的输入输出设备,在硬件和软件的支持下,对地形空间数据进行采集、输入、编辑、成图、输出、绘图、管理的测绘系统。数字测图系统的综合框图如图 9-13 所示。

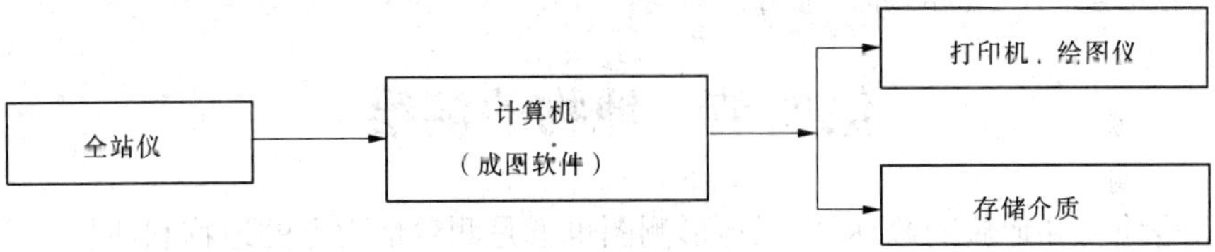

图 9-13 数字测图系统示意图

由于用全站仪直接测定地形点的精度很高,所以是大比例尺地形图最主要的测图方法。其模式主要有两种,即数字测记模式和电子平板模式。

数字测记模式为野外测记,室内成图,即用全站仪测量和记录数据,同时配以人工画草图和编码系统,到室内将野外测量数据从全站仪传输到计算机中,再配以成图软件,根据编码系统以及参考草图编辑成图。

在已知点 A 上整置全站仪,开机,进入坐标数据采集状态。将测站点 A 和定向点 B 的坐标输入,并输入仪器高 i。照准定向点 B 上的棱镜(或觇板、花杆),按测量键定向(此时全站仪的水平度盘配置为 AB 的方位角)。输入镜高 v,再一次照准定向点 B 上的棱镜,测量 B 点的坐标,与 B 点的已知坐标进行比较,当二者的较差在测图允许范围内时,就可以开始碎部测量。碎部测量时,一人在测站上测量,一人或两人立棱镜,一人绘草图。绘草图的人应指挥立棱镜的人,并随身带上皮尺,有些碎部点无法在站上测量时,可以用皮尺丈量它们与已测碎部点的关系,并标注在草图上。

所谓电子平板测量,即将全站仪与装有成图软件的便携机(手提电脑)联机,在测站上用全站仪实测地形点,计算机屏幕现场显示点位和图形,并可对其进行编辑,满足测图要求后,将测量和编辑数据存盘。这样,相当于在现场就得到一张电子平板测绘的地形图,无需画草图,并可在现场将测得图形和实地相对照,如果有错误和遗漏,也能得到及时纠正。

分幅测图:当测区面积较大时,会有多个组同时测量,这就存在分幅和接边的问题。一般数字化地形图分幅的原则是尽可能按自然边界来分,如河流、道路、山脊(山谷)线、街道、村镇界线等,有时测区内没有明显界线时就可以依坐标来进行分幅。为了保证相邻图幅的拼接,一般均将界线测完整。

野外碎部点采集:碎部点的采集方法随仪器配置不同及编码方式不同有所区别。对于全站仪,应将测量模式设置为坐标方式。大部分情况下采集数据时要在现场即时绘制观测到的地形草图,对那些无法测量到的地物则可以采用量距等其他方式补充。

数据传输:用专用的电缆将全站仪与计算机连接起来,通过通讯软件将野外采集的数据传输到计算机中。一般情况下,每天野外作业后都要及时进行数据传输,以免因不正当操作或意外事故造成数据丢失。

数据处理:首先进行数据预处理,即对外业采集到的数据进行各种可能的错误检查修改,并将野外采集的数据格式转换成测图系统要求的格式。之后将外业数据生成平面图形、建立图形文件等操作,再进行等高线数据处理,即生成数字高程模型(DTM)、自动绘制等高线等。

图形编辑:根据数据处理后的图形,采用人机交互图形编辑技术,对照外业草图,对漏测或错测的部分进行补测或重测,削除一些地物、地形不合理的矛盾,进行文字注记说明及地形符号的填充,进行图廓整饰等。

第四节　地物的测绘

地形是地物和地貌的总称,所以地形测图也就是测量地面上的地物和地貌。

1　地物的分类

地面上的各种地物可以依据其特性分成七大类(见表 9-5),各类地物的测量方法有各自的特点。即使是同类地物,其形状大小也千差万别,测绘地物毕竟不是照相,而是测量其特征点,用规定的符号缩小表示在图上。有的地物形状特别复杂,局部的尺寸又特别小,缩小之后,图上很难将其详尽地表示出来,因此地物的测绘还必须进行综合取舍。

表 9-5　地物的分类

1	水系	江河、运河、沟渠、湖泊、池塘、井、泉、堤坝、闸等及其附属建筑物
2	居民地	城市、集镇、村庄、窑洞、蒙古包以及居民地的附属建筑物
3	道路网	铁路、公路、乡村路、大车路、小路、桥梁、涵洞以及其他附属建筑物
4	独立地物	三角点等各种测量控制点、亭、塔、碑、气象站、独立石等
5	管线垣栅	输电线路、通讯线路、地面与地下管道、城墙、围墙、栅栏、篱笆等
6	境界界碑	国界、省界、县界及其界碑等
7	土质植被	森林、灌木丛、果园、菜园、耕地、经济作物地、草地、沼泽地等

2　地物符号

地物符号分为依比例符号、非依比例符号、线性符号、地物注记(见表 9-6)。

2.1　依比例符号

凡是按照比例尺可将其轮廓缩绘在图上的地物,如房屋、运动场、湖泊、森林等,均可用特定的符号将其表示在图上(见图 9-14)。这种地物符号称为依比例符号,或称为轮廓符号。当用依比例尺符号仅能表示出地物的轮廓形状和大小 而未能表示出其地类时,应在轮廓内加绘地物符号(如树种符号等),以指明其物类。

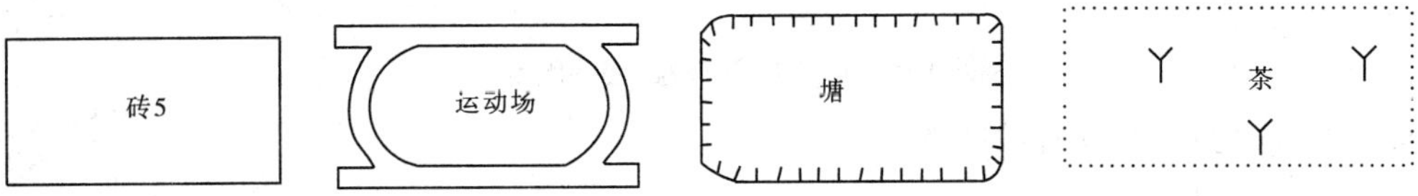

图 9-14　依比例符号

2.2　非依比例符号

有些地物,如测量控制点、独立树、里程碑、钻孔等,因其无轮廓而言或轮廓较小无法按比例尺将其形状和大小缩绘到图纸上,但因其重要性又必须表示出来,可不管其实际尺寸,均用特定符号表示,这类符号称为非依比例符号。非依比例符号不仅其形状和大小不依比例描绘,而且符号的中心位置与该地物实地中心的位置也随各类地物符号不同而不同。

(1)圆形、正方形、三角形等几何图形的符号(如控制点、钻孔、探井、抽水机、卫生所、水井以及各种水管的检修井等)的几何中心即代表对应地物的中心位置(见图 9-15)。

图 9-15　非依比例符号(中心)

(2)宽底符号(如水塔、烟囱、雷达站、假石山、独立坟、碑、信号灯、气象站等)的符号底线的中点即为相应地物的中心位置(见图 9-16)。

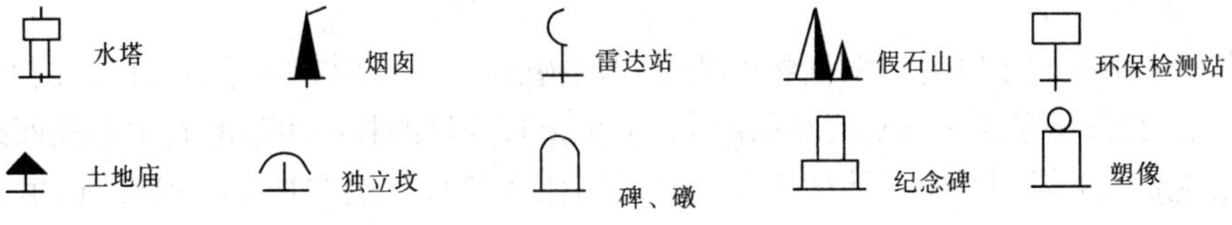

图 9-16　非依比例符号(宽底中心)

(3)底部为直角形的符号(如独立树、风车、路标、加油站、汽车站等)的底部直角顶点即为相应地物的中心位置(见图 9-17)。

(4)几种几何图形组成的符号(如路灯、旗杆、避雷针、消防栓、起重机、地磅、阀门、果园符号等)的下方图形的中心即为相应地物的中心位置(见图 9-18)。

(5)下方没有底线的符号(如窑洞、窖、山洞、地下铁道出入口等)的下方两端点的中心

图 9-17　非依比例符号(底部直角)

图 9-18　非依比例符号(底部图形中心)

点即为对应地物的中心位置(见图 9-19)。

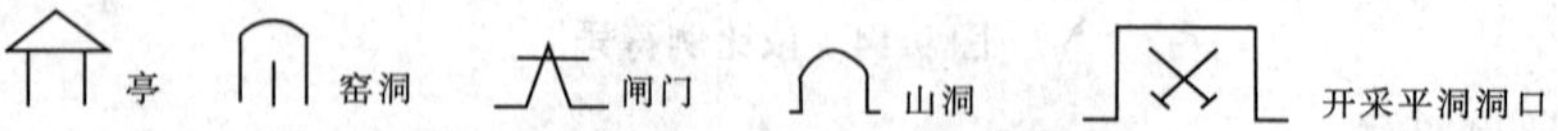

图 9-19　非依比例符号(底部图形中心)

2.3　线形符号

对于一些带状延伸地物,如道路、河流、堤坝、通信线、管道等,往往其长度可依比例尺缩绘,而宽度则无法按比例尺缩绘,这种长度按比例而宽度不按比例的符号称为线形符号,也称半依比例符号。线形符号的中心线即为实际地物的中心线。

2.4　注记符号

用文字、数字等对地物的名称、实质、种类或数量加以说明,称为地物注记。

2.4.1　地理名称注记

如居民点、山河、湖泊、水库、铁路、公路和行政区的名称等须用各种不同大小的不同字体来注记说明。

2.4.2　说明文字注记

在地形图上为了表示地物的实质或某种重要特征,可用文字说明进行注记。如咸水井,除用水井符号表示外,还应加注“咸”说明其水质。

2.4.3　数字注记

在地形图上为了补充说明地物的数量和地物的特征,可用数字进行注记。例如,三角点的注记,其分子是点名或点号(属说明文字注记),分母的数字表示标石中心顶面高程。

在地形图上对于某个具体地物研究是采用比例符号还是非依比例符号,这主要是由测图比例尺和地物的大小而定的,并在《地形图图式》中有明确规定。总体来讲,测图比例尺愈大,精度愈高,用比例符号描绘的地物就愈多;比例尺愈小,精度愈低,用非依比例符号表示的地物就愈多。并且,随着比例尺的增大,说明文字注记和数字注记的数量也相应增加。

3　地物的测绘

在地形图上表示居民地、独立地物、管线及垣栅、境界、道路、水系、植被等各项地物的测量方法如下。

3.1 居民地的测绘

居民地是地形图上的重要地物要素。各类建筑物、构筑物及主要附属设施应按实地轮廓准确测绘。要区分出其内部的主要通道和较大空地，图上宽度小于0.5mm的次要巷道不予表示，其他碎部可综合取舍。房屋以房基角为准，并按建筑材料和质量分类，对于楼房还应注记层次。房屋和建筑物的凹凸在图上小于0.4mm（简单房屋小于0.6mm）时可用直线连接。

3.2 独立地物的测绘

独立地物是判定方位、确定位置、指示目标的重要标志，必须准确测绘，并按规定符号正确表示。

凡图上地物轮廓大于符号尺寸的，应依比例符号表示；否则以非比例符号表示。范围较大的独立地物如变电设备，若设置在房屋内的，应实测出房屋轮廓，并在其中配置相应的符号；露天设备应测定其四周围墙或实际范围，以相应的符号表示在中间。

矿石堆应沿石堆的上边缘测定其转折点的实际位置，以曲线按实际形状连接各转折点，并依斜坡方向绘以相应的符号。还要测出其坡脚范围，以地类界绘出。

3.3 管线和垣栅的测绘

在测绘管线和垣栅时，永久性的电力线、通信线等均需表示，电杆、铁塔位置应进行实测。同一杆上架有多种线路时，应表示其中主要线路，并要做到各种线路走向连贯、线类分明。居民区、建筑区内的电力线、通信线可不连线，但应在杆架处绘出连线方向。

地面及架空的管线均需表示，并注记输送的物质类型（如“上水”、“下水”、“煤气”、“油”等）。当架空的管道直线部分的支架密集时，可适当取舍。地下管线检修井测定其中心位置，按类别以相应的符号表示。

城墙、围墙及永久性栅栏、篱笆、铁丝网、活树篱笆等均应测绘。

3.4 境界线的测绘

境界线应测绘至县和县级以上。乡与国营农、林、牧场的界线需要进行测绘。两级境界重合时，只绘高级境界符号。

3.5 道路的测绘

所有的铁路、有轨电车道、公路、大车路、乡村路均应测绘。车站及附属建筑物、隧道、桥涵、路堑、路堤、里程碑等均须表示。在道路稠密地区，次要的人行道可适当取舍。

铁路测绘应立尺于铁轨中心线，标准轨距是1.435m。铁路线上应测轨顶高程，曲线部分测取内轨顶面高程。路堤、路堑应测定坡顶、坡脚的位置和高程。铁路两旁的附属建筑物，如信号灯、扳道房、里程碑等都要按实际位置测绘。

铁路和公路或其他道路在同一水平面相交时，铁路符号不中断，而将另一道路符号中断表示；不在同一水平面相交的道路交叉点处，应绘以相应的桥梁或涵洞、隧道符号。

公路应实测路面位置，并测定道路中心的高程。高速公路应测出两侧的栏杆、收费站，中央隔离带视用图需要测绘。公路、街道一般在边线上立尺，并量取宽度在图上依比例尺表示。当道路弯道有圆弧时，至少要测取起、中、终三点，并用圆曲线表示。

路堤和路堑均应按宽度绘出边界，并应在其坡顶、坡脚适当位置注记高程。公路路堤应分别绘出边线，两者重合时，可将其中之一移位 0.2mm。

公路、街道路面材料划分为水泥、沥青、碎石、砾石、硬砖、沙石等，以文字注记在图上，铺面材料改变处应用地类界符号(即点线)分开。

测绘其他道路时，一般在中心线上立尺，若路面宽窄变化较多，可取其中等宽度在图上按平行线描绘。

道路通过居民地不中断，应按真实位置绘出。有围墙、垣栅的公园、工厂、机关、学校等内部道路，除通行汽车的主要道路外，均应按内部道路绘出。

3.6　水系的测绘

水系测绘时，海岸、河流、溪流、湖泊、水库、池塘、沟渠、泉、井以及各种水工设施均应绘出。并标记相应的名称。海岸线应以高潮时为准，河流、溪流、池塘、湖泊、水库等水涯线，一般按测图时的水位测定。

河流、沟渠一般以双线表示，当河流宽度小于图上 0.5mm、沟渠宽度小于图上 1mm 时以单线表示。对于岸边线和水涯线的较小弯曲和转折，可适当综合取舍。

堤顶宽度、斜坡、堤基宽度，应实际测定依比例表示。若堤顶宽在图上小于 1mm 或堤底宽小于图上 2mm 时，则以土垄符号表示。

水渠应测注渠边和渠底高程。时令河应测注河底高程。堤坝应测注顶部及坡脚高程。泉、井应测注泉的出水口及井台的高程，并根据需要注记井台至水面的深度。

3.7　植被的测绘

测绘地表植被，应测量某种植被的外围轮廓线上的弯曲点和转折点位置。依实地形状以地类线绘出轮廓，并在其范围内配置相应的符号和相应植被的名称。

在同一地段生长多种植物时，符号应配合表示。但不要超过三种。若超过时，可舍去经济价值不大或数量较少的植物。

植被的地类界与地面上有实物的线形符号(如道路、河流、垣栅等符号)重合时，地类界应省略不绘。若与地面上无实物的线形符号(如通信线、等高线)重合时，则将地类线移位 0.2mm 绘出。

第五节　地貌测绘

1　地貌的要素

地貌形态虽然千变万化，不像地物轮廓那样明显可见，但归纳起来，主要是由山、山脊、山谷、鞍部、盆地(或洼地)等主要地貌要素组成(见图 9-20)。

(1)山：较四周显著凸起的高地称为山，大者为山岳，小者为山丘。山的最高点为山顶，山的侧面叫山坡。山坡的倾斜角度在 20°～45°的叫陡坡，几乎成竖直形态的叫峭壁(陡壁)，上部凸出下部凹入的峭壁叫悬崖。山坡与平地相交处叫山脚。

(2)山脊：山的凸棱由山顶延伸到山脚者叫山脊。山脊最高点的连线称为分水线(或山脊线)。

(3)山谷：两脊之间的凹部称为山谷。两侧称为坡，两坡相交的部分叫谷底。谷底最低点连线称合水线(或山谷线)。谷地与平地相交处称为谷口。

(4)鞍部:两个山顶之间的低洼山脊处,形状像马鞍形,称为鞍部。

(5)盆地:四周高中间低的地形叫盆地,最低处称为盆底。湖泊是汇集有水的盆地。较小的盆地又称为洼地。

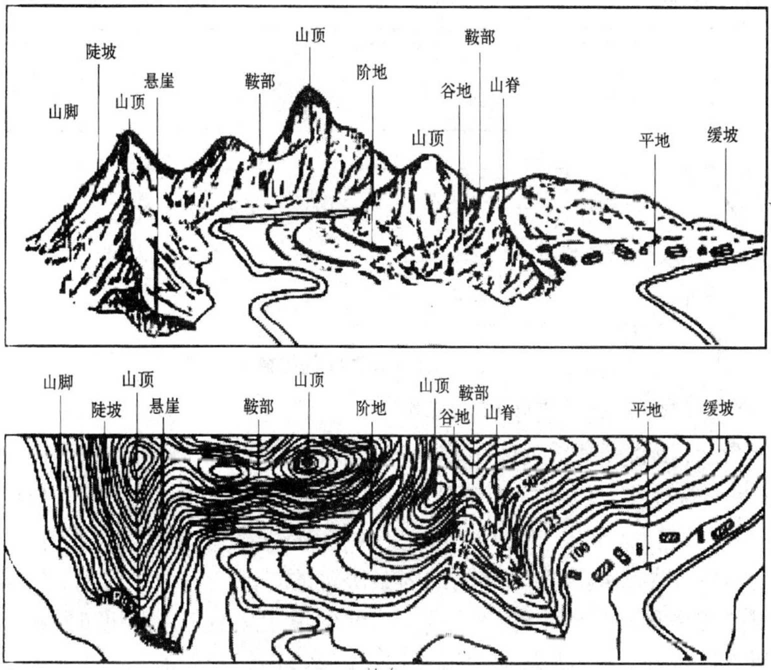

图 9-20　地貌要素

2　地貌的表示方法

地貌表示方法主要有等高线法、写景法、分层设色法等。写景法是以写景的形式概略地表示地貌起伏和分布位置的地貌表示方法,又称为透视法。分层设色法是在相邻等高线间涂以不同颜色来显示地貌起伏的方法。但目前地形图上最基本的表示方法是等高线法。

2.1　等高线的概念

等高线:地面上高程相等的相邻各点连成的闭合曲线。

等高线表示地貌的原理如图 9-21 所示,设想用一系列间距相等的水平截面去横截山地,把其截口边线投影到同一个水平面上,且按比例缩小描绘在图纸上,即得等高线图。等高线为一组高度不同的空间平面曲线。地形图上表示的仅是它们在投影面上的投影,在没有特别指明时,通常简称地形图上的等高线为等高线。

2.2　等高距

从等高线的定义可知,等高线是一组水平面与地面相截的截线。水平面高度不同,等高线表示地面的高度也不相同。两相邻水平面的间距即为相邻等高线的高差,称为等高距。当地面坡度一定时,等高距越大,则图上等高线越稀,地貌表示就越粗略;等高距越

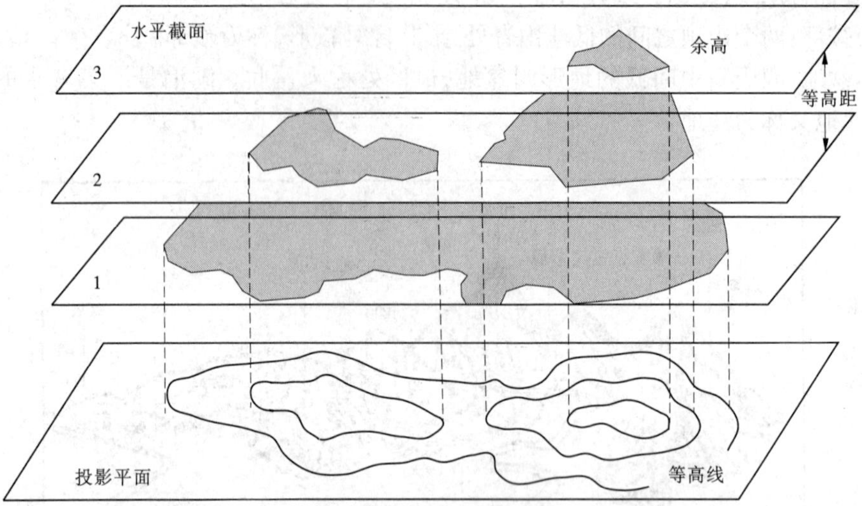

图 9-21　等高线的概念

小,则图上等高线越密,地貌表示就越祥细。

在地形图上,相邻等高线的间距称为等高线的平距。由于同一地形图上的等高距相同,故等高线平距的大小与坡度的缓陡有着直接的关系。当等高距一定时,地面坡度越陡,则图上等高线越密;反之,地面坡度越缓,则图上等高线越稀。由此可见,图上等高线的稀和密是由等高距和坡度两个方面的因素决定的。但同一个测区内,等高距是一定的,因此等高线的稀密程度反映出地表陡缓。当地面坡度大到某一限度时,相邻等高线会紧贴成一片而无法区分。相反,若地面坡度小,相邻等高线相距很远,图面上只有少数几根等高线,致使描绘和判读地貌都困难。因此,在地形测量设计中必须依据测图比例尺、测区地面平均坡度及坡度变化程度,选择合适的等高距。规范规定了大比例尺地形图等高距的选择(见表 9-7)。

表 9-7　大比例尺地形图等高距　　(单位:m)

地形	比例尺			
	1:500	1:1 000	1:2 000	1:5 000
平地	0.5	0.5	0.5 或 1.0	1.0
丘陵	0.5	0.5 或 1.0	1.0	2.0 或 2.5
山地	0.5 或 1.0	1.0	2.0	2.5 或 5.0
高山地	1.0	1.0 或 2.0	2.0	2.5 或 5.0

3　等高线的类型

为了更好地显示地貌特征和便于读图和用图,在地形图上应用的等高线有首曲线、计曲线、间曲线、助曲线四类(见图 9-22)。

3.1　首曲线

按规定等高距(称基本等高距)描绘的等高线称为首曲线,也称为基本等高线,用细实线来描绘。

3.2 计曲线

为了方便读图和用图,常将基本等高线每隔四条(或三条)加粗描绘,宽度是首曲线的二倍,称为计曲线,又称加粗等高线。一般选择高程为 5 或 10 的整数倍数的首曲线作为计曲线,在计曲线的适当位置上要断开标注其高程。

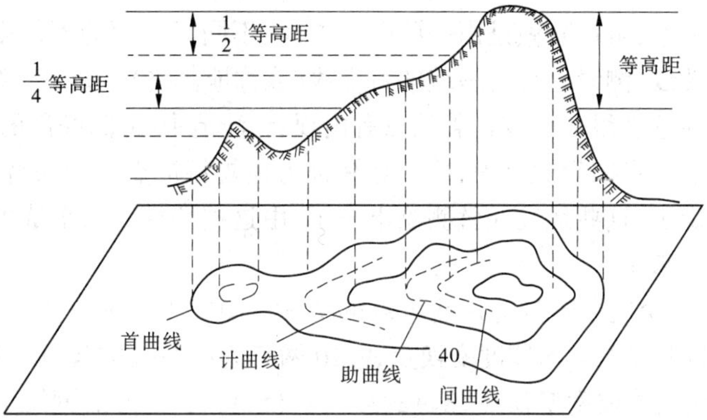

图 9-22 等高线的分类

3.3 间曲线

当用首曲线不能表示某些微型地貌而又需要表示时,可加绘等高距为 1/2 基本等高距的等高线,称为间曲线,又称半等高线,常用长虚线来描绘。

3.4 助曲线

当用间曲线仍不能表示出应该表示的微型地貌而又需要表示时,还可在间曲线的基础上再加绘等高距为 1/4 基本等高距的等高线,称为辅助等高线,简称助曲线,常用短虚线来描绘。

描绘助曲线和间曲线时可不闭合而绘到坡度均匀处为止,但是两侧一般应该对称。

4 等高线的特征

根据等高线的原理可归结出等高线的特征如下:

(1)同一等高线上的各点高程应相等。这个性质是十分显然的,但应注意:高程相等的点并不一定在同一等高线上。当同一水平截面横截两个山头时,会得出同样高程的两条等高线,这两条等高线上的高程都相等,但不在同一条等高线上。

(2)等高线一定是闭合曲线。一个无限伸展的水平面和地表的交线必然是闭合。但在测绘地形图时应注意:其一,由于图面的范围限制,等高线不一定在图面内闭合而可能被图廓截断;其二,为了使图面清晰易读,等高线应在遇到房屋、公路、某些工业设施及其注记时断开;其三,由于间曲线和助曲线仅应用于局部地区,故可在不需要表示的地方中断。

(3)除了悬崖、峭壁之外,等高线既不会重合,也不会相交。由于不同高程的水平面不会相交或重合,它们与地表的交线当然也不会相交或重合。但一些特殊的地貌如悬崖、峭壁和陡坎处的等高线可能相交或重合,这些地貌必须用相应的地貌符号表示。

(4)等高线与山脊线和山谷线相交时必垂直相交。山脊线处等高线正交时向低处凸，山谷线处等高线正交时向高处凸。

(5)等高线平距的大小与地面坡度大小成正比。在同一等高距的情况下，地面坡度越陡，等高线越密；地面坡度越缓，等高线越稀。

5 地貌的测绘

地球表面的形态，可被看做是由一些不同方向、不同倾斜面的不规则曲面组成，两相邻倾斜面相交的棱线，测量上称为地貌的特征线（或称地性线）。如山脊线、山谷线和山脚线即为地性线。在地性线上比较显著的点有山顶点、洼地中心点、鞍部的最低点、谷口点、山脚点、坡度变化点、走向变化点等，这些点被称为地貌特征点。如果将这些特征点的平面位置和高程测定了，这些地性线就测绘出来了，由这些地性线所形成的面随之确定，从而地貌也就显示出来了。

图 9-23 表示测绘地形图时选择地貌点的情况。图中 1、8 两点为山脊线的起、止点，2、3、4、5、6、7 点为山脊线上的坡度变换点，9、10 两点为山谷线的起、止点，11 点又称谷口点，10 点为山谷线上的坡度变换点，8、12、13、14、15、16、1 点为山脚线上的方向变换点，17、18、19 点为局部倾斜变化线上的坡度变换点，20、21、22、23 为最大间距的加密点。

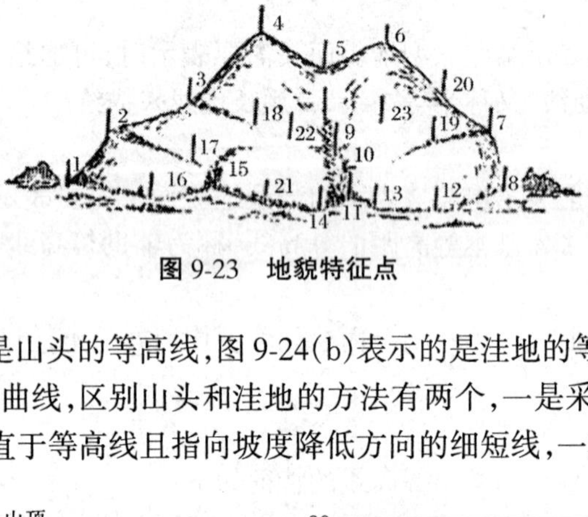

图 9-23 地貌特征点

5.1 山头与洼地

图 9-24(a)表示的是山头的等高线，图 9-24(b)表示的是洼地的等高线。由图可知，山头与洼地都是一组闭合曲线，区别山头和洼地的方法有两个，一是采用高程注记；二是采用示坡线，示坡线是垂直于等高线且指向坡度降低方向的细短线，一般绘在山脊处。

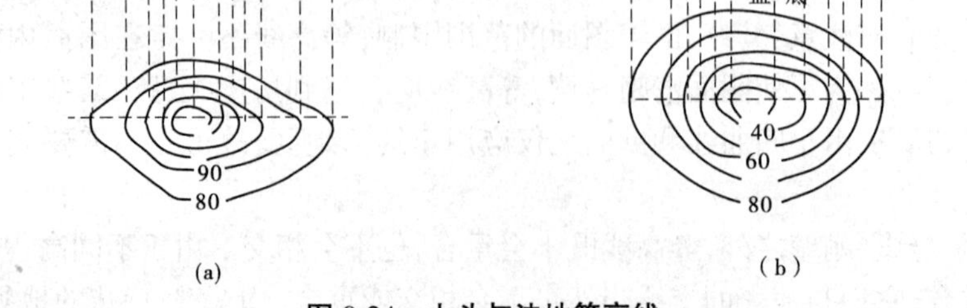

图 9-24 山头与洼地等高线

5.2 山脊、山谷

山脊的等高线表现为一组凸向低处的曲线，如图 9-25 所示；山谷的等高线表现一组凸向高处的曲线；山脊与山谷等高线的疏密反映了山脊山谷的坡面缓陡的情况；山脊和山谷的等高线的尖圆和宽窄反映了坡面的形状。

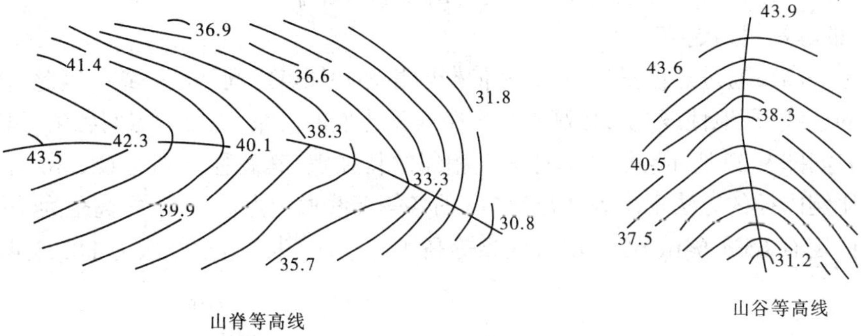

图 9-25 山脊与山谷等高线

5.3 鞍部

鞍部是两个山脊和两个山谷会合的地方。鞍部等高线的特点是在一组大的闭合曲线内套有两组小的闭合曲线。

5.4 悬崖、峭壁

峭壁是很陡峭的山坡，其等高线在此投影后常重合在一起，故在地形图上常辅以陡崖符号表示。悬崖是上部凸出、下部凹进的山坡。悬崖处的等高线投影后出现相交的情况。此时，下部的等高线须用虚线表示(见图 9-26)。

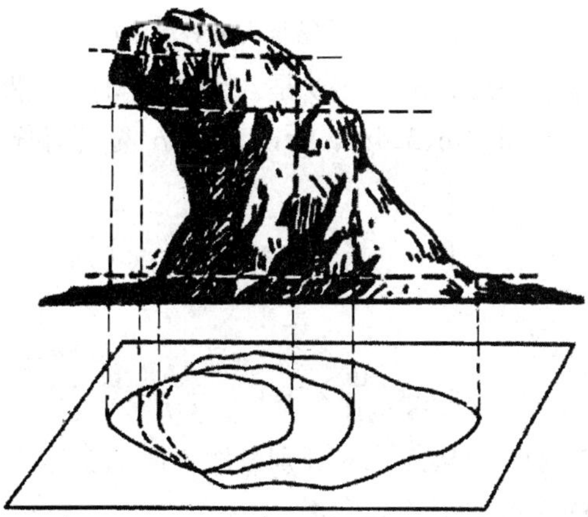

图 9-26 悬崖等高线图

6 等高线的勾绘

勾绘等高线的依据是地貌特征点和地性线。特征点的高程是随机的，而等高线的高程是一系列的固定值。由此可见，勾绘等高线的关键是根据特征点的高程求出各等高线所通过的点。一旦这些等高线的通过点求出，即可对照实际地形，将相邻的等高点连成等高线。因此，等高线勾绘步骤如下。

6.1 勾连地性线

首先对照实际地形勾绘山脊线和山谷线等地性线，以形成地貌骨架，这是内插等高线的基础。同一地性线上的点必须位于同一山坡或山谷上。

6.2 内插等高线通过点

确定等高线通过点位置的原则，是依据两相邻特征点之间坡度一致。因此，在图上两特征点的连线（即地性线）上，按高差与平距成正比例的关系，求出两点间各条等高线通过的位置。如图 9-27 所示，A、B 为地面上相邻的特征点，其高程分别为 62.6m 与 66.2m，现要用比例内插的方法求出等高距为 1m 的各等高线通过点。显然，等高距为 1m 时，A、B 之间必定有 63m、64m、65m、66m 四条等高线通过，设其通过点依次为 1、2、3、4。

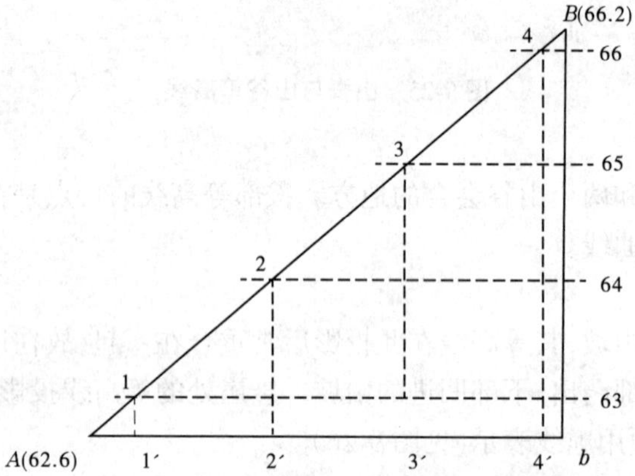

图 9-27 图解法内插等高线点

由于 A、B 两点的高差为 3.6m，而 Ab 是 A、B 两点的图上距离。而 $A1$、$A2$、$A3$、$A4$ 的高差分别为 0.4m、1.4m、2.4m、3.4m。所以，在 Ab 两点间分别截取长度为 $A1'$、$A2'$、$A3'$、$A4'$ 四个点。则

$$A1' = \frac{Ab}{AB} \times A1 = \frac{Ab}{3.6} \times 0.4$$

……

$$A4' = \frac{Ab}{AB} \times A4 = \frac{Ab}{3.6} \times 3.4$$

算出图上距离后，在 Ab 上从 A 向 b 分别量取 $A1'$、$A2'$、$A3'$、$A4'$，可得出 63m、64m、65m、66m 四条等高线的通过点 1′、2′、3′、4′。

按照以上的方法，可以求出相邻特征点之间各条等高线所通过的点位，并用光滑曲线逐一连接高程相等的点，即得到表示地面起伏的等高线。

在实际工作中，一般用目估内插的方法确定各等高线通过点的位置。如图 9-28 所示，用实线将山脊线连接，用虚线将山谷线连接，构成了地貌的骨架，然后在这些地性线上，用目估的方式确定各等高线通过点，最后用光滑曲线将高程相等的各点连接起来，最后将地性线去掉。在勾绘等高线时一定要注意等高线的特征第(4)条，即等高线与地性线

正交。

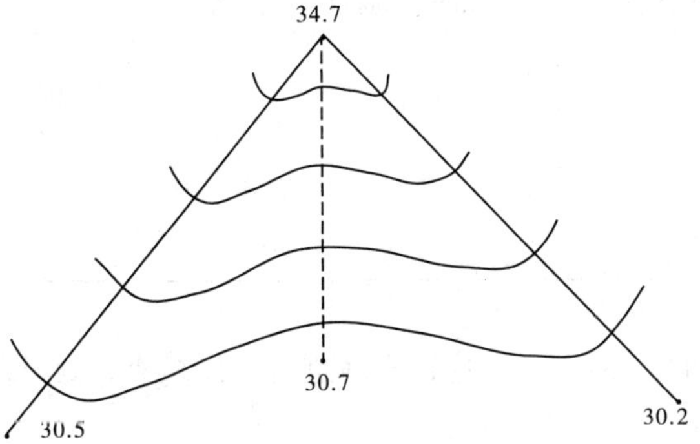

图 9-28 等高线目估内插

等高线勾绘出来以后,还要对等高线进行整饰和注记。按规定每隔四条(或三条)基本等高线加粗一根作为计曲线,并在计曲线上注记高程。高程注记的字头应朝向高处,但不能倒置。在山顶、谷口点、鞍部、凹地、倾斜变换点等不明显处的等高线沿坡度降低的方向加绘示坡线。当首曲线不能显示地貌特征时,可插绘间曲线和助曲线。为了表示出等高线不能显示的地貌特性点的高程,在地形图上要有适量的注有高程的点,称为高程注记点。高程注记点判识地面起伏、地貌形态、规划设计等均有重要作用,特别是在平坦地区,其作用就更加显著。

数字化成图中,是计算机自动生成等高线,所以不存在等高线的内插问题。但除了等高线的整饰之外,最重要的一点就是等高线的调整。因为计算机只能严格地根据三角网自动生成等高线,不能判断一些特殊地形,如陡坎、沟渠等。所有这些还必须人工干预。

地貌名称注记包括山峰、山脉名称注记等。图幅内一切重要的山顶和独立山峰的名称都应尽量选注在地形图上。

第六节 地形图的拼接、整饰、检查和验收

完成了测绘工作之后的地形图,暂不能提交使用,还要经过地形图的拼接、整饰、检查、验收等环节之后,确认地形图达到规范要求,方可交付使用。

1 地形图的拼接

大多数情况下,地形图都是分组测量的,最后必须拼接。当接图较差不超过表 9-8 的 $2\sqrt{2}$倍时,可在接图边上平均配赋其误差。然后按改正后的位置调整两侧的地物。在配赋时,要特别注意保持地物轮廓线和等高线的合理走向,对于直线地物,应按相邻图幅上直线转折点或直线两端的地物点以直线连接。

当接图较差超限时,应通过外业检查进行纠正。当新测地形图与前期测完的拼接,发现原图确有错误时,除了要向上级报告外,还应通过实测进行修正。若发现遗漏地物时,应补测。

表 9-8 地形图的平面位置、高程中误差

地形类别	平面中误差(图上 mm)	高程中误差(等高距)	备注
平 地	±0.4	1/3	森林隐蔽等特殊困难地区,可放宽 50%
丘 陵	±0.4	1/2	
山 地	±0.6	2/3	
高山地	±0.6	1	

对于不进行接图的自由图边,更应认真地进行实测检查,保证图边的正确性,以利于用图和下期测图工作。

拼接之后,就是对全图进行全面整饰,包括地物的描述、符号的配置是否合理,各种注记是否齐全,高程点数据是否正确合理,线条是否正确美观,等等。将这些问题进行全面检查和整饰之后,才生成等高线。

2 等高线的生成

许多情况下,先将测区内各分幅图接边、整饰之后再生成等高线。等高线的生成一般由成图软件自动生成。然而,计算机只能机械地依据数学方法生成,无法考虑实际的特殊地貌,如陡坎、斜坡、双线沟渠、池塘等。经过这些地方的等高线,必须人工调整,使之合理。

3 分幅编号

经过以上整饰之后,再进行分幅编号、图幅命名。可以依据本章第一节图幅命名的方法对图幅进行命名。

4 检查验收

地形图的检查,包括测量人员的自检、互检和由上级组织的专人检查,在全面检查认为符合要求之后即可予以验收,并按质量评定等级。

自检是确保测绘质量的重要环节,自检是在测图过程中随时进行的,并且在图测完后还要全面进行自检。自检的内容包括:对所使用的仪器进行定期的检验校正;检查地形测量的成果及计算是否可靠;检查控制点的坐标及高程是否正确;一测站测图开始之前应对测站点和定向点的图上位置的高程进行检查,并且抽查上一测站几个已测碎部点的坐标和高程;在测图过程中经常检查仪器的定向;每测站测完后,应对照实地查看地物有无遗漏、草图是否绘清楚、符号应用是否恰当、地貌特征点是否测完全、注记点是否齐全等。要做到测站工作当站清,当天工作当天清。

互检可以在小组内进行,也可由小组之间交换检查。小组内部的互检应经常进行,以便发现问题随时纠正。小组之间的交互检查,一般是在测图结束时集中进行全面检查。

上级组织专人检查的目的是对已测完的图件进行全面的检查,并对其质量作出评定,以确定图幅是否可以验收。对于可以验收的图幅,还要指出应修改和补充的内容。同时

评定其质量等级，提出验收报告。

5 检查验收报告的编写方法

检查验收报告是测绘成果质量认证书，测绘成果必须经检查确认质量合格，由验收报告文字肯定后，方可提交成果。检查验收报告由检查验收主持人负责编写，其主要内容为：检查验收工作进展情况；对全部内、外业资料和原图的评价；验收成果和图件数量与质量统计；检查验收过程中发现的问题及处理情况。验收报告必须以明确的词语对整个测绘工作作出肯定或否定的结论。

测绘质量是验收中的关键，地形测量产品质量由三个项目控制，它们是图根控制测量、地形图的数学精度、地形图的内容情况。质量高低通过评分进行量化控制，三个项目在质量总分中所占比重分别为 20%、35%、45%。

评定图根控制测量品级，考虑点的分布与密度、各项边长、线路总和、图形、扩展次数是否符合要求，各种手簿、成果的填写正确与否，资料是否齐全，字迹是否工整清晰，主要误差与次要误差的比例关系等。全面考虑与平衡后，确定控制测量的品级并反映到报告中。

地形图的数学精度按规定的标准评定等级，见表 9-9。

表 9-9　地形图品级评定

限差区间	品级		
	合格	良	优
$\leqslant\sqrt{2}m$	60%	70%	80%
$\sqrt{2}m\sim 2m$	34%	26%	18%
$\geqslant 2m$	6%	4%	2%

注：表中 m 为表 9-8 中的平面和高程中误差。

实测检查地物点和等高线，超过 $2\sqrt{2}m$ 限差界线的点只能是个别点，不能超过总点数的 2%；若超过 2%，即评为不合格。

地形图内容质量，应根据地物地貌表示的正确程度、综合取舍、符号运用、高程注记点密度位置分布是否恰当、图面美观程度等综合评定。

验收报告中的评价以上述三项检查结果为依据，有统计数据的最好用数据说明问题。

6 地形图测量技术总结编写

6.1 完成任务情况

(1)任务来源、测区范围、遵守的技术要求、规范和图式；

(2)施测单位、工作起止日期、实际完成的工作量。

6.2 利用资料情况

(1)利用资料的施测单位、时间；

(2)坐标系统、采用仪器、观测方法、实测范围；

(3)利用资料的精度情况；

(4)对利用资料的检查分析和技术评价。

6.3 图根控制测量

(1)坐标系统和起算数据;

(2)图形布置、点位设置及其数量;

(3)使用仪器、观测方法和计算方法;

(4)精度情况,方位角闭合差和全长相对闭合差。

6.4 水准测量

(1)高程系统和起算数据;

(2)图形布置、点位设置及其数量;

(3)使用仪器、观测方法和计算方法;

(4)精度情况。

6.5 地形图测绘

(1)使用仪器、成图方法及其图幅的划分;

(2)地物、地貌的取舍情况;

(3)检查项目、方法步骤和检查结果;

(4)精度情况:实地测量距离和图上量测距离之比。

6.6 工程质量的综合评述

6.7 提交的资料和成果清单

7 技术总结示例

技术总结示例见本章附录二。

附录一

孝昌县邹岗镇基本农田土地整理项目 1:2 000 地形测量技术设计书

测区负责人:

编　写　人:

审　查　人:

院总工程师:

院　　　长:

提 交 单 位:

1 测量任务及测区范围概况

受×××单位委托,此次我院将承担湖北省孝昌县邹岗镇1:2 000基本农田土地整理测量任务。目的是为该镇基本农田土地整理规划提供1:2 000地形图和有关测量数据。

此次土地整理测量范围位于孝昌县邹岗镇境内,涉及紫云、仰山、孔寨、大路、枣林五个行政村。测区中心地理坐标东经114°04′,北纬31°07′,位于3°投影带的第38带,面积约 12km^2。测区内地势较平坦，有京珠高速公路纵贯南北，交通较为方便；测区内植被主要有水田和旱地，其间包括零星经济作物。通视条件尚可。

2 作业依据

2.1 《1:500、1:1 000、1:2 000 地形图图式》(GB/T7929—1995)。

2.2 《全球定位系统(GPS)测量规范》(GB/T18314—2001)。

2.3 《工程测量规范》(GB50026—1993)。

2.4 《土地利用现状技术规程》。

2.5 《国家投资湖北省基本农田土地整理项目测量技术要求》。

3 平面控制测量

3.1 平面坐标系采用 1954 年北京坐标系。按 3°分带，中央子午线经度为 $L_0=114°00'$，横坐标加 500km。

3.2 GPS 平面控制测量

3.2.1 加密 GPS 控制测量及测区地形控制测量布网原则

加密 GPS 控制网在测区内布设四个静态点，构成大地四边形，组成网状图形，点间距离为 2～3km。联测 2 个国家级四等或四等以上平面控制点。加密 GPS 控制网采用静态作业模式。

测区内图根控制测量采用实时动态 GPS(RTK)作业模式，布设为相互通视的点对，以方便全站仪的定向和检查。

3.2.2 加密 GPS 控制测量技术要求

本次加密 GPS 控制测量按国家 E 级网要求施测。采用天宝 5700 系列 GPS 接收机。

GPS 测量解算及平差软件采用随机软件 Trimble GPS Office 进行后处理及基线解算等。静态 GPS 观测技术要求：

项目	卫星截止高度角°	同时观测有效卫星数	有效卫星总数	观测时段	时段长度(min)	采样间隔(s)	时段中任一卫星有效观测时间(min)
E 级	15	≥4	≥9	≥1.0	≥45	30	≥15

在时段中观测时间大于 15min 的卫星为有效观测卫星。

计算有效观测卫星总数时，应将各时段的有效观测卫星数扣除其间的重复卫星数。

观测时长度，应为开始记录数据到结束记录的时间段。

使用前 GPS 接收机应进行全面检验(内容包括一般检视、通电检验、测量检验)，每年还要进行定期检验。GPS 定位测量所用通风干湿表与空盒气压表应定期送计量部门检验，在有效期内使用。

观测时应记录各项气象元素和天气状况，常规 GPS 观测时可不观测气象元素，但要记录天气状况。雷电、风暴天气时，不进行观测。

3.2.3 观测准备

GPS接收机在开始观测前应进行预热和静置,具体要求按接收机操作手册进行。

GPS天线定向标志线应指向正北,顾及地磁偏角修正后,其定位误差应不大于±5°。

3.2.4 GPS观测作业要求

观测员必须严格遵守调度命令,按规定时间进行观测作业。经检查接收机电源电缆和天线等各项连接无误后开机。

开机后经检验有关指示灯和仪表显示正常后方可进行自测试并输入测站名、观测单元和时段等控制信息。

接收机启动前与作业过程中,应随时逐项填写测量手簿中的记录项目。

接收机开始记录数据后,观测员可使用专用功能键和选择菜单,查看测站信息、接收卫星数、卫星号、卫星健康状况、各通道信噪比、相位测量残差、实时定位的结果及变化、存储介质记录和电源情况等,如发现异常情况或未预料到的情况,应记录在测量手簿的备注栏内,并及时报告组长。

每时段观测开始及结束前各记录一次观测卫星号、天气状况、实时定位经纬度和大地高、PDOP值等,当记录气象元素时,每时段气象观测应不少于3次(开始、中间、结束)。

每时段观测前、后,应各量取天线高一次,两次量高之差不应大于2mm,取平均值作为天线高。

观测期间,不得在天线附近50m以内使用电台,10m以内不能使用对讲机或手机通话。

一时段观测中不允许进行以下操作:接收机关闭又重新启动;进行自测试;改变卫星仰角限值;改变数据采样间隔;改变天线位置;按动关闭文件和删除文件等功能健。

3.2.5 外业成果记录

观测前和观测过程中应按要求及时填写各项内容,书写要认真细致,字迹清晰、工整、美观。

各观测记录一律使用铅笔,不得开刀和涂改,不得转抄和追记,如有读、记错误,可整齐划掉,将正确数据写在上面并注明原因。其中天线高、气象读数等原始记录不得连环涂改。

外业观测中接收机内存储介质上的数据文件应及时拷贝成一式两份,并在外存储介质外面适当处制贴标签,注明网区名、点名、点号、观测单元、时段号、文件名、采集日期、测量手簿编号等。两份存储介质应分别保存在专人保管的防水、防静电资料箱内或电脑硬盘中。

接收机内存数据文件卸到外存介质上时,不得进行任何剔除、删改和编辑。

3.2.6 数据处理

数据处理采用随接收机配备的商用软件,起算坐标系采用WGS-84坐标系。

当采用不同类型接收机时,应将观测数据转换成同一格式,基线处理采用广播星历,双差固定解。

GPS观测值均应加入对流层延迟修正,对流层延迟修正模型中的气象元素可采用标准气象元素模型。

3.2.7 外业数据质量检验

同一时段观测值的数据剔除率，其值宜小于10%，复测基线的长度较差 $ds \leqslant 2\sqrt{2}\sigma$（式中：$\sigma$ 为按实际平均边长计算的精度）。

独立闭合环或附合路线坐标闭合差应满足：

$$W_x \leqslant 3\sqrt{n}\sigma, W_y \leqslant 3\sqrt{n}\sigma, W_z \leqslant 3\sqrt{n}\sigma, W_s \leqslant 3\sqrt{3n}\sigma$$

式中：n 为闭合边环边数；σ 为按实际平均边长计算的精度。

$$W_s = \sqrt{W_x^2 + W_y^2 + W_z^2}$$

3.2.8 重测和补测

未按施测方案要求，外业缺测、漏测或数据处理后，观测数据不能满足规定时，有关成果应及时补测。对需补测或重测的观测时段或基线，要具体分析原因，尽量安排一起进行同步观测。补测或重测的分析应写入数据处理报告。

3.2.9 GPS网平差

在基线向量检核符合要求后，以三维基准向量及其相应方差—协方差作为观测信息，以一个点的WGS－84系三维坐标作为起算依据，进行GPS网的无约束平差。基线分量和改正数绝对值应满足下式：

$$V_{\Delta x} \leqslant 3\sigma, V_{\Delta y} \leqslant 3\sigma, V_{\Delta z} \leqslant 3\sigma$$

否则认为该基线或其附近的基线存在粗差，应在平差中采用软件提供的自动方法或人工方法剔除，直至上式满足。然后在WGS－84坐标系下进行二维和三维约束平差。最后固定各已知点的北京坐标及高程进行三维平差。

3.3 动态GPS观测技术要求

流动站距参考站的距离一般不超过3km。

参考站采用静态GPS控制点或国家四等以上控制点，由一参考站迁到另一参考站后应对两控制点进行检核。检核限差：$\Delta x \leqslant 5$cm；$\Delta y \leqslant 5$cm；$\Delta h \leqslant 10$cm；不允许在控制点上发展参考站。

GPS实时动态(RTK)测量应按规定对仪器进行检验，作业前做好星历预报，合理安排野外作业时间，作业时应按照随机操作手册进行。

3.4 GPS测量预期精度

静态GPS测量预期精度(相邻控制点间)：$M_x \leqslant 5$cm；$M_y \leqslant 5$cm；$M_h \leqslant 10$cm；

动态GPS测量预期精度(相对高级控制点：参考站)：$M_x \leqslant 5$cm；$M_y \leqslant 5$cm；$M_h \leqslant$ 10cm。

4 高程控制测量

4.1 高程系统采用1956年黄海高程系统。

4.2 E级控制点高程控制测量采用四等水准测量。

4.2.1 四等水准测量具体要求

等级	仪器及标尺	视线长度(m)	前后视距差(m)	视距累积差(m)	视线高度
四等	DS_3、双面尺	80	≤5.0	10.0	三丝能读数

4.2.2 测段、路线往返测高差不符值≤$20\sqrt{L}$。

4.2.3 项目开工前必须对水准仪进行检查，每天开工前应检查仪器的 i 角。

4.3 观测成果进行近似平差。

5 地形图测绘

5.1 测图比例尺为1:2 000，等高距为1m，图幅为50cm×50cm。

5.2 地形图的主要技术要求

测图比例尺	等高距(m)	地形点最大间距(m)	地形点高程注记(m)
1:2 000	1	40~60	0.1

5.3 采用全站仪数字化测图。

5.4 地形图规范规定的外，现状图中必须包含以下重要要素。

5.4.1 图名、图廓、测图人员、测图单位、测图日期。

5.4.2 权属界限：明确标注项目区边界(用粗红色虚线标注)、地类界及符号、项目涉及行政区域界线(如乡镇、村界线及名称)、土地权属界线、项目范围要封闭。

5.4.3 道路：标注项目区现有的主干道路，田间道、生产路等，如周围有重要的交通要道也要测出，以反映交通情况。

5.4.4 水系：标注项目区水库、堤坝；河流、坑塘、湖泊、沟渠等重要水系。其周围的高程点或等高线能反映水的流向，用于规划排灌设计。

5.4.5 水利设施：包括桥梁、涵管、渡槽、节制闸、分水闸、泵站等重要的水利设施。

5.4.6 电力设施：电线、高压线、变压器等。

5.4.7 建筑物：包括居民点、工矿业区等建筑物及附着物的位置及四至界线等。

5.4.8 地类界线：按照《土地利用现状调查技术规程》及GB/T7929、GB/T5791的技术规程，主要包括耕地(水田、旱田)、林地、园地、水域、交通用地、未利用地等地类，并且用规定的图式符号填充在相应区域中。

5.4.9 地形地貌：等高距1m，等高线应圆滑，高程点布置要均匀，宜密不宜稀(图上2cm应有一个高程点)，详细规定均应符合相关国家测图规范。对于不需要整理的区域(如林地等)的要求较低，可以测量一些有标志性的高程点(这些高程点可以判断水流方向等)。

5.4.10 标注项目区与周边的相对关系，如项目基础设施与外界的联系。

5.4.11 标注土地利用现状变更日期。线状图应能反映项目区最新土地利用现状，和变更后的土地统计台账对应。

5.4.12　项目区边界上的主要控制点应有明确的经纬度坐标。

6　成果要求

6.1　测绘成果以全数字形式(数据格式为 AutoCAD2000)提交,另附白纸图 1 份。

6.2　图廓整饰内容要符合 GB/T7929、GB/T5791 的要求,图名、方格网标注、测图时间、测图单位、测量人、质检人等要素不得有遗漏。

6.3　为便于面积量算,图面中所有区域应封闭,线型采用 Polyline;同时,图中应附各种现状地类面积统计表。

6.4　为了规划设计的需要,上述要素要分别在 AutoCAD 中用图层(汉语拼音缩写)严格区分,图层取名如下:

图层名	要素	颜色	图层名	要素	颜色
DGX	等高线	黄色	JJ	权属境界线	红色
GCD	高程点	红色	JMD	建筑物	红色
KZD	控制点	红色	SXSS	水系、水利设施	蓝色
TK	图廓整饰	红色	GXSS	电线、变压器	黄色
ZJ	注记	黑色	DL	地类	绿色
TJ	面积统计表及统计文字	黑色			

7　提交的成果

7.1　控制点成果表 1 份。

7.2　1∶2 000 数字化地形图光盘 1 张。

7.3　1∶2 000 数字化地形图纸 1 套。

附录二

湖北沙隆达股份有限公司 1∶500 地形测量技术总结

单　　位:

院　　长:

工 程 师:

项目负责:

1　概述

受沙隆达股份有限公司委托,我院承担了沙隆达股份有限公司的 1∶500 地形测量工作,自 6 月 7 日开始,至 7 月 15 日结束,共完成(包括大田在内)测图面积约 2.4km^2,E 级 GPS 点 11 个,RTK 加密控制点 233 个。

2 测区利用资料

2.1 该测区范围内的1997年1∶500地形图和地籍图资料。

2.2 该测区范围内收集的控制成果资料，为1954北京坐标系，水准点高程为1956年黄海高程系统。

3 作业依据

3.1 《1∶500、1∶1 000、1∶2 000地形图图式》(GB/T7929—1995)。

3.2 《全球定位系统(GPS)测量规范》(GB/T18314—2001)。

3.3 《城市测量规范》(CJJ—1999)。

3.4 《工程测量规范》(GB50026—1993)。

3.5 《中、短程光电测距规范》(GB/T16818—1997)。

3.6 《全球定位系统城市测量技术规范》(CJJ—1997)。

3.7 《湖北省沙隆达股份有限公司1∶500地形测量技术设计书》。

4 坐标系统与高程系统

4.1 坐标系统采用沙市独立坐标系统，按1.5°分带，中央子午线经度为 $L_0=112°30'$，横坐标加500km。

4.2 高程系统采用1956年黄海高程系统。

4.3 测图比例尺1∶500，等高距为0.5m。

5 控制测量

5.1 平面控制测量

5.1.1 测区平面首级控制测量采用GPS方法测量，GPS控制网沿厂区外围按点对布设，构成大地四边形组成的网状图形，点对的距离为1～5km。组成点对的两点应互相通视，其间距应大于400m，特殊情况下不短于300m。本控制网布置11个GPS控制点，联测了3个国家四等平面控制点作为起算点的E级GPS网，GPS控制网采用静态作业模式。

5.2 E级GPS网精度统计。

5.2.1 本网在已知点的基础共布设11个E级GPS点。

5.2.2 通过四台徕卡GPS仪器观测，观测条件符合规范要求。

5.2.3 采用徕卡随机GPS后处理软件SKIPRO3.0后处理，基线解算平差软件对整网进行了基线解算和平差。

5.2.4 提交的成果是中央子午线经度为 $L_0=112°30'$ 的1.5°分带，横坐标加500km的沙市独立坐标系坐标。

5.3 高程控制测量

5.3.1　此次依据实地情况采用 GPS 测定高程。测区位于江汉平原，地势平坦。用几何水准联测了 6 个 GPS 点，然后用多项式拟合摸型，求出这些点正常高。

5.3.2　GPS 水准精度统计，最弱点高程中误差：D25 点，1.85mm。

5.4　图根控制测量

5.4.1　图根控制测量采用 RTK(Real Time Kinematic)技术，又称载波相位动态实时差分技术，观测采用双频徕卡 GPS 接收机。2 个工作日完成 233 点的图根控制点的任务，满足测图密度要求。

5.4.2　基准站设在 E 级 GPS 点上，解算出两坐标系之间的转换参数，水平残差最大为 ±3.1cm，垂直残差最大为 ±0.7cm。观测时间大于 120s，机内精度掼标预设为点位中误差 ±1.5cm，高程中误差 ±2.0，观测中取平面和高程中误差均小于 ±1.0cm 时进行记录。

6　数字化地形测图

6.1　采用 EDMS6.0 地形地籍成图软件编辑，一次性数字化成图。

6.2　外业采用全站仪采集数据并结合绘草图的方式，内业成图采用计算机。

6.3　高程注记点分布均匀，对地形特征点均注记了高程，高程注记为 0.01m。

6.4　本次数字化成图严格按照 ISO 标准的程序操作步骤进行。

6.4.1　测量前进行仪器检查。

6.4.2　测图中的巡查。

6.4.3　各小组自检。

6.4.4　队内检查。

6.4.5　地形图数学精度统计。

本次队内检查，设站检查“沙隆达厂区”“精细化工厂”共设 3 站，检查地形地物点共 79 个，平面精度统计如下表：

误差大小	$\leqslant\sqrt{2}m$	$\sqrt{2}m\sim 2m$	$2m\sim 2\sqrt{2}m$	合计
点数	76	2	1	79
百分比(%)	96	2.5	1.5	100%

注：式中的 m 为规范规定的点位中误差。

7　人员配备和设备仪器

7.1　人员配备

姓名	职称	岗位

7.2 仪器设备

仪器名称	型号	数量	备注
GPS	徕卡	4台套	已检
水准仪	DS_3	5台	已检
全站仪	GTS336	3台	已检
	GTS332	2台	已检
计算机		5台	
打印机		1台	

注:仪器均检定合格。

8 结论

地形测量成果在各作业组实地自检核对、认真修改后,经院质检组检查符合规范和甲方要求。

9 提交成果

9.1 光盘成果1份。

9.2 测量技术总结1份。

9.3 1:500纸质地形图(50cm×50cm)6套。

9.4 控制点成果表1份。

第十章　地形图的应用

地形图是工程建设中不可缺少的重要资料，它包含有丰富的信息，既有自然地理要素，又有社会地理要素。

第一节　地形图应用的基本内容

1　确定图上一点的坐标

地形图上一点的平面位置是用地面点的平面直角坐标（一般为高斯平面直角坐标）来表示的，它们可通过图解的方法来确定。

地形图上绘有 10cm×10cm 的坐标格网，并在图廓的西、南边上注有纵、横坐标值，如图 10-1 所示。

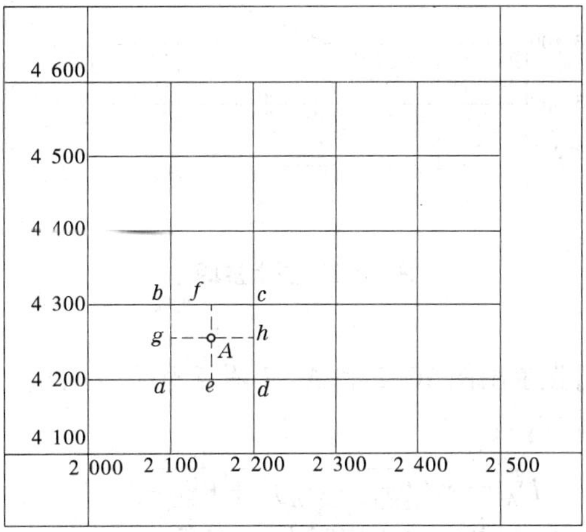

图 10-1　图上图解点的坐标

欲求图上 A 点的坐标，首先要根据 A 点在图上的位置，确定 A 点所在的坐标方格 $abcd$，过 A 点作平行于 x 轴和 y 轴的两条直线 e、f、g、h 与坐标方格相交于 e、f、g、h 四点，再按地形图比例尺量出 $ag=68.5\text{m}$，$ae=48.8\text{m}$，则 A 点的坐标为

$$\begin{cases} x_A = x_a + ag = 4\,200\text{m} + 68.5\text{m} = 4\,268.5\text{m} \\ y_A = y_a + ae = 2\,100\text{m} + 48.8\text{m} = 2\,148.8\text{m} \end{cases}$$

如果精度要求较高，则应考虑图纸伸缩的影响，此时还应量出 ab 和 ad 的长度。设图上坐标方格边长的理论值为 l（$l=100\text{mm}$），则 A 点的坐标可按下式计算，即

$$\begin{cases} x_A = x_a + ag\dfrac{l}{ab} \\ y_A = y_a + ae\dfrac{l}{ad} \end{cases}$$

2　确定图上两点间的距离

2.1　水平距离的量测

2.1.1　在图上直接量取

如图 10-2 所示，欲确定 AB 的距离，用两双脚规在图上直接卡出 A、B 两点的长度，然后乘以比例尺分母，或者与地形图上的直线比例尺进行比较，即可得出 AB 的实地水平距离。例如，在 1:500 地形图上量得 A、B 两点的长度 $d=26.7\text{mm}$，则其实地水平距离 $D=dM=26.7\text{mm}\times 500=13\ 350\text{mm}=13.35\text{m}$。当精度要求不高时，可用比例尺直接在图上量取。

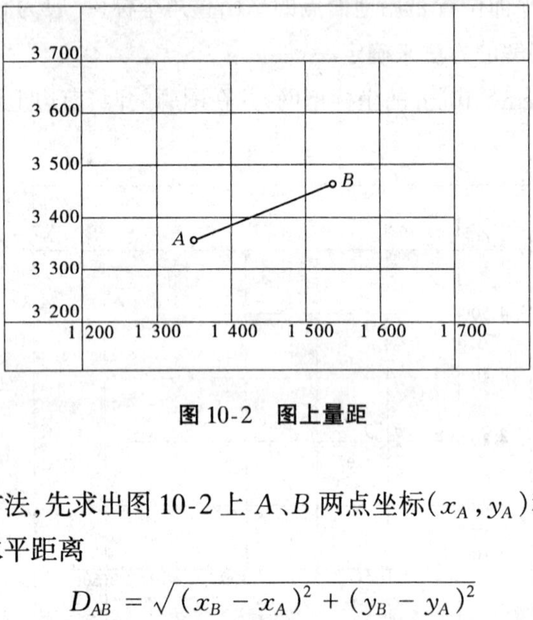

图 10-2　图上量距

2.1.2　解析法

按上述 1 中的方法，先求出图 10-2 上 A、B 两点坐标(x_A, y_A)和(x_B, y_B)，然后按坐标反算计算 AB 的水平距离

$$D_{AB} = \sqrt{(x_B - x_A)^2 + (y_B - y_A)^2}$$

这种方法既适合 A、B 两点在同一幅图内，也适合 A、B 两点不在同一幅图内，或是地形图上没有直线比例尺，且图纸变形较大时。解析法的精度要高于在图上直接量取的精度。

2.2　倾斜距离的量算

在工程设计中，有时候还需要了解两点间的倾斜距离。在地形图上量算两点倾斜距离时，应先量算出该两点间的水平距离 D，并按等高线插求出两点的高程，算出两点间高差 h，再按下式计算出两点间的倾斜距离 S，即

$$S = \sqrt{D^2 + h^2} \tag{10-1}$$

2.3　折线距离的量测

地形图上的一些管线，如通信线、输电线等，都是由许多短线段所组成的折线。当然，

可将构成折线的各线段分别按直线段量取其长度累加起来而获得整个折线的长度。但这样做，其工作速度慢且精度不高。一般情况下，可将构成折线的各直线段在图上累加后，再一次量出其全长。这样做可使量测精度大大提高。

2.4 曲线距离的量测

在地形图上有许多曲线形地物，如河流、道路等。在工程设计时，经常需要量测这些曲线段的长度。

曲线的量测方法很多，可以将曲线分成若干近似的直线段，按折线来量测其长度；也可以在曲线上铅垂地扎上一系列的测针，用不伸缩的细线以测针为准，密合曲线，拉直后用直尺量测其长度。但这些方法均有操作麻烦、精度低的缺点。在工程设计上，常采用曲线计来量测曲线的长度(曲线计使用简单且不常用，故不再详述)。

3 确定图上直线的方向

确定图上直线方向就是确定直线的方位角。

3.1 解析法

先求出 A、B 两点的坐标，然后再按坐标反算计算 AB 的坐标方位角 α_{AB}。当直线较长时，解析法可取得较好的结果。

3.2 图解法

如图 10-3 所示，求一直线 AB 的坐标方位角时，可先过 A、B 两点分别作坐标纵轴的平行线，然后用量角器的中心分别对准 A、B 两点量出直线 AB 的坐标方位角 α_{AB} 和直线 BA 的坐标方位角 α_{BA}，则直线 AB 的坐标方位角为

$$\bar{\alpha}_{AB} = \frac{1}{2}(\alpha_{AB} + \alpha_{BA} \pm 180^\circ)$$

应用上式时，注意根据直线 AB 所在的象限确定 α_{AB} 的最后值。

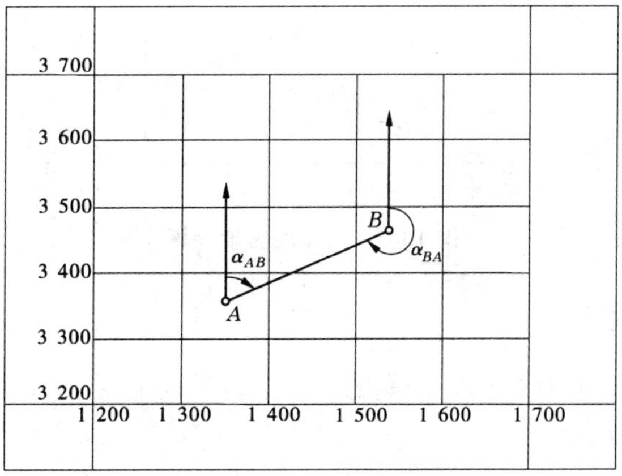

图 10-3 确定直线方向

4 确定图上一点的高程

地形图上点的高程可根据等高线来确定。

如果某点恰好位于等高线上，则其高程即为等高线的注记高程。如图 10-4 所示的 A 点，其高程为 83m。

如果某点位于两条等高线中间，则可用比例关系求得这点的高程。如图 10-4 所示，B 点位于 85m 和 86m 两条等高线之间，这时可通过 B 点作一条大致垂直于两条等高线的直线，分别交等高线于 m、n 两点，在图上量取 nm 和 nB 的长度，又已知等高距为 $h=1\text{m}$，则 B 点相对于 n 点的高差 h_{nB} 可按下式计算

$$h_{nB} = \frac{nB}{nm}h$$

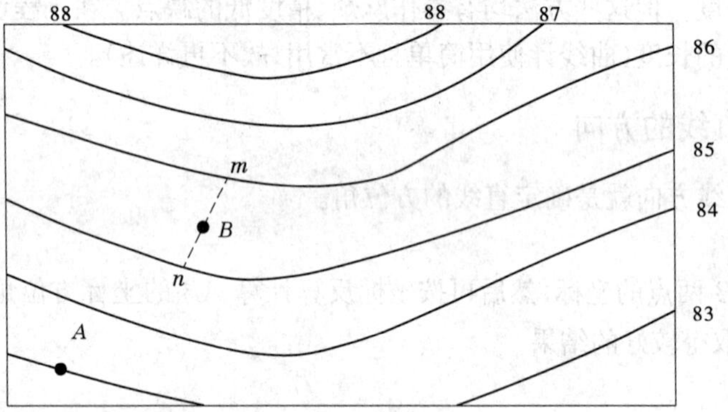

图 10-4　图解点的高程

设 $\frac{nB}{nm}$ 的值为 0.5，则 B 点的高程为

$$H_B = H_n + h_{nB} = 85\text{m} + 0.5 \times 1\text{m} = 85.5\text{m}$$

实际工作中，当相邻两条等高线之间间隔不大时，通常用目估法按比例推算图上点的高程。

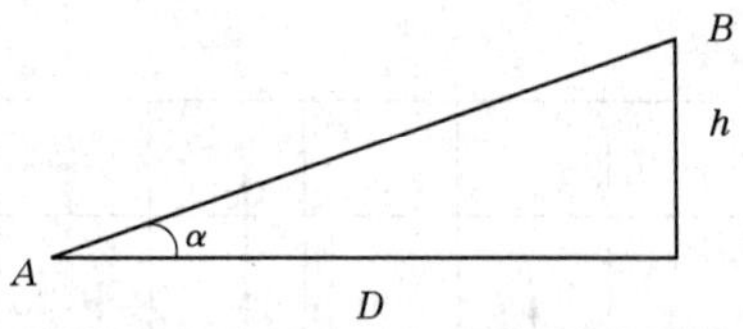

图 10-5　两点间坡度计算

5　确定两点间的坡度

如图 10-5 所示，地面两点 A、B 间的水平距离为 D，高差为 h，则高差与水平距离之比称为坡度，以 i 表示，即

$$i = \frac{h}{D} = \frac{h}{d \cdot M} \tag{10-2}$$

式中　d——图上量得的长度；

M——地形图比例尺分母。

坡度 i 有正负号，正号表示上坡，负号表示下坡。坡度常用的表示方法有：分子为 1

的分数形式，或百分比或千分比形式，如$\frac{1}{50}$(1∶50)、8%、3‰等。如果两点间的距离较长，中间通过疏密不等的等高线，则上式所求地面坡度为两点间的平均坡度。

坡度还可用地面的倾斜角 α 来表示，其计算式为

$$\tan\alpha = \frac{h}{D} = i \qquad (10\text{-}3)$$

第二节　按一定方向绘制断面图

在工程设计时，经常要作出地面上某一线路的纵、横断面图。例如，要设计一条公路，需要沿中心线作出其纵断面图，以了解路线上的地形变化，从而确定施工坡度，还要作出与中心线垂直方向上的横断面图，以了解沿途情况，从而确定设计断面和计算土石方量。

如图 10-6 所示的 1∶50 000 地形图上，若指定沿 MN 方向作 M、N 间断面时，可按下述步骤进行：

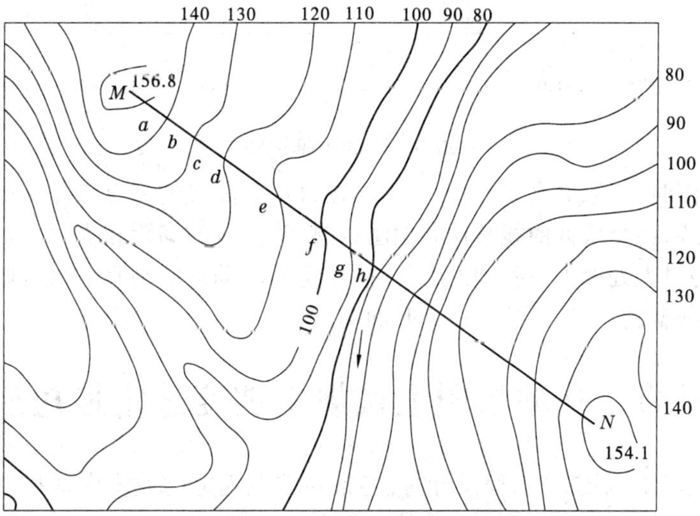

图 10-6　绘制断面图

(1)首先确定断面图上水平比例尺和垂直(即高程)比例尺。一般断面图的水平比例尺与地形图比例尺相同，而垂直比例尺都比地形图比例尺大，一般是其 5～10 倍，有时可达 20 倍，有时仅取 2～3 倍，主要根据地面的起伏和用图的需要确定。在本例中，我们将断面图的水平比例尺定为 1∶50 000，垂直比例尺定为 1∶5 000。

(2)绘制水平坐标线和垂直坐标线。根据方向线上的各等高线的最大高程和最小高程，结合垂直比例尺确定垂直坐标线的高度和起点高程，并在垂直坐标线上标出各等高线的高程，使作出的断面图之位置高低适中，从起点高程线开始作垂直坐标线的垂直线，即为水平坐标线。

(3)将方向线 MN 连同方向线与等高线的交点(M、a、b、c、d、e、f、g、h、N)，按水平

比例尺转绘到水平坐标线上，并且分别过各点作水平坐标线的垂线，并按垂直比例尺截取其高度，使其与相应等高线的高程分别相等。

(4)用圆滑的曲线将垂线的各端点联结起来，即为待求的断面线，如图 10-7 所示。

(5)为了使用上的方便，通常还在图下标注相应的平距和高程。

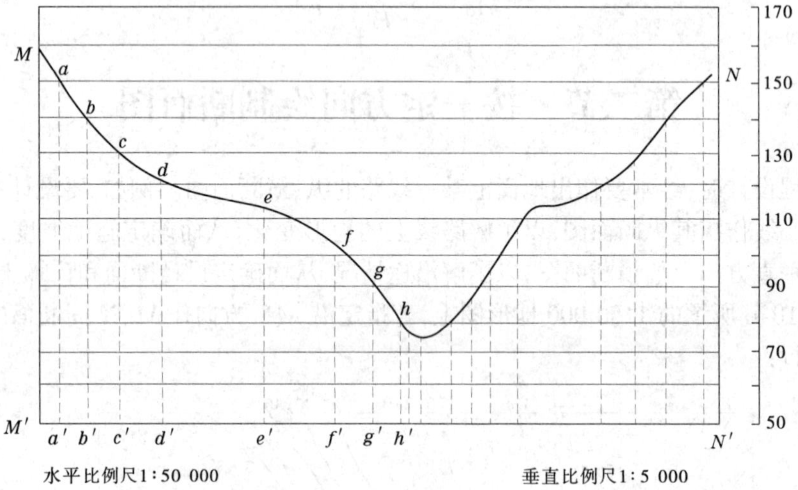

图 10-7　*MN* 断面图

在作断面图时，如果等高线过密，可不必按每根等高线的交点来作断面图，而是隔一条或两条等高线，甚至按计曲线来作断面图；如果等高线的间距较大，难以准确绘出剖面图时，应在平距过大处增加一些辅助点，内插出这些辅助点的高程后，根据方向线与等高线的交点和这些辅助点，按上述方法作断面图。

第三节　在地形图上按规定坡度选定最短线路

进行管线、道路、渠道等工程设计时，经常要求在规定的坡度内选择一条最短线路。如图 10-8 所示，欲在 A 和 B 两点间选择一条纵向坡度不超过 i 的公路，设图上等高距为 h，地形图的比例尺为 $1:M$，则由式

$$i = \frac{h}{D} = \frac{h}{d \cdot M}$$

得路线通过相邻两条等高线的最短距离为

$$d = \frac{h}{iM}$$

在图上选线时，以 A 点为圆心，以 d 为半径画弧，交 84m 等高线于 1、1′两点，再以 1、1′两点为圆心，以 d 为半径画弧，交 86m 等高线于 2、2′两点，依次画弧直至 B 点。将这些相邻交点依次连接起来，便可获得两条同坡度线 A、1、2、…、B 和 A、1′、2′、…、B。这样得出的线路就是满足限制坡度的最短线路，最后通过实地调查比较，从中选定一条最合适的线路(一般考虑线路顺畅、施工方便、工程量小等诸多因素)。

在作图过程中，如果出现半径小于相邻等高线平距的情况，即圆弧与等高线不能相

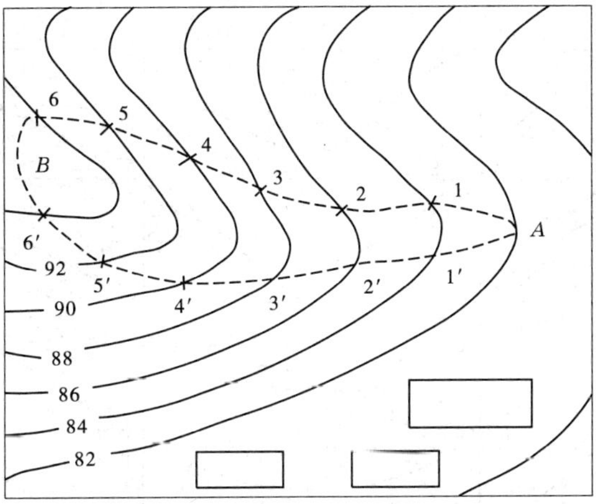

图 10-8　图上选线

交,说明该处地面坡度小于设计坡度。此时,线路可按两等高线间垂线连接。

第四节　地形图在平整土地中的应用

在各种工程建设中,除对建筑物作合理的平面布置外,经常还要对原地貌作必要的改造,以便适于布置各类建筑物,排除地面水以及满足交通运输和敷设地下管线等。这种地貌改造称之为平整土地。在平整土地工作中,常需预算土(石)方的工程量,即利用地形图进行填挖土(石)方量的概算。在诸多方法中,方格网法是应用最广泛的一种,下面分两种情况来介绍。

1　按设计高程将地面平整成水平场地

如图 10-9 所示,要求将图上的地面平整为某一设计高程的水平场地,要求填挖方量平衡,并概算土石方量,其步骤如下。

1.1　在地形图上绘方格网

在地形图上拟建场地内绘制方格网。方格网的大小取决于地形复杂程度和土方概算的精度要求,一般边长为 10m 或 20m,图中取为 10m。方格网绘制完后,根据地形图上的等高线,用内插法求出每一方格顶点的地面高程,并注记在相应方格顶点的右上方(见图 10-9)。

1.2　计算设计高程

先将每一方格顶点的高程加起来除以 4,得到各方格的平均高程 $H_i(i=1,2,\cdots,n)$,再把每个方格的平均高程相加除以方格总数,就得到设计高程 H_0,即

$$H_0 = \frac{H_1 + H_2 + \cdots + H_n}{n} = \frac{\sum H_i}{n} \tag{10-4}$$

考虑到各方格的平均高程 H_i 是每一方格 4 个顶点的高程平均值。那么公式(10-4)还可以变成如下形式

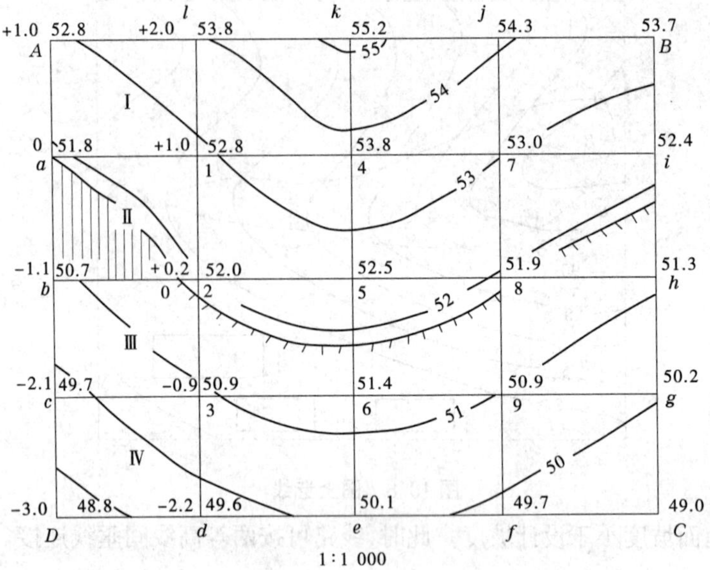

图 10-9　方格网法计算土(石)方

$$H_0 = \left(\frac{1}{4}\sum H_{角} + \frac{2}{4}\sum H_{边} + \left(\frac{4}{4}H_{中}\right)\right/n \qquad (10\text{-}5)$$

式中　$H_{角}$——方格网中角点高程(如 A、B、C、D);

$H_{边}$——方格网中边点高程(如 a、b、c、d、…、k、l);

$H_{中}$——方格网中中点高程(如 1、2、3、4、…、9)。

1.3　计算填挖高度

根据设计高程和方格顶点的高程,可以计算出每一方格顶点的填挖高度,即

填挖高度 h = 地面高程 $H_{地}$ - 设计高程 $H_{设}$

并将图中Ⅰ、Ⅱ、Ⅲ、Ⅳ各方格顶点的填挖高度写于相应方格顶点的左上方,正号为挖,负号为填。

1.4　绘出填挖边界线

在方格边有一端为填,另一端为挖的边上找出不填也不挖的点(即填、挖高度为零的点),这种点因施工高度为零又称为零点。将相邻的零点连接起来,即得到零线,也就是填挖边界线。找零点的方法可按作图法或计算法。作图法最简单:①按内插法绘出设计高程 51.8m 等高线,即为零线(图中加短竖线表示);②可在该边的两端点垂直于该边分别向相反方向按比例绘制长度为填挖高度的短线,其连线与该边的交点即为零点。

1.5　计算填挖土方量

首先分别计算各方格内的填、挖土石方量,然后计算总的土石方量。现以Ⅰ、Ⅱ方格来说明计算方法。方格Ⅰ全为挖方,则挖方量

$$V_{Ⅰ挖} = A_{Ⅰ挖} \times \frac{1.0 + 2.0 + 1.0 + 0}{4} = 1.0A_{Ⅰ挖}\,\mathrm{m}^3$$

方格Ⅱ既有挖方,也有填方,则挖、填方量

$$V_{Ⅱ挖} = A_{Ⅱ挖} \times \frac{0 + 1.0 + 0.2 + 0}{4} = 0.3A_{Ⅱ挖}\text{m}^3$$

$$V_{Ⅱ填} = A_{Ⅱ填} \times \frac{0 + 0 + (-1.1)}{3} = -0.37A_{Ⅱ填}\text{m}^3$$

式中，$A_{Ⅰ挖}$、$A_{Ⅱ挖}$、$A_{Ⅱ填}$分别为Ⅰ、Ⅱ方格相应填、挖方面积。同法可计算其他方格的填挖方量，然后计算填方量总和与挖方量总和，两者应基本相等。

综合上述思路，可以推出填方和挖方的计算公式如下：

$$填(挖)方 = (\frac{1}{4}\sum h_{角} + \frac{2}{4}\sum h_{边} + \frac{4}{4}\sum h_{中}) \cdot A \tag{10-6}$$

式中 $h_{角}$——角点高差；

$h_{边}$——边点高差；

$h_{中}$——中点高差；

A——一个方格的面积。

注意：求填方时，只计算高差为负的点即零线以上的点；求挖方时，只计算高差为正的点，即零线以下的点。

2 按设计等高线将地面整理成倾斜面

将原地形改造成某一坡度的倾斜面，一般可根据填挖平衡的原则，绘出设计倾斜面的等高线。但是有时要求所设计的倾斜面必须包含不能改动的某些高程点（称为设计斜面的控制高程点），例如，已有道路的中线高程点、永久性或大型建筑物的外墙地坪高程等。可按以下步骤进行：

(1)确定设计等高线的平距；

(2)确定设计等高线的方向；

(3)插绘设计倾斜面的等高线；

(4)计算填挖土方量。

与前一方法相同，首先在地形图上绘方格网，并确定各方格顶点的填高和挖深量。不同之处是各方格顶点的设计高程是根据设计等高线内插求得的，并注记在方格顶点的右下方，但其填高和挖深量仍记在各顶点的左上方。填方量和挖方量的计算与前一方法相同。

第五节　图形面积的量算

在国民经济建设和工程设计中，经常需要在地形图上量算一定轮廓范围内的面积。下面介绍几种常用方法：图解法、坐标计算法、膜片法和求积仪法。

1 图解法

如图 10-10 所示，几何图形法就是利用直尺和三角板将比较复杂的几何图形划分成简单的几何图形（常用的有三角形、梯形和矩形），并利用比例尺直接在地形图上量取图形的几何要素，然后通过公式计算，求出各简单几何图形的面积，再将各简单几何图形的面积相加,即得到所求图形的面积。

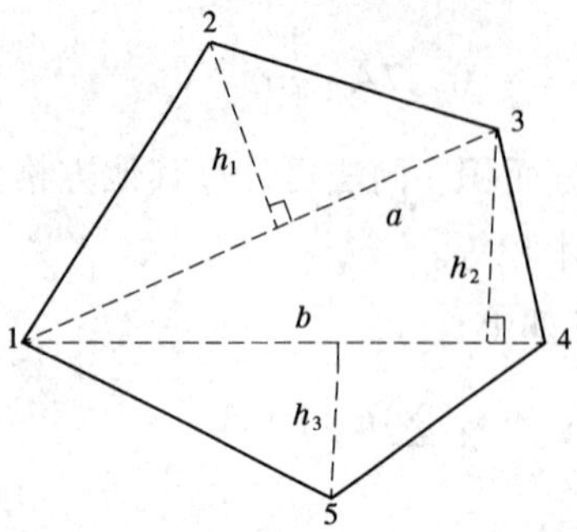

图 10-10 几何图形计算面积

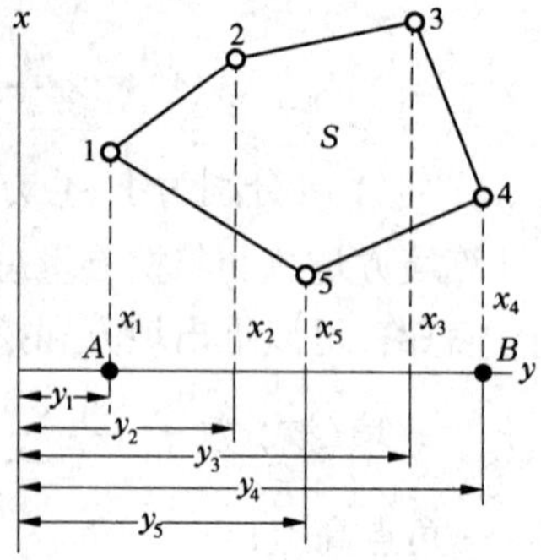

图 10-11 坐标法计算面积

2 坐标计算法

如图 10-11 所示,若已知某多边形各顶点的坐标,欲求多边形的面积 S,则可根据公式计算图形的面积。将多边形各顶点投影于 Y 轴,设多边形首尾两点的投影与 Y 轴相交于 A、B 两点,则多边形的面积可表示为 A—1—2—3—4—B 与 A—1—5—4—B 两多边形面积之差。而上述面积又系各梯形面积之和,即

$$S = (x_1 + x_2)\cdot(y_2 - y_1)/2 + (x_2 + x_3)\cdot(y_3 - y_2)/2 + (x_3 + x_4)\cdot(y_4 - y_3)/2 + (x_4 + x_5)\cdot(y_5 - y_4)/2 + (x_5 + x_1)\cdot(y_1 - y_5)/2$$

若图形有 n 个顶点,则上式可推广为

$$S = \sum (x_i + x_{i+1})\cdot(y_{i+1} - y_i)/2 \tag{10-7}$$

式中,i 从 1 取到 n,当 $i+1$ 大于 n 时,取 1。

同理,也可通过多边形各顶点向 x 轴投影,得到利用各顶点坐标计算多边形面积的公式为

$$S = \sum (y_i + y_{i+1})\cdot(x_{i+1} - x_i)/2 \tag{10-8}$$

上述二式计算面积应完全相等。

3 膜片法

膜片法就是利用聚酯薄膜或透明胶片等制成膜片,在膜片上建立一组有单位面积的方格、平行线等,然后利用这种膜片去覆盖被量测的面积,从而求得相应的图上面积值,再根据地形图的比例尺,计算出所测图形的实地面积。

3.1 方格法

如图 10-12 所示,方格法是先在透明膜片上绘制边长为 1mm 的正方形格网,再把它覆盖在待测算面积的图形上,数出图形内的整方格数和图形边缘零散方格数的凑整格数,相加即为该图形的图上面积,再依据地形图比例尺将其换算为所测算图形的实地面积。

3.2 平行线法

如图 10-13 所示,平行线法是先在透明膜片上绘制间距为 h 的一组平行线(同一膜

片上间距相同)。然后,将它覆盖于待测面积的图形上,并调整使平行线与图形的上、下边线相切。此时,相邻两平行线之间所截的部分为若干个高为 h 的梯形,量出各梯形的底

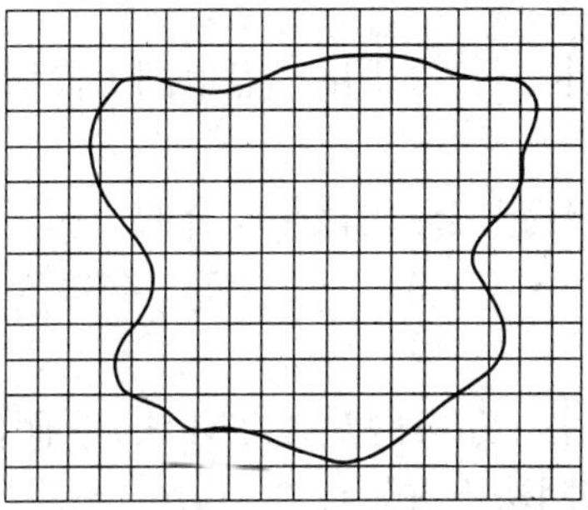

图 10-12　方格法求面积

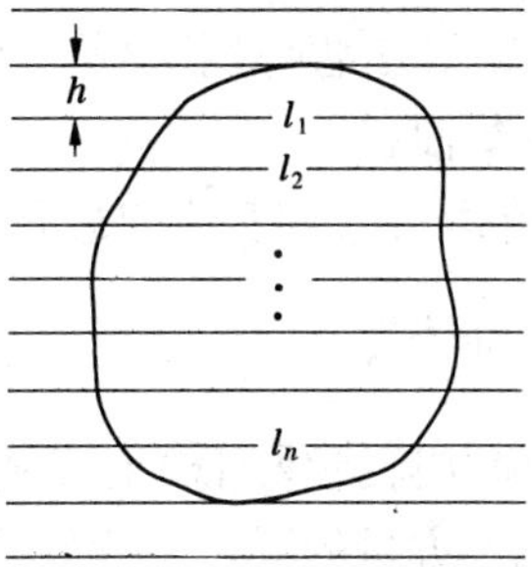

图 10-13　平行线法求面积

边长 $l_1, l_2, \cdots, l_n$、则图形的总面积为

$$S = S_1 + S_2 + \cdots + S_{n+1} = (l_1 + l_2 + \cdots + l_n)h = \sum l_i h \tag{10-9}$$

式中　S——图形面积,m^2;

$l_1, l_2, \cdots, l_n$——梯形底边长度,m;

h——平行线间距,m。

4　求积仪法

求积仪是一种专门用于在图纸上量算图形面积的仪器,有机械和电子的两种,适用于量测不同图形的面积。先进的求积仪具有多种功能,可以测定坐标、面积、线长、角度,还可以展点等,并可打印结果,能与计算机通讯,能当数字化仪使用。型号不同的求积仪,使用方法各异,但操作简单,操作前认真阅读说明书即可。

第六节　数字地形图的应用

目前,以现代测绘设备和计算机应用软件为主体的数字测图技术已广泛应用于测绘生产。数字测图必将成为地形测绘的主流,并逐步代替白纸测图。因此,数字地形图有着广泛的应用前景。本节主要以 *CASS*5.0 中的数字地形图在工程中的应用为例来讲述。

1　基本几何要素的查询

1.1　查询指定点坐标

用鼠标点取"工程应用"菜单中的"查询指定点坐标"后,再用鼠标点取所要查询的点即可。也可以先进入点号定位方式,再输入要查询的点号。

说明:系统左下角状态栏显示的坐标是迪卡儿坐标系中的坐标,与测量坐标系的 X 和 Y 的顺序相反。用此功能查询时,系统在命令行给出的 X、Y 是测量坐标系的值。

1.2　查询两点距离及方位

用鼠标点取"工程应用"菜单下的"查询两点距离及方位"后,再用鼠标分别点取所要

查询的两点即可。也可以先进入点号定位方式,再输入两点的点号。

说明:CASS5.0 所显示的坐标为实地坐标,所以所显示的两点间的距离为实地距离。

1.3 查询线长

用鼠标点取“工程应用”菜单下的“查询线长”后,再用鼠标点取图上曲线即可。

1.4 查询实体面积

用鼠标点取待查询实体的边界线即可,要注意实体应该是闭合的。

2 土方量的计算

CASS5.0 中除提供四种土方量计算的方法:方格网法、DTM 法、断面法、等高线法外,还有区域土方量的平衡。此处只介绍方格网法土方量计算。

由方格网来计算土方量是根据实地测定的地面点坐标(X, Y, Z)和设计高程,通过生成方格网来计算每一个长方体的填挖方量,最后累计得到指定范围内填方和挖方的土方量,并绘出填挖方分界线。

系统首先将方格的四个角上的高程相加(如果角上没有高程点,通过周围高程点内插得出其高程),取平均值与设计高程相减。然后通过指定的方格边长得到每个方格的面积,再用长方体的体积计算公式得到填挖方量。因此,用这种方法算出来的土石方量与用其他方法得出的结果会有较大的差异。一般说来,这种方法得出的结果精度不太高,但是方格网法简便直观,加上土方量的计算本身对精度要求不是很高,因此这一方法在实际工作中还是非常实用的。

用格网法算土方量,设计面可以是水平的,也可以是倾斜的。

2.1 设计面是水平时操作步骤

步骤如下:

(1)用复合线画出所要计算土方的区域,一定要闭合,但是尽量不要拟合。因为拟合过的曲线在进行土方计算时会用折线迭代,影响计算结果的精度。

(2)用鼠标点取“工程应用”菜单下的“方格网法土方计算”。

(3)屏幕上将弹出选择高程坐标文件的对话框,在对话框中选择所需坐标文件。

(4)屏幕提示:选择土方计算边界线用鼠标点取所画的闭合复合线。

输入方格宽度:(米)<20>这是每个方格的边长,默认值为 20m。由原理可知,方格的宽度越小,计算精度越高。但如果给的值太小,超过了野外采集的点的密度也是没有实际意义的。

(5)屏幕提示:最小高程 = XXXX,最大高程 = XXXX

设计面是:(1)平面(2)斜面<1>选 2

(6)屏幕提示:输入目标高程:(米)输入设计高程

(7)回车后命令行显示:挖方量 = XXXX 立方米,填方量 = XXXX 立方米

同时图上绘出所分析的方格网、填挖方的分界线(白色点线),并给出每个方格的填挖方,每行的挖方和每列的填方。结果如图 10-14 所示。

2.2 设计面是斜面时的操作步骤

其步骤如下:

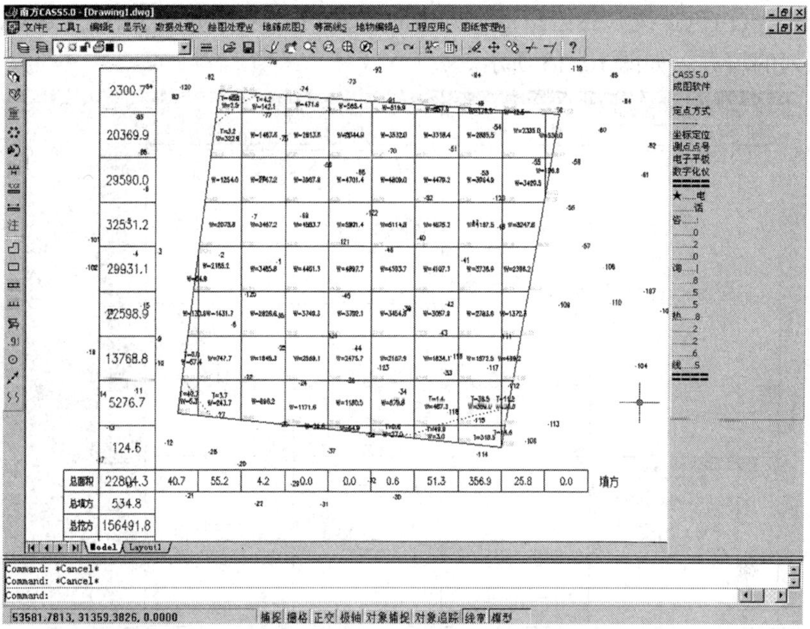

图 10-14　土石方计算成果图

(1)用复合线画出所要计算土方的区域,一定要闭合,但是尽量不要拟合。因为拟合过的曲线在进行土方计算时会用折线迭代,影响计算结果的精度。

(2)用鼠标点取“工程应用”菜单下的“方格网法土方计算”。

(3)屏幕上将弹出选择高程坐标文件的对话框,在对话框中选择所需坐标文件。

(4)屏幕提示:选择土方计算边界线用鼠标点取所画的闭合复合线。

输入方格宽度:(米)<20>这是每个方格的边长,默认值为20m。由原理可知,方格的宽度越小,计算精度越高。但如果给的值太小,超过了野外采集的点的密度也是没有实际意义的。

(5)屏幕提示:最小高程＝XXXX,最大高程＝XXXX

设计面是:(1)平面(2)斜面<1>选2

(6)屏幕提示:

点取高程相等的基准线上两点,第一点:在斜面坡底处点鼠标左键。

第二点:在斜面的坡底另一端,找到一个与第一点高程相等的点,如果实在无法定点,可以估计一个近似的点。

注意:这两点的连线将构成此斜面的所有横断面线。因此,这两点的高程应一致,否则会影响计算精度。

(7)屏幕提示:输入基准线设计高程:(米)输入上步所定两点连线的设计高程。

(8)屏幕提示:斜面的坡度为百分之:输入设计斜面的坡度,相当于纵断面的坡度。

(9)屏幕提示:指定高程高的方向:这一步将决定斜坡的走向,当指定此点后,从基准线到指定点的方向,是上升坡。

这时图上绘出所分析的方格网,每个方格顶点的地面高程和计算得到的设计高程、填挖方的分界线(白色点线),并给出每个方格的填方(T＝XXX)、挖方(W＝XXX),每行的挖方和每列的填方。如图 10-15 所示。

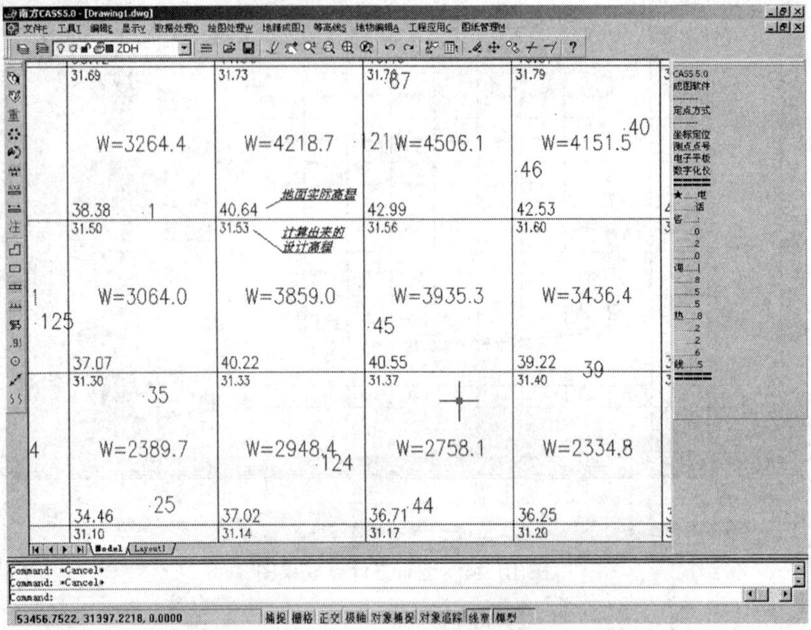

图 10-15 方格网计算成果图

2.3 区域土方量平衡

土方平衡的功能常在场地平整时使用。当一个场地的土方平衡时,挖掉的土石方刚好等于填方量。以填挖方边界线为界,从较高处挖得的土石方直接填到区域内较低的地方,就可完成场地平整。这样可以大幅度减少运输费用。

(1)在图上展出点,用复合线绘出需要进行土方平衡计算的边界。

(2)点取"工程应用"下的"区域土方平衡"。

(3)命令行提示:(1)根据坐标数据文件,(2)根据图上高程点＜1＞。

如果要分析整个坐标数据文件,可直接回车,如果没有坐标数据文件,而只有图上的高程点,可选 2,回车。

(4)命令行提示:选择边界线点取第一步所画闭合复合线

输入边界插值间隔(米):＜20＞

这个值将决定 CASS 5.0 在图上的取样密度,如前面所说,如果密度太大,超过了高程点的密度,实际意义并不大。一般用默认值即可。

(5)如果前面选择"根据坐标数据文件",这里将弹出对话框,要求输入高程点坐标数据文件名,如果前面选择的是"根据图上高程点",此时命令行将提示:

选择高程点或控制点:用鼠标选取参与计算的高程点或控制点。

(6)回车后弹出对话框如图 10-16 所示。

同时命令行出现提示:

平场面积＝XXXX 平方米

土方平衡高度=XXX米，挖方量=XXX立方米，填方量=XXX立方米

(7)点击对话框的确定按钮，命令行提示：

请指定表格左下角位置：＜直接回车不绘制表格＞

在图上空白区域点击鼠标左键，CASS 5.0 在图上绘出计算结果表格。

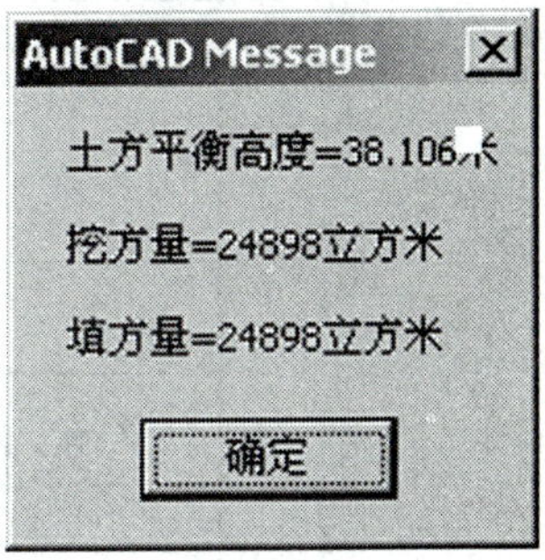

图 10-16

3 断面图的绘制

绘制断面图的方法有两种：一种由图面生成，另一种根据里程文件来生成。

3.1 由图面生成

有根据坐标文件和根据图上高程点两种方法，现以根据坐标文件为例：

(1)先用复合线生成断面线，点取“工程应用”下的“绘断面图”下的“根据坐标文件”功能。

(2)提示：选择断面线用鼠标点取上步所绘断面线。屏幕上弹出“输入高程点数据文件名”的对话框，来选择高程点数据文件。

如果选“根据图上高程点”此步则为在图上选取高程点。

(3)提示：请输入采样点间距(米)：＜20＞输入采样点的间距，系统的默认值为20m。采样点的间距的含义是复合线上两顶点之间若大于此间距，则每隔此间距内插一个点。

(4)提示：输入起始里程＜0.0系统默认起始里程为0。

＞横向比例为1:＜500＞输入横向比例，系统的默认值为1:500。

纵向比例为1:＜100＞输入纵向比例，系统的默认值为1:100。

请输入隔多少里程绘一个标尺(米)＜直接回车只在两侧绘标尺＞

(5)在屏幕上则出现所选断面线的断面图。如图10-17所示。

命令行提示：是否绘制平面图？(1)否(2)是＜1＞图上绘出平面图的结果。

3.2 根据里程文件生成

一个里程文件可包含多个断面的信息，此时绘断面图就可一次绘出多个断面。

里程文件的一个断面信息内允许有该断面不同时期的断面数据，这样绘制这个断面时就可以同时绘出实际断面线和设计断面线。详见CASS5.0《参考手册》。

3.3 图面恢复

在完成绘制工作之后，可用“工程应用”菜单下的“图面恢复”命令，就可以删除断面图，恢复先前的图形显示。

4 面积应用

4.1 面积调整

通过调整封闭复合线的一点或一边，把该复合线面积调整成所要求的目标面积。复合线要求是未经拟合的。

(1)如果选择调整一点，复合线被调整顶点将随鼠标的移动而移动，整个复合线的形

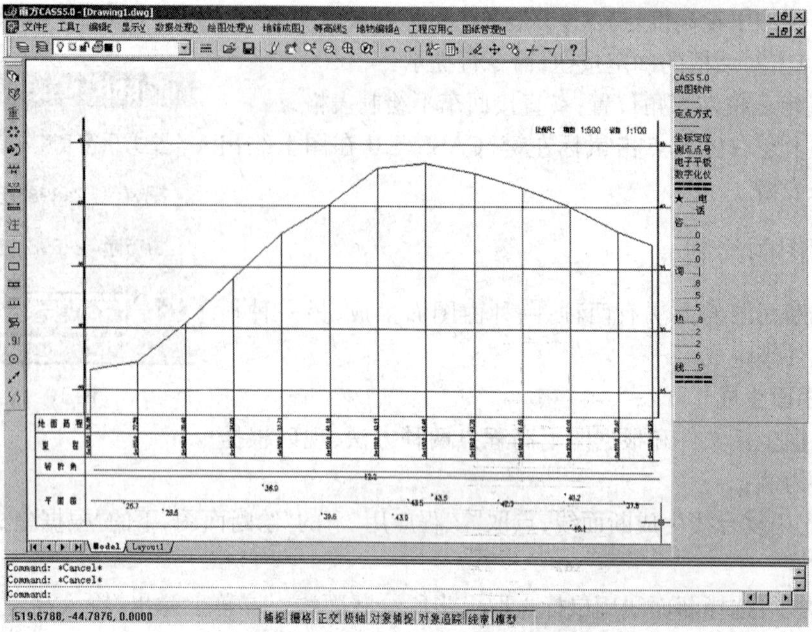

图 10-17 断面图

状也会跟着发生变化,同时可以看到屏幕左下角实时显示变化着的复合线面积,待该面积达到所要求数值,点击鼠标左键确定被调整点的位置。如果面积数变化太快,可将图形局部放大再使用本功能。

(2)如果选择调整一边,复合线被调整边将会平行向内或向外移动以达到所要求的面积值。

(3)如果选择在一边调整一点,该边会根据目标面积而缩短或延长,另一顶点固定不动,原来连到此点的其他边会自动重新连接。

4.2 计算并注记实地面积

(1)用鼠标点取"工程应用" 菜单中"计算并注记实地面积" 目录下的"指定范围内的面积"。

(2)屏幕提示:1、选目标/2、选图层/3、选指定图层的目标<1>

输入 1:即要求用鼠标指定需计算面积的地物,可用窗选、点选等方式,计算结果注记在地物重心上,且用青色阴影线标示。

输入 2:系统提示输入图层名,结果把该图层的封闭复合线地物面积全部计算出来并注记在重心上,且用青色阴影线标示。

输入 3:则先选图层,再选择目标,特别是采用窗选时系统自动过滤,只计算注记指定图层被选中的以复合线封闭的地物。

(3)屏幕提示:加上青色阴影线区域的总面积 = XXXX 平方米

4.3 统计指定区域的面积

该功能用来将上面注记在图上的面积累加起来。

(1)用鼠标点取"工程应用"菜单下的"统计指定区域的面积"。

(2)屏幕提示:Select object选择面积文字注记,用鼠标拉一个窗口即可。

(3)屏幕提示:总面积＝XXX 平方米

4.4 计算指定点所围成的面积

(1)用鼠标点取“工程应用”菜单下的“指定点所围成的面积”。

(2)屏幕提示:输入点:用鼠标指定想要计算的区域的第一点,底行将一直提示输入下一点,直到按鼠标的右键或回车键确认指定区域封闭　结束点和起始点并不是同一个点,系统将自动地封闭结束点和起始点。

(3)屏幕提示:总面积＝XXX 平方米

参考文献

[1] 武汉测绘科技大学《测量学》编写组编著(陆国胜修订).测量学(第3版).北京:测绘出版社,1991
[2] 潘正风,杨正尧,程效军,等.数字测图原理与方法.武汉:武汉大学出版社,2004
[3] 高井祥,肖木林,付培义,等.数字测图原理与方法.徐州:中国矿业大学出版社,2001
[4] 李金如,毛启麟,章学信.地形测量学.北京:地质出版社,1993
[5] 李斯.测量技术应用与规范管理实用手册.北京:金版电子出版公司,2002
[6] 周华,刘祖文.测量学.武汉:中国地质大学出版社,1994
[7] 郝延锦,王晓峰,周文国,等.建筑工程测量.北京:科学出版社,2001
[8] 赵文亮.地形测量.郑州:黄河水利出版社,2005
[9] 中华人民共和国建设部.城市测量规范.北京:中国建筑工业出版社,1999
[10] 中华人民共和国国家标准.1:500 1:1 000 1:2 000 地形图图式(GB7929—87).北京:测绘出版社,1988
[11] 中华人民共和国国家标准.国家一、二等水准测量规范(GB12897—91).北京:中国标准出版社,1992